HBase
实战

HBase
IN ACTION

〔美〕 Nick Dimiduk
Amandeep Khurana   著

谢磊 译

U0242120

人民邮电出版社
北京

图书在版编目（ＣＩＰ）数据

HBase实战 ／（美）迪米达克（Dimiduk, N.），（美）
卡拉纳（Khurana, A.）著；谢磊译. -- 北京 ：人民邮
电出版社，2013.9
　书名原文：HBase in Action
　ISBN 978-7-115-32446-7

Ⅰ．①H… Ⅱ．①迪… ②卡… ③谢… Ⅲ．①计算机
网络－信息存贮 Ⅳ．①TP393

中国版本图书馆CIP数据核字(2013)第144722号

版 权 声 明

◆ 著　　　　[美] Nick Dimiduk　　Amandeep Khurana
　 译　　　　谢　磊
　 责任编辑　杨海玲
　 责任印制　程彦红　杨林杰

◆ 人民邮电出版社出版发行　　北京市丰台区成寿寺路 11 号
　 邮编　100164　 电子邮件　315@ptpress.com.cn
　 网址　http://www.ptpress.com.cn
　 三河市君旺印务有限公司印刷

◆ 开本：800×1000　1/16
　 印张：21.25　　　　　　　　 2013 年 9 月第 1 版
　 字数：458 千字　　　　　　　 2025 年 1 月河北第 22 次印刷

　 著作权合同登记号　 图字：01-2013-0774 号

定价：69.00 元
读者服务热线：(010)81055410　 印装质量热线：(010)81055316
反盗版热线：(010)81055315
广告经营许可证：京东市监广登字 20170147 号

内容提要

HBase 是一种 NoSQL 存储系统，专门设计用来快速随机读写大规模数据。HBase 运行在普通商用服务器上，可以平滑扩展，以支持从中等规模到数十亿行、数百万列的数据集。

本书是一本基于经验提炼而成的指南，它教给读者如何运用 HBase 设计、搭建及运行大数据应用系统。全书共分为 4 个部分。前两个部分分别介绍了分布式系统和大规模数据处理的发展历史，讲解 HBase 的基本原理模式设计以及如何使用 HBase 的高级特性；第三部分通过真实的应用和代码示例以及支持这些实践技巧的理论知识，进一步探索 HBase 的一些实用技术；第四部分讲解如何把原型开发系统升级为羽翼丰满的生产系统。

本书适合所有对云计算、大数据处理技术和 NoSQL 数据库感兴趣的技术人员阅读，尤其适合对 Hadoop 及 HBase 感兴趣的技术人员参考。阅读本书不要求之前具备 HBase、Hadoop 或者 MapReduce 方面的知识。

译者序

互联网技术已飞速发展十几年，移动互联网的崛起更是如火如荼，基于 iOS 和 Android 平台的智能手机在中国已是遍地开花，使得用户接入互联网的方式和用户行为正在发生翻天覆地的变化；由量变引发质变，各行各业无论愿意与否，也在不知不觉中经历着深刻变革。这种变化映射到后台，一个决定性的基础环节就是——大数据。是的，不是"数据"，而是"大数据"！现在，无论在数据规模、数据类型、数据来源上，与几年前已经截然不同。这是摆在很多企业和个人面前的一个机会，同时也是一个挑战！数据不必然等于信息，也不必然等于价值，只有经过性能优异的大数据技术平台的缜密管理，才可以发挥"大数据"的威力，才能真正挖掘出商业价值。

近年来，各种管理数据的技术在不断创新，其中 Hadoop 开源产品系列在商业实践中取得了广泛认可，几近成为事实上的大数据管理行业标准平台。而 HBase 正是 Hadoop 产品系列里的分布式数据库平台，主要应用于在线应用系统。当访问淘宝、FaceBook，或者访问搜索引擎、电商门户、视频网站时，你或多或少已经使用了某些基于 HBase 的应用服务。在互联网公司里，HBase 和 Hadoop 的应用已经有些年头了。现在的情况是，越来越多的传统企业也对它们表现出了浓厚的兴趣。在电信、金融、生物制药、智能交通、医疗、智能电网等行业，越来越多的企业用户和解决方案提供商正在尝试使用 HBase 和 Hadoop 等技术，如果有一天你发现你的话费清单数据实际上来自于 HBase 系统而不是 Oracle 系统，请不要感到奇怪。

大数据的概念已经被宣传得有些泛滥，但是如何搭建一个性能优异的、高性价比的大数据解决方案却谈得很不够。《HBase 实战》正是谈论这个话题的经典书籍，我希望本书在国内翻译出版，有助于宣传和推广 HBase 和 Hadoop 技术，把大数据解决方案成功地应用于更多的行业。

本书始终沿着一条主线由浅入深地逐步展开，那就是如何基于 HBase 搭建符合生产要求的应用系统。此外，本书还剖析了两个实际使用中的应用系统，一方面验证前面介绍的设计技巧和系统特性；另一方面也为你自己的应用系统设计提供一些思路和启发。

最后，本书还简要总结了 HBase 运维方面的重要内容。总体来看，HBase 和传统关系型数据库的设计初衷有很大不同，所以设计基于 HBase 的应用系统也大有不同。简单来说，针对高吞吐量、高可扩展能力的场合，HBase 的表现相当令人惊讶。HBase 的使用场景还在不断扩展，如果你对此感兴趣，可以通过网络搜索找到更多信息。

HBase 和 Hadoop 现在都是 Apache 软件基金会的顶级项目，是开源软件世界的杰作，它们的思想源自 Google 的三大论文。一个成功的开源项目背后往往有一个兴旺的开源社区，HBase 和 Hadoop 也是如此。但是，由于语言的障碍，以及国内和国外沟通偏好的差别，国内的朋友参与国外的开源社区时，可能会有一些不便利之处。基于这个考虑，我发起建立了 ChinaHadoop 社区（http://ChinaHadoop.net），这里汇集了许多国内一线互联网公司数据平台的技术专家，希望能够成为国内大数据领域最有活力的互动和分享平台，将 Hadoop 的开源及分享精神发扬光大。借此机会诚邀你参与进来！

在本书的翻译过程中，我得到了来自 ChinaHadoop 社区技术专家的大力支持。其中，卢亿雷审校了序言、第 1、7、8 章，搜狗的冼茂源审校了第 4、5 章，神州数码的何德芳审校了第 9、10 章，新浪的袁康审校了第 2、3、6 章，在此表示衷心感谢！

感谢华崧、杨智樟、杜航等朋友，作为本书早期的读者，他们给出了很多有建设性的反馈意见。

此外，本书的责任编辑杨海玲女士及其团队在整个翻译过程中不断给予反馈和建议，在此表示衷心的感谢。

感谢我的家人，他们总是默默地给予我最大的支持和包容，让我能够集中全部精力投入到翻译中；本书的翻译占用了大量的业余时间，即使是 4 岁的天予宝宝也知道不要打扰爸爸。

于我而言，翻译本书的过程也是一个学习的过程；译文中若有错误或者不足之处，敬请读者给予指正，以便能够不断改进。来信请联系邮箱 ChinaHadoop@sina.com，或者联系新浪微博@ChinaHadoop。本书勘误也会及时公布于网站：http://ChinaHadoop.net。

谢磊

2013 年 6 月 25 日于照澜院

序

总体而言，HBase 就像原子弹一样，正反两面特点鲜明。一方面，它的基本操作如此简单，似乎在酒杯边的一两张餐巾纸的背面就可以解释清楚，另一方面，它的部署却是另一回事儿，相当复杂。

HBase 由多个灵活的部件构成，分布式的 HBase 应用系统包括许多客户端和服务器进程。例如，HBase 在 Hadoop 分布式文件系统（Hadoop Distributed File System）上存储；此外，HBase 使用了另一个分布式系统 Apache ZooKeeper 来管理整个集群状态；还有，大多数的部署都用到 MapReduce，用来批量加载数据或者运行分布式的全表扫描等任务。显然，近乎完美地把各个部分组合在一起是相当不容易的。

构建合适的环境和做出适当的配置对于 HBase 来说是至关重要的。HBase 作为一种通用的数据存储，可以广泛用在各种各样的应用系统中。它的默认设置选择了保守的做法，主要面对通用的使用场景和常见的硬件规格。它的适应能力或者说自我调整能力还有很大空间，所以你可以根据实际的硬件和负载情况来调整 HBase，但往往需要经过多次尝试后才可以得到正确的配置。

仅仅做出适当的配置还不够，对 HBase 的数据模式模型也必须给予足够重视。如果数据模式和数据存储的检索方式不匹配，再合适的配置方案也于事无补。相反，如果模式和数据检索方式琴瑟和谐，性能就会得到巨大的提升。习惯了关系型数据库思维的人们往往不习惯 HBase 模式建模。使用 HBase 这样的列式数据库和使用 MySQL 这样的关系型数据库相比，尽管有些相似之处，但还是有许多不同的技巧。

如果你需要上述帮助，这本书就是为你量身定制的；这本书还可以在其他方面提供帮助，如如何往 HBase 核心里增加自定义功能，什么是良好的 HBase 应用系统设计，等等。Amandeep 和 Nick 使用了适当的、饱含实践经验的文字，浅显易懂地告诉你怎样使用 HBase。这本书可以帮助那些基于 HBase 部署应用系统的人们。

Nick 和 Amandeep 是有真材实料的老师，他们都是长期的 HBase 实践者。回忆往昔，多年前 Amandeep 来到旧金山加入我们早期的周末黑客马拉松的时候，我们挤在他的

ThinkPad 旧笔记本电脑旁边，在 HBase 项目早期版本上努力调试数据的场景。

他在项目邮件列表上帮助了很多人，对于 HBase 社区贡献良多。不久之后，Nick 也出现了，不时地在 HBase 项目中崭露头角，添砖加瓦。他们拿出时间研究和编纂自己的经验，把这本书贡献给了 HBase 社区。

你可能打算阅读这本书，也可能打算下载使用 HBase，但是请不要错过 HBase 最宝贵的东西——开发者社区。围绕 HBase 项目，一个多功能的、热情的开发者社区已经成长起来了，并且正在推动项目全力发展。像 Amandeep、Nick 和我自己这样的成员，最让我们自豪的就是我们的社区。尽管 Facebook、华为、Cloudera 和 Salesforce 等大公司对于 HBase 的发展贡献也很大，但是社区的形成不是因为公司，而是因为我们这些参与的个体。请考虑加入进来吧，我们欢迎你。

Michael Stack

Apache HBase 项目管理委员会主席

致 HBase 社区的一封信

在讨论现状之前，请允许我把时间倒退几年，看看 HBase 是怎么开始的。

2007 年，我需要一个大规模的、可扩展的数据存储方案，但是几乎没有预算，所以也就没有多少选择。要么使用免费开源数据库，如 MySQL 或者 PostgreSQL；要么使用像 Berkeley DB 这样的纯键值数据库；要么选择自己开发，这可是一个新领域，至少在当时你需要足够勇敢才会这么尝试。

当时已有的解决方案或许也可以用，但是对它们最大的顾虑是可扩展性。在这一点上当时的系统做得并不好，往往需要事后补救。我需要存储数十亿个文档，维护一个关于它们的搜索索引，要求支持数据随机更新并且同时快速更新索引。这些需求让我选择了第三种方式：Hadoop 和 HBase。

这两个产品有着强大的血统，它们都源自 Google 公司，这是一个每当提到可扩展系统就能想到的群英汇集的殿堂。我相信，如果这些系统可以服务于世界上最大的用户，它们一定是牢固可靠的。因此，我选择使用 HBase（还有 Lucene）构建我的系统。

在 2007 年，这种选择不多，很容易决定。但是再往后几年，这个新兴领域逐渐成长壮大，我们看到了许多有竞争力的和补充的解决方案。于是大家使用专用术语 NoSQL 来把这些分布式数据库归为一类。这个专用术语一直伴随着长期的、有时也显得没有意义的争论；对我来说，有意义的是可用的选择越来越多了。

定位各种新生数据库系统的基础是比较它们的功能特性：强一致性和最终一致性（两者用来满足不同的特定需求）。人们再一次以这种方式衡量 HBase 和它的同类产品，例如，使用 Eric Brewer 的 CAP 定理来衡量。随之而来的是一场激烈的讨论，什么是最重要的：是强一致性？还是即使在灾难情况下部分系统硬件故障时还可以保证数据服务？

和前面一样，对我而言，这是个选择的问题。我学会的是，你打算使用一个系统就要先全面了解它。今天我们选择余地很大，解决方案也有重叠和相似之处；我的选择并不意味着其他解决方案等而下之。你应该成为一个能够区分它们的专家，然后根据你手边的问题做出最佳选择。

我们就是这样选择了 HBase，一直使用到今天。毫无疑问，大名鼎鼎的大型网络公司用户提升了 HBase 的声誉，证实了 HBase 可以胜任特定的使用场景。这些公司都有一个重要的优势：它们雇用了非常有经验的工程师。但是，许多小型公司使用 HBase 和基于它的应用系统并不顺利。我们需要有人用一种简单易懂的方式指导大家如何在 HBase 上轻松搭建验证过的、成熟的使用场景。

应该怎样设计模式（schema）来存储复杂的数据以保证读写性能的均衡？应该怎样规划数据的访问方式来保证最大限度地发挥 HBase 集群的威力？如果你订阅了公共邮件列表，类似问题还有很多。Amandeep 和 Nick 会在这些地方帮助大家。他们在各种用户场景下使用 HBase 的丰富的实战经验可以帮你了解使用正确的数据模式和访问方式的复杂性，帮你成功构建下一个项目。

HBase 会有什么样的未来呢？我相信前程远大！同样的技术仍然在 Google 公司承载着数量众多的产品和系统，反对的观点被证实是错误的，HBase 社区也成长为我参加过的最健康的社区之一。我要表达我的感谢，给那些推举我为 Fellow Member 的人，给那些每天提交代码和补丁使 HBase 变得更好的人，给那些主动在 HBase 上投入全职工程师的公司，也要给 HBase 项目管理委员会。这绝对是一个我所知道的最真诚的群体。

最后，非常感谢 Nick 和 Amandeep 写了这本书。这本书有助于实现 HBase 的价值，有助于传播开源理念。在他们开始写这本书之前我们就认识了，他们有些顾虑。当时我支持说：这是你们能够为 HBase 和社区所做的最棒的事情。作为个人，能够成为社区的一分子我感到谦卑和自豪。

Lars George

HBase Committer

前言

  2008 年秋季我开始和 HBase 结缘，当时它还是一个新生项目，一年前刚刚发布。早期版本出来时，HBase 表现很不错，但是也不是没有令人尴尬的缺陷。HBase 项目当时有近 10 个软件 Committer，作为一个 Apache 子项目还算不错。接下来是 NoSQL 宣传的高潮。当时专有名词 NoSQL 还没有出现，但是随后的一年这个术语变成了通俗用语。没有人能够说清楚为什么 NoSQL 重要，只知道它就是重要，反正数据领域开源社区的每个人都对这个概念很着迷。社区中有两种声音，有人批评关系型数据库，批评它愚不可及的严谨；有人嘲笑新技术，嘲笑它不够成熟。

  大部分探索新技术的人来自于互联网公司，当时我就在一家致力于社交媒体内容分析的创业公司工作。那时候 Facebook 仍在强调隐私政策，而 Twitter 还不够大，其著名的报错页面"失败的鲸鱼"（Fail Whale）还没有问世。当时我们的兴趣点主要在博客上。在此前一家公司我花了 3 年好时光专注于层次型数据库引擎。我们广泛使用了 Berkeley DB，所以我熟悉不使用 SQL 引擎的数据技术。在这家公司我加入了一个小团队，任务是构建一个新型数据管理平台。我们有一个 MS SQL 数据库，已经塞满了博客帖子和评论。当我们的日常分析作业耗时达到 18 小时时，我们都知道这个系统时日不多了。

  在收集了基本需求后，我们着手寻找新型数据技术。我们的团队不大，一边维护现有系统，一边花了数月时间评估不同的选择。我们试验了不同的方法，并亲身感受了对数据手工分区的痛苦。我们研究了 CAP 定理和最终一致性，最后的结论是妥协。尽管 HBase 有缺点，我们还是决定选择它，我们认为开源技术的潜在好处超过了它的风险，并且说服了经理。

  我在家里玩过 Hadoop，但是从没有写过真正的 MapReduce 作业。我听说过 HBase，但在这份新工作之前也没有特别关注过。随着时间推移，我们已经开始行动。我们申请了一些空闲机器和几个机架，然后就开工了。这家公司是 .NET 的地盘，我们得不到运维支持，所以我们学着使用 bash 和 rsync，自己管理整个集群。

  我加入了邮件列表和 IRC 频道，开始提问题。就在那个时候，我认识了 Amandeep。

他在忙于硕士论文，尝试把 HBase 运行到 Hadoop 以外的系统上。不久他完成学业，加入 Amazon，搬到西雅图。在这个充满微软痕迹的城市中，我们两个是少有的 HBase 粉丝。随后两年很快过去了……

2010 年秋季，第一次提出让我们写《HBase 实战》。在我们看来，这很搞笑。为什么是我们这两个社区会员来写这本书？内部来看，这是一块难啃的骨头。《HBase 权威指南》正在进展中，我们认识它的作者，我们深知在他面前的挑战。外部来看，我认为 HBase 只是一个 "简单的键值数据库"。API 只有 5 个基本概念，都不复杂。我们不想再写一本类似于《HBase 权威指南》那样介绍内部机制的书，我也不相信应用开发人员从这类书中可以得到足够有价值的东西。

我们开始做头脑风暴，事情很快清楚了，我是错的。不仅可以找到足够的资料帮助用户，而且社区会员的角色使得我们成为写这本书的最佳人选。我们开始分门别类整理多年来我们使用这门技术累积下来的知识。这本书是我们 8 年来使用 HBase 实践经验的升华。它面向 HBase 的全新用户，可以指导大家跃过我们自己当年遇到过的障碍。我们尽可能多地收集和编纂了散布在社区里的内部知识。对于模糊的建议我们尽可能给出清晰的指导。我们希望你能发现这本书是一个完整的手册，可以帮助你顺利开始使用 HBase，而不只是一个简单的问答列表。

HBase 现在逐渐稳定了。我们开始时遇到过的大部分缺陷已经被解决、打上补丁，或者完全修改了架构。HBase 正在接近 1.0 版本，在这个里程碑时刻我们很自豪自己是社区的一部分。我们很自豪把这份书稿提交给社区，希望它可以鼓舞和帮助下一代 HBase 用户。HBase 最强大之处就是兴旺的社区，我们希望你加入到社区来，帮助社区在数据系统新时代继续创新。

Nick Dimiduk

当你看到这里的时候，你大概很想知道我是怎样进入HBase世界的。首先我要感谢你选择这本书来学习HBase，学习怎样使用HBase作为存储系统来搭建应用系统。希望你能找到有用的东西和实用技巧，以便更好地搭建应用系统，祝你成功。

我曾经在加州大学圣克鲁兹分校进行本科学习，当时我在思科公司找了一份兼职研究员的工作，专注于分布式系统。我所工作的团队当时在搭建一个数据集成框架，这个框架可以对数百种数据存储（包括但不限于大型关系型数据库管理系统）上的数据进行集成、索引和研究。我们开始寻找可以解决问题的系统和解决方案。我们评估了许多系统，从对象数据库到图形数据库，最后我们考虑基于Berkeley DB构建一个定制的分布式数据存储。显而易见的一个关键需求是可扩展性，但是我们并不想从头开始构建一个分布式系统。想想看，如果你为某个机构工作，打算构建一个定制的分布式数据库或者文件系统，最好先看看有没有现成的解决方案可以解决你的一部分问题。

基于这个原则，我们认为从头开始搭建新系统是不明智的，我们希望使用已有的技术。随后我们开始使用Hadoop系列产品，尝试了很多组件，在HBase上为数据集成系统搭建了概念验证原型系统。系统工作良好，扩展性也不错。HBase很适合解决这类问题，但是当时它们都是新生项目，能够保证我们成功的一个重要因素是它们的社区。HBase有着一个最热情的、最有活力的开源社区；当时社区规模要小得多，但是迄今为止其核心理念一直没有变化。

后来数据集成项目成了我的研究生论文。这个项目用HBase作为核心，因此我也越来越深入地参与到社区中。在邮件列表里和IRC频道里，开始我是问别人问题，后来我也回答别人的问题。在这段时间里我认识了Nick并了解了他在做什么。在为这个项目工作的过程中，我对这个技术和开源社区的兴趣和热爱与日俱增，我希望一直参与下去。

完成研究生学习后，我加入了位于西雅图的 Amazon，开始做后端分布式系统项目的工作。我的大部分时间花在 Elastic MapReduce 团队那里，我们搭建了 HBase 托管服务的第一个版本。Nick 也生活在西雅图，我们经常见面，讨论工作中的项目情况。2010年底，Manning 出版社提出写《HBase 实战》这本书。开始的时候我们觉得这个想法很搞笑，我记得对 Nick 说过："不就是上传、下载和扫描吗？HBase 的客户端只做这几件事情。你想写一本介绍 3 个 API 调用的书吗？"

但是深入思考之后，我们意识到构建HBase应用系统很有挑战，而市面上缺乏足够的资料可供启蒙。这种情况限制了HBase的发展。我们决定收集更多如何有效使用HBase的资料，来帮助大家构建满足需要的系统。我们花了一些时间整理资料，2011年秋季，我们开始了这本书的写作。

那段时间，我搬家到了旧金山，加入了 Cloudera 公司，接触到很多搭建在 Hadoop 和 HBase 上的应用系统。我尽力结合我所知道的以及过去多年在 HBase 相关工作中和研究生学习中得到的，提取精华写到你现在读的这本书中。多年来 HBase 走了很长的路，许多大公司使用它作为核心系统。它比以往更加稳定、快速和易于维护，1.0 版本也接近发布了。

我们写这本书的目的就是希望学习HBase可以更加有章可循，更加容易，更加有趣。等你进一步了解HBase以后，我们鼓励你参与到社区中来，你可以学到更多在这本书中没有讲到的。你可以发表博客，贡献代码，分享经验，让我们一起推动这个伟大的项目向各种可能的方向走得更远。打开书，开始阅读，欢迎来到HBase世界！

Amandeep Khurana

致谢

编写这本书时，我们一直谦逊地提醒自己：我们站在了巨人的肩上。如果没有 10 年前 Google 发表的那些论文，就不会有 HBase 和 Hadoop。如果没有那些受这些论文启发并想办法解决自己挑战的人，就不会有 HBase。无论是过去还是现在，我们要对每一个 HBase 和 Hadoop 的贡献者说：谢谢你。我们尤其要感谢 HBase 的代码提交者。你们往这个世界上最先进的数据技术项目里不断地投入时间和精力。更令人惊讶的是，你们把努力的结果贡献给了广大的社区。谢谢你们。

没有整个 HBase 社区就不可能有这本书。HBase 拥有着 NoSQL 领域最大的、最活跃的、最热情的用户社区之一。我们还要感谢邮件列表中每个提问题的人和耐心回答问题的人。你们的热情和回答问题的意愿从一开始就鼓励大家参与进来。你们所提的问题和所需要的帮助许多是我们在书中提炼和澄清的内容的基础。我们希望能够扩大 HBase 的影响力并且帮助 HBase 的拥护者。

我们要特别感谢在这个过程中帮助我们的许多 HBase 代码提交者和社区会员。特别感谢 Michael Stack、Lars George、Josh Patterson 和 Andrew Purtell，感谢你们的鼓励，也感谢你们提示我们这本书给社区带来的价值。感谢 Ian Varley、Jonathan Hsieh 和 Omer Trajman，感谢你们贡献思路和反馈建议。Benoît Sigoure 审核了 OpenTSDB 那一章（第 7 章）和 asynchbase 那一节（6.5 节），谢谢你贡献的代码和评论。感谢 Michael 为本书作序，感谢 Lars 撰写了"致 HBase 社区的一封信"。

我们还要感谢我们各自的公司 Cloudera, Inc.和 The Climate Corporation，你们不仅支持我们，而且鼓励我们，没有你们不可能完成这本书。

我们要感谢 Manning 出版社的编辑 Renae Gregoire 和 Susanna Kline。你们目睹了这本书从毫无头绪地开始到成功地完成的整个过程。我们认为你们其他的项目不会像我们这个如此令人兴奋！感谢我们的技术编辑 Mark Henry Ryan 以及技术校对 Jerry Kuch 和 Kristine Kuch。

下面的人在编写本书的各个阶段阅读和审核了书稿，感谢你们提供了富有洞察力的反馈意见：Aaron Colcord、Adam Kawa、Andy Kirsch、Bobby Abraham、Bruno Dumon、Charles Pyle、Cristofer Weber、Daniel Bretoi、Gianluca Righetto、Ian Varley、John Griffin、Jonathan Miller、Keith Kim、Kenneth DeLong、Lars Francke、Lars Hofhansl、Paul Stusiak、Philipp K. Janert、Robert J. Berger、Ryan Cox、Steve Loughran、Suraj Varma、Trey Spiva 和 Vinod Panicker。

最后也是最重要的——没有家人和朋友的认可我们什么也做不了，没有爱我们的人的支持我们完成不了这本书。谢谢你们在整个过程中的支持和耐心。

关于本书

HBase 建立在 Apache Hadoop 和 Apache ZooKeeper 这些复杂的分布式系统之上。虽说你不必成为所有这些技术的专家才可以有效使用 HBase，但是理解这些基础层面的知识有助于充分利用 HBase。这些技术受了 Google 发表的论文启发。这些技术是 Google 的这些出版物中所描述的技术的开源实现。阅读这些专业论文对于使用 HBase 或其他这些技术虽说不是必要条件，但是当你学习一种技术，了解启发它们发明的源头总是有用的。尽管本书不要求你熟悉这些技术，也不要求你读过相关论文。

《HBase 实战》定位是 HBase 的用户指南。它不会涉足 HBase 内部工作机制，也不会涉足理解 Hadoop 生态系统所必需的广泛话题。《HBase 实战》专注于一点：使用 HBase。它会指导你在 HBase 上搭建应用系统，并且在生产环境中使用这个应用系统。同时，你会学到一些 HBase 实施细节。你也会熟悉 Hadoop 的其他产品。你会学习足够的知识来理解 HBase 的工作方式，并问一些聪明的问题。本书不会把你培养成 HBase 的 Committer（代码提交者），但会教你 HBase 的实战技巧。

路线图

《HBase实战》分为4个部分。前两个部分介绍如何使用HBase。在6章的篇幅里，你会从一个新手成长为可以在HBase上熟练编程的人。在这个过程中，你会学到HBase的基本原理、模式设计以及如何使用HBase的高级特性。最重要的是，你将学会用HBase的方式思考。第三部分有两章，介绍一些应用示例，让你体会一下实际应用是什么样子。第四部分指导你如何把原型开发系统升级为羽翼丰满的生产系统。

第1章总体介绍Hadoop、HBase和NoSQL的起源。我们将介绍HBase是什么和不是什么，把HBase和其他NoSQL数据库进行对比，介绍一些通用的使用场景。我们会帮你判断对于你的项目和公司来说HBase是否是正确的技术选择。第1章包括简单安装HBase和开始存储一点儿数据。

第 2 章开始运行一个示例应用。通过这个例子，我们探讨使用 HBase 的基础知识。包括创建表、存取数据以及 HBase 的数据模型。我们也会深入探讨 HBase 的内部工作机制，理解 HBase 如何组织数据，以及在你的应用中如何利用这些知识。

第3章作为一个分布式系统重新介绍HBase。本章探讨HBase、Hadoop和ZooKeeper之间的关系。你会学到HBase的分布式架构以及如何转换成一个强大的分布式数据系统。动手练习示例中会探讨在HBase上使用Hadoop MapReduce的使用场景。

第 4 章专门针对 HBase 模式设计。我们用示例应用来探讨这个复杂的主题。你会看到表设计决策是如何影响应用的，以及如何避免常见错误。我们会把一些关系型数据库知识映射到 HBase 世界里。你还会看到如何使用服务器端过滤器（server-side filter）来进一步完善模式设计。这一章也涵盖 HBase 的高级物理配置选项。

第5章介绍协处理器（coprocessor），这是一种把计算推向HBase集群的计算机制。你会用两种不同的方式扩展示例应用，在集群上构建应用的新特性。

第 6 章全面、快速地介绍可选的 HBase 客户端。HBase 是用 Java 编写的，但这并不意味着你的应用必须是用 Java 编写的。你可以用各种编程语言和不同的网络协议来访问示例应用。

第三部分从第 7 章开始，将开始构建一个真实的、可以投入生产环境的应用系统。你会了解这个应用系统打算解决的问题和特别的挑战。然后我们深入到实现过程中，在技术细节上做全面考虑。也就是说，从前端到后端全面探讨如何在 HBase 上搭建应用系统。

第 8 章介绍如何在一个新领域里使用 HBase。我们将带你快速进入这个新领域——GIS，然后教你如何基于 HBase 使用一种可扩展的方式来面对这个领域里特别的挑战。这一章的焦点在于针对特定领域的模式设计以及最大化利用扫描（scan）和过滤器（filter）特性。之前可以没有 GIS 经验，但是要准备好充分运用前面章节学习的知识。

在第四部分，第 9 章将部署你的 HBase 集群。从头开始，我们教你如何着手进行 HBase 部署。这一章将探讨硬件的种类、数量和如何分配硬件。考虑云服务吗？我们也会谈到。硬件确定以后，我们为你介绍如何为一个基本部署配置集群，如何让集群正常启动运行。

第 10 章将把你的部署升级到生产水平。我们教你通过参数和监控工具来监控集群。你会了解到如何根据你的应用负载来进一步优化集群的性能。我们教你如何管理集群，如何保持集群健康运行，有问题时如何诊断和处理，有需要时如何升级，等等。你将学习使用附带的工具来管理数据的备份和恢复，以及如何配置多集群间的复制工作。

目标读者

本书是一本数据库的用户实践手册。因此，它的主要受众群体是希望快速掌握 HBase 的应用开发人员和技术架构师。本书实践多于理论，使用技巧多于原理研究。本书的用途是开发人员指南，而不是学生教科书。本书也会介绍部署和运维的基本知识，所以对于运维工程师来说也能起到一定的帮助。（坦白说，面向运维人员的 HBase 方面的书还没有编写。）

HBase 是用 Java 编写的，运行在 JVM 上面。我们希望你熟悉类似于类文件和 JAR 这样的 Java 编程语言和 JVM 概念。我们也假定你基本掌握一些 JVM 工具，特别是 Maven，因为书中的源代码使用这个软件管理。Hadoop 和 HBase 运行在 Linux 和 UNIX 系统上，因此需要你掌握 UNIX 的基本知识。HBase 不支持 Windows 操作系统，本书也不支持。Hadoop 方面的经验会有帮助，尽管不是必需的。在这个领域，关系型数据库无处不在，所以我们假定你理解相关技术的概念。

HBase 是一种分布式系统，使用了分布式、并行计算技术。希望你理解并行编程的基本概念，如多线程和并发进程等。我们不要求你知道如何编写并行计算程序，但是你应该熟悉并发执行线程的思路。本书重心不在算法理论，但是任何操作 TB 或 PB 级数据的人都应该对渐进计算的时间复杂度有概念。在模式设计的那一章中大 O 标记[①]会频频出现。

代码约定

和我们编写一本实战书籍的目标相一致，你会发现我们自由混合文字和代码。有时段落间只有两行代码。我们的指导思路是只在有必要时才展示给你如何使用 API，然后提供额外的细节。这些代码片段将随着章节内容发展和演变。我们总是在小结一章时，给出代码的完整列表，提供充分的上下文背景。我们偶尔使用类 Python 风格的伪代码来帮助解释。这主要是在 Java 代码中使用了太多样板代码或者其他语言噪声以至于干扰了预期关键点的场合。真正的 Java 实现一般紧跟在伪代码后面提供。

因为这是一本动手的书，我们还使用了许多命令来演示系统的一些方面。这些命令包括你在终端输入的东西和你期望从系统得到的输出。软件系统会随着时间而改变，所以完全有可能在我们打印命令输出的时候，输出的内容有些变化。不过，这应该足以引导你判断系统预期的表现。

在命令和源代码部分，我们广泛使用了说明文字和注释来引起你对重要内容的注意。一些命令输出可能比较密集，尤其是使用 HBase Shell 时；使用说明文字和注释做引导比较清楚。文本中的代码使用等宽字体。

代码下载

我们所有的源代码，无论是小的脚本还是整个应用程序，都可以下载并且开源。我们

---

① 表示算法的时间复杂度。——译者注

已经把它们在 Apache License Version 2.0 下发布，与 HBase 一样的授权方式。你可以在 GitHub 专门为本书建立的网站 www.github.com/HBaseinaction 上找到源代码。在那里每个项目都是完整的应用程序。你也可以从出版商的网站 www.manning.com/HBaseinaction 上下载代码。

遵循开源的精神，我们希望我们的示例代码在你的应用中有用。我们鼓励你使用、修改、发展并与别人分享它们。如果你发现错误，请让我们知道，或者是提交问题，或者更好是修正问题。开源社区常说：欢迎补丁。

目录

第一部分

HBase 基础

本书前三章介绍 HBase 的基本原理。第 1 章大体上回顾一下数据库技术的演变，并介绍 HBase 出现的特定背景。

第 2 章通过建立一个应用示例——TwitBase 来讲授 HBase 的基础知识。通过这个示例，你可以学习如何访问 HBase 以及如何设计 HBase 的模式（schema），你会简单地了解到在应用系统中如何有效使用 HBase。

HBase 是一种分布式系统，我们在第 3 章会探讨分布式架构。你将学习到 HBase 如何在集群中管理你的数据以及如何使用 MapReduce 访问 HBase。到第一部分结束，你就能掌握搭建 HBase 应用系统所需的基本知识了。

第 1 章　 HBase 介绍

本章涵盖的内容
- Hadoop、HBase 和 NoSQL 的起源
- HBase 的常见使用场景
- HBase 的基本安装
- 使用 HBase 存储和查询数据

HBase 是一种数据库：Hadoop 数据库。它经常被描述为一种稀疏的、分布式的、持久化的、多维有序映射，它基于行键（rowkey）、列键（column key）和时间戳（timestamp）建立索引。人们会说它是一种键值（key value）存储、面向列族的数据库，有时也是一种存储多时间戳版本映射的数据库。所有这些描述都是正确的。但是从根本上讲，它是一个可以随机访问的存储和检索数据的平台，也就是说，你可以按照需要写入数据，然后再按照需要读取数据。HBase 可以自如地存储结构化和半结构化的数据，所以你可以录入微博、解析好的日志文件或者全部产品目录及其用户评价。它也可以存储非结构化数据，只要不是特别大。它不介意数据类型，允许动态的、灵活的数据模型，并不限制存储的数据的种类。

HBase 不同于你可能已经习惯的关系型数据库。它不用 SQL 语言，也不强调数据之间的关系。HBase 不允许跨行的事务，你可以在一行的某一列存储一个整数而在另一行的同一列存储字符串。

HBase 被设计成在一个服务器集群上运行，而不是单台服务器。集群可以由普通硬件构建；当把更多机器加入集群时，HBase 可以相应地横向扩展。集群中的每个节点提

供一部分存储空间、一部分缓存和一部分计算能力，因此 HBase 难以想象地灵活和宽容。因为没有独一无二的节点，所以某一台机器坏了，只需简单地用另一台机器替换即可。这意味着一种强大的、可扩展的使用数据的方式，到现在为止，一直没有官方数据说明它的扩展上限。

加入社区

遗憾的是，在生产环境中使用的最大的 HBase 集群没有官方的公开数据。这种信息容易被认为是商业机密而受到限制，经常不能分享。眼下，你只能在用户群组、聚会和会议上通过出版物的脚注、幻灯片内容或者是友好的非正式的八卦里满足一下好奇心了。

那么加入社区吧！这是正确的选择，我们也是这样参与进来的。HBase 是一个非常专业领域里的开源项目。尽管 HBase 面对世界上最大几家软件公司的竞争，但是该项目的财务状况良好。是社区创造了 HBase，也是社区使它保持竞争能力和创新能力。另外，这是一个智慧的、友好的群体。最好的开始方式是加入邮件列表[①]。你可以从 JIRA 网站[②]得到进展中的产品特性、增强和 Bug 等情况的信息。这是个开源的、协作的项目，正是像你这样的用户决定着项目的方向和发展。

走上前去，告诉他们，你来了！

HBase 是设计和目标都与传统关系型数据库不同的系统，使用 HBase 构建应用也需要不同的方法。本书就是专门教你怎样使用 HBase 提供的特性来构建处理海量数据的应用的。在开始学习使用 HBase 之前，我们先从历史的角度来看看 HBase 是怎么出现的，以及其背后的驱动力。然后我们再看看人们使用 HBase 解决问题的成功案例。可能你和我们一样，在深入研究之前想试用一下 HBase。最后我们会指导你在自己的笔记本电脑上安装 HBase，存些数据进去，跑跑看看。学习 HBase，了解大背景很重要，让我们先从数据库的演变历史开始。

1.1　数据管理系统：速成

关系型数据库系统已经存在几十年了，多年来在解决数据存储、服务和处理问题方面取得了巨大的成功。一些大型公司使用关系型数据库建立了自己的系统，比如联机事务处理系统和后端分析应用系统。

联机事务处理（OLTP）系统用来实时记录交易信息。对这类系统的期望是能够快速返回响应信息，一般是在毫秒级。例如，零售商店的收银机在客户购买和付款时需要实时记录相应信息。银行拥有大型 OLTP 系统，用来记录客户之间转账之类的交易信息，

---

① HBase 项目邮件列表：http://HBase.apache.org/mail-lists.html。
② HBase JIRA 网站：https://issues.apache.org/jira/browse/HBASE。

但 OLTP 不仅仅用于资金交易，像 LinkedIn 这样的互联网公司也需要这样的系统，例如，当用户连接其他用户时也会用到。OLTP 中的 transaction 指的是数据库语境中的事务，而不是金融交易。

联机分析处理（OLAP）系统用来分析查询所存储数据。在零售商那里，这种系统意味着按天、按周、按月生成销售报表，按产品和按地域从不同角度分析信息。OLAP 属于商业智能的范畴，数据需要研究、处理和分析，以便收集信息，进一步驱动商业决策。对于 LinkedIn 这样的公司，连接关系的建立可以看做事务，分析用户关系图的连通性以及生成每用户平均联系数量这种信息的报表就属于商业智能，这种处理很可能需要使用 OLAP 系统。

无论是开源的还是商业版权的关系型数据库，都已经成功地用于这样的使用场景。这一点通过 Oracle、Vertica、Teradata 等公司的财务报表可以清楚地看到。微软公司和 IBM 公司也占有一定份额。所有这些系统提供全面的 ACID[①]保证。一些系统扩展性要优于其他系统；一些系统是开源的，还有一些需要支付夸张的许可费用。

关系型数据库的内部设计由关系算法决定，这些系统需要预先定义一个模式（schema）和数据要遵守的类型。随着时间的推移，SQL 成了与这些系统交互的标准方式，被广泛使用了许多年。与使用编程语言编写定制访问代码相比，SQL 语句更容易写，花费时间也要少得多。但并不是所有情况下 SQL 都是表达访问模式的最好方式，比如对象-关系不匹配问题出现的场合。

计算机科学中的问题都可以通过改变使用方式来解决。解决对象-关系不匹配问题也没有什么不同，最终可以通过重建框架来解决。

1.1.1　你好，大数据

让我们认真看看大数据这个术语。说实话，这是一个过分吹捧的术语，很多商业化的企业都会使用它来进行市场营销。我们这里尽量让讨论接点儿地气。

什么是大数据？关于大数据的定义有好几种，我们认为没有哪一种定义清晰地解释了这个术语。比如，一些定义说大数据意味着数据足够大，为了从这些数据中获得一些真知灼见，你不得不研究它；另一些说大数据就是不再适用于单台机器的数据。这些定义从他们各自的角度来看是准确的，但并不完整。我们的观点是，我们需要用一种根本上不同的方式来考虑数据，从如何驱动商业价值的角度来考虑数据，这种数据就是大数据。传统上，有联机事务处理系统（OLTP）和联机分析处理系统（OLAP）。但是，事务处理背后的原因是什么？是什么因素促成业务发生？又是什么直接影响了用户行为？我们缺乏这样的洞察力。以早期的 LinkedIn 为例，这种使用数据的方式可

---

① ACID 是原子性（atomicity）、一致性（consistency）、隔离性（isolation）和持久性（durability）的首字母缩写。它们是构建数据系统的基石。参见 http://en.wikipedia.org/wiki/ACID。

以理解为：基于用户属性、用户之间的二度关系、浏览行为等寻找可能认识的人，然后主动推荐并引导用户联系他们。有效地寻求这种主动推荐行为显然需要大量的各种各样数据。

这种新型数据使用方式首先为 Google 和 Amazon 等互联网公司采用，随后是 Yahoo!和 Facebook 跟进。这些公司需要使用不同种类的数据，经常是非结构化的或者半结构化的数据（如用户访问网站的日志）。这需要系统处理比传统数据分析高了几个数量级的数据。传统关系型数据库能够纵向扩展到一定程度来面对一些使用场景，但这样做经常意味着昂贵的许可费用和复杂的应用逻辑。

但是受制于关系型数据库提供的数据模型，对于逐渐出现的、未预先定义模式（schema）的数据集，关系型数据库不能很好地工作。系统需要能够适应不同种类的数据格式和数据源，不需要预先严格定义模式，并且能够处理大规模数据。系统需求发生了巨大变化，互联网先驱不得不走回画图板，重新设计数据库，他们这样做了。大数据系统和 NoSQL 的曙光出现了。（有人可能会说曙光出现的时间点还要再晚一些，这并不重要，这的确标志着大家开始以不同方式思考数据了。）

作为数据管理系统创新的一部分，出现了几种新技术。每种新技术都适用于不同的使用场景，有着不同的设计前提和功能要求，也有着不同的数据模型。

什么时候会谈到 HBase 呢？是什么促使了这个系统的创立呢？请看下一节介绍。

1.1.2   数据创新

我们知道，许多杰出的互联网公司，如最突出的 Google、Amazon、Yahoo!、Facebook等，都处于这场数据大爆炸的最前沿。一些公司自己生成数据，还有一些公司收集免费可获得的数据；但是管理这些海量的不同种类的数据成为他们推进业务发展的关键。开始阶段他们都采用了当时可用的关系型数据库技术，但是这些技术的局限性随后成了他们继续发展和业务成功的障碍。尽管数据管理技术不是他们业务的核心，但却是推进业务的基础。因此，他们大量投资于新技术研究领域，带来了许多新数据技术的突破。

很多公司都对自己的研究成果严格保密，但是 Google 选择公开讲述他的伟大技术。Google 发表了震撼性的 Google 文件系统（Google File System）[1]和 MapReduce[2]的论文。两者结合展示了一种全新的存储和处理数据的方法。此后不久，Google 发表了 BigTable[3]

---

[1] Sanjay Ghemawat, Howard Gobioff and Shun-Tak Leung, "The Google File System," Google Research Publications,http://research.google.com/archive/gfs.html.

[2] Jeffrey Dean and Sanjay Ghemawat, "MapReduce: Simplified Data Processing on Large Clusters," Google Research Publications, http://research.google.com/archive/mapreduce.html.

[3] Fay Chang et al., "Bigtable: A Distributed Storage System for Structured Data," Google Research Publications, http://research.google.com/archive/bigtable.html.

的论文，对基于 Google 文件系统的存储范型提供了补充。其他公司也参与进来，公布了各自的成功技术的想法和做法。Google 的论文提供了对于如何建立互联网索引的深刻理解，Amazon 公布了 Dynamo①，解密了网上购物车的基本组件。

不久，所有这些新想法都被浓缩到开源实践中。接下来的几年，数据管理领域出现了形形色色的项目。一些项目关注快速键值（key-value）存储，而另外一些关注内置数据结构或者基于文档的抽象化。同样多种多样的是这些技术可以支持的预期访问模式和数据量。一些项目甚至放弃写数据到硬盘，为了性能而牺牲当前的数据持久化。大多数技术不能保证支持受推崇的 ACID。尽管有一些是商业版权产品，但是绝大多数这类技术都是开源项目。因此，这些技术作为整体被称为 NoSQL。

HBase 适于什么场合呢？HBase 的确被称为 NoSQL 数据库。它提供了键值 API，尽管有些变化，与其他键值数据库有些不同。它承诺强一致性，所以客户端能够在写入后马上看到数据。HBase 运行在多个节点组成的集群上，而不是单台机器。它对客户端隐藏了这些细节。你的应用代码不需要知道它在访问 1 个还是 100 个节点，对每个人来说事情变得简单了。HBase 被设计用来处理 TB 到 PB 级数据，它为这种场景做了优化。它是 Hadoop 生态系统的一部分，依靠 Hadoop 其他组件提供的重要功能，例如数据冗余和批处理。

了解了大背景后，我们再专门看看 HBase 的崛起。

1.1.3　HBase 的崛起

假设你正忙于一个开源项目，通过爬网站和建立索引来搜索互联网。你有一个实现方案，这个实现方案工作在一个小集群上，但是需要许多手工环节。再假设你正忙于这个项目的时候，Google 发表了数据存储和数据处理框架的论文。显然，你会研究这些论文，模仿它们启动一个开源实现。好吧，你不打算这么做，我们当然也不会，但是 Doug Cutting 和 Mike Cafarella 就是这么做的。

Nutch 是他们的互联网搜索开源项目，脱胎于 Apache Lucene，Hadoop 就是在 Nutch 项目里诞生的②。从那时起，Yahoo!开始关注 Hadoop，最后 Yahoo!招募了 Cutting 和其他人为 Yahoo!全职工作。随后，Hadoop 从 Nutch 中剥离出来，最后成为 Apache 的顶级项目。随着 Hadoop 的良好发展和 BigTable 论文的发表，在 Hadoop 上面实现一个 BigTable 开源版本的基础工作开始了。2007 年，Cafarella 发布了实验性代码，开源的 BigTable。他称其谓 HBase。创业公司 Powerset 决定贡献出 Jim Kellerman 和 Michael Stack 两位专家专职做这个 BigTable 的模仿产品，回馈它所依赖的开源社区。

---

① Werner Vogels, "Amazon's Dynamo," All Things Distributed。

② Doug Cutting 发表的一个简短的历史总结文章，见 https://cutting.wordpress.com/2009/08/10/joining-cloudera/。

HBase 被证实是一个强大的工具，尤其是在已经使用 Hadoop 的场合。在其"婴儿期"的时候，它就快速部署到了其他公司的生产环境并得到开发人员的支持。今天，HBase 已经是 Apache 顶级项目，有着众多的开发人员和兴旺的用户社区。它成为一个核心的基础架构部件，运行在世界上许多公司（如 StumbleUpon、Trend Micro、Facebook、Twitter、Salesforce 和 Adobe）的大规模生产环境中。

HBase 不是数据管理问题的；"万能药"，针对不同的使用场景你可能需要考虑其他的技术。让我们看看现在 HBase 是如何使用的，人们用它构建了什么类型的应用系统。通过这个讨论，你会知道哪种数据问题适合使用 HBase。

1.2　HBase 使用场景和成功案例

有时候了解软件产品的最好方法是看看它是怎么用的。它可以解决什么问题和这些解决方案如何适用于大型应用架构，这些能够告诉你很多。因为 HBase 有许多公开的产品部署案例，我们正好可以这么做。本节将详细介绍一些成功使用 HBase 的使用场景。

注意　不要自我限制，认为 HBase 只能在这些使用场景下使用。它是一个很新的技术，根据使用场景进行的创新正推动着该系统的发展。如果你有新想法，认为 HBase 提供的功能会让你受益，那就试试吧。社区很乐于帮助你，也会从你的经验中学习。这正是开源软件精神。

HBase 模仿了 Google 的 BigTable，让我们先从典型的 BigTable 问题开始：*存储互联网*。

1.2.1　典型的互联网搜索问题：BigTable 发明的原因

搜索是一种定位你所关心信息的行为。例如，搜索一本书的页码，其中含有你想读的主题，或者搜索网页，其中含有你想找的信息。搜索含有特定词语的文档，需要查找索引，该索引提供了特定词语和包含该词语的所有文档的映射。为了能够搜索，首先必须建立索引。Google 和其他搜索引擎正是这么做的。它们的文档库是整个互联网，搜索的特定词语就是你在搜索框里敲入的任何东西。

BigTable 和模仿出来的 HBase，为这种文档库提供存储，BigTable 提供行级访问，所以爬虫可以插入和更新单个文档。搜索索引可以基于 BigTable 通过 MapReduce 计算高效生成。如果结果是单个文档，可以直接从 BigTable 取出。支持各种访问模式是影响 BigTable 设计的关键因素。图 1-1 显示了互联网搜索应用中 BigTable 的关键角色。

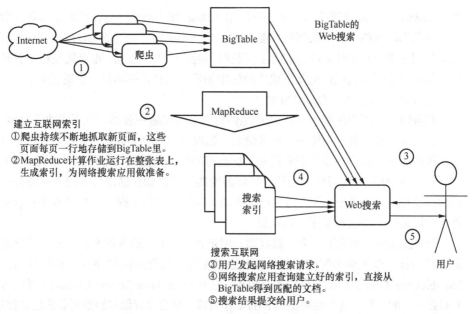

图 1-1　使用 BigTable 提供网络搜索结果，非常简单。爬虫收集网页，存储到 BigTable 里；
　　　　MapReduce 计算作业扫描全表生成搜索索引；从 BigTable 中查询搜索结果，展示给用户

注意　为简洁起见，这里不做 BigTable 原作者判定。我们强烈推荐关于 Google File System、
　　　　MapReduce 和 BigTable 三大论文，如果你对这些技术感到好奇，这是必读读物。你不
　　　　会失望的。

　　讲完典型 HBase 使用场景以后，我们来看看其他使用 HBase 的地方。愿意使用 HBase
的用户数量在过去几年里迅猛增长。部分原因在于 HBase 产品变得更加可靠且性能变得
更好，更多原因在于越来越多的公司开始投入大量资源来支持和使用它。随着越来越多
的商业服务供应商提供支持，用户越发自信地把 HBase 应用于关键应用系统。一个设计
初衷是用来存储互联网持续更新网页副本的技术，用在互联网相关的其他方面也是很合
适的。例如，HBase 在社交网络公司内部和周围各种各样的需求中找到了用武之地。从
存储个人之间的通信信息，到通信信息分析，HBase 成为 Facebook、Twitter 和
StumbleUpon 等公司的关键基础设施。

　　在这个领域，HBase 有 3 种主要使用场景，但不限于这 3 种。为了保持本节简单明
了，本节我们只介绍主要的使用场景。

1.2.2　抓取增量数据

　　数据通常是细水长流的，累加到已有数据库以备将来使用，如分析、处理和服务。

许多 HBase 使用场景属于这一类——使用 HBase 作为数据存储，抓取来自各种数据源的增量数据。例如，这种数据源可能是网页爬虫（我们讨论过的 BigTable 典型问题），可能是记录用户看了什么广告和看了多长时间的广告效果数据，也可能是记录各种参数的时间序列数据。我们讨论几个成功的使用场景，以及这些项目涉及的公司。

1. 抓取监控指标：OpenTSDB

服务数百万用户的基于 Web 的产品的后台基础设施一般都有数百或数千台服务器。这些服务器承担了各种功能——服务流量，抓取日志，存储数据，处理数据，等等。为了保证产品正常运行，监控服务器和上面运行的软件的健康状态是至关重要的（从 OS 到用户交互应用）。大规模监控整个环境需要能够采集和存储来自不同数据源各种监控指标的监控系统。每个公司都有自己的办法。一些公司使用商业工具来收集和展示监控指标，而另外一些公司采用开源框架。

StumbleUpon 创建了一个开源框架，用来收集服务器的各种监控指标。按照时间收集监控指标一般被称为时间序列数据，也就是说，按照时间顺序收集和记录的数据。StumbleUpon 的开源框架叫做 OpenTSDB，它是 Open Time Series Database（开放时间序列数据库）的缩写。这个框架使用 HBase 作为核心平台来存储和检索所收集的监控指标。创建这个框架的目的是为了拥有一个可扩展的监控数据收集系统，一方面能够存储和检索监控指标数据并保存很长时间，另一方面如果需要增加功能也可以添加各种新监控指标。StumbleUpon 使用 OpenTSDB 监控所有基础设施和软件，包括 HBase 集群自身。OpenTSDB 作为搭建在 HBase 之上的一种示例应用，我们将在第 7 章详细介绍。

2. 抓取用户交互数据：Facebook 和 StumbleUpon

抓取监控指标是一种使用方式。还有一种是抓取用户交互数据。如何跟踪数百万用户在网站上的活动？怎么知道哪一个网站功能最受欢迎？怎样使得这一次网页浏览直接影响到下一次？例如，谁看了什么？某个按钮被点击了多少次？还记得 Facebook 和 Stumble 里的 Like 按钮和 StumbleUpon 里的+1 按钮吗？是不是听起来像是一个计数问题？每次用户喜欢一个特定主题，计数器增加一次。

StumbleUpon 在开始阶段采用的是 MySQL，但是随着网站服务越来越流行，这种技术选择遇到了问题。急剧增长的用户在线负载需求远远超过了 MySQL 集群的能力，最终 StumbleUpon 选择使用 HBase 来替换这些集群。当时，HBase 产品不能直接提供必需的功能。StumbleUpon 在 HBase 上做了一些小的开发改动，后来将这些开发工作贡献回了项目社区。

FaceBook 使用 HBase 的计数器来计量人们喜欢特定网页的次数。内容原创人和网页主人可以得到近乎实时的、多少用户喜欢他们网页的数据信息。他们可以因此更敏捷地判断应该提供什么内容。Facebook 为此创建了一个叫 Facebook Insights 的系统，该系统需要一个可扩展的存储系统。公司考虑了很多种可能的选择，包括关系型数据库管理系统、内存数据库和 Cassandra 数据库，最后决定使用 HBase。基于 HBase，Facebook

可以很方便地横向扩展服务规模，给数百万用户提供服务，还可以继续沿用他们已有的运行大规模 HBase 集群的经验。该系统每天处理数百亿条事件，记录数百个监控指标。

3. 遥测技术：Mozilia 和 Trend Micro

软件运行数据和软件质量数据，不像监控指标数据那么简单。例如，软件崩溃报告是有用的软件运行数据，经常用来探究软件质量和规划软件开发路线图。HBase 可以成功地用来捕获和存储用户计算机上生成的软件崩溃报告。

Mozilla 基金会负责 FireFox 网络浏览器和 Thunderbird 电子邮件客户端两个产品。这些工具安装在全世界数百万台计算机上，支持各种操作系统。当这些工具崩溃时，会以 Bug 报告的形式返回一个软件崩溃报告给 Mozilla。Mozilla 如何收集这些数据？收集后又是怎么使用的呢？实际情况是这样的，一个叫做 Socorro 的系统收集了这些报告，用来指导研发部门研制更稳定的产品。Socorro 系统的数据存储和分析建构在 HBase 上。

使用 HBase，基本分析可以用到比以前多得多的数据。这种分析用来指导 Mozilla 的开发人员，使其更为专注，研制出 Bug 最少的版本。

Trend Micro 为企业客户提供互联网安全和入侵管理服务。安全的重要环节是感知，日志收集和分析对于提供这种感知能力是至关重要的。Trend Micro 使用 HBase 来管理网络信誉数据库，该数据库需要行级更新和支持 MapReduce 批处理。有点像 Mozilla 的 Socorro 系统，HBase 也用来收集和分析日志活动，每天收集数十亿条记录。HBase 中灵活的数据模式允许数据结构出现变化，当分析流程重新调整时，Trend Micro 可以增加新属性。

4. 广告效果和点击流

过去十来年，在线广告成为互联网产品的一个主要收入来源。先提供免费服务给用户，在用户使用服务的时候投放广告给目标用户。这种精准投放需要针对用户交互数据做详细的捕获和分析，以便理解用户的特征。基于这种特征，选择并投放广告。精细的用户交互数据会带来更好的模型，进而导致更好的广告投放效果，并获得更多的收入。但这类数据有两个特点：它以连续流的形式出现，它很容易按用户划分。理想情况下，这种数据一旦产生就能够马上使用，用户特征模型可以没有延迟地持续优化，也就是说，以在线方式使用。

在线系统与离线系统

在线和离线的术语多次出现。对于初学者来说，这些术语描述了软件系统执行的条件。在线系统需要低延迟。某些情况下，系统哪怕给出没有答案的响应，也要比花了很长时间给出正确答案的响应好。你可以把在线系统想象为一个跳着脚的没有耐心的用户。离线系统不需要低延迟，用户可以等待答案，不期待马上给出响应。当实现应用系统时，在线或者离线的目标影响着许多技术决策。HBase 是一个在线系统。和 Hadoop MapReduce 的紧密结合又赋予它离线访问的能力。

HBase 非常适合收集这种用户交互数据，HBase 已经成功地应用在这种场合，它可以存储第一手点击流和用户交互数据，然后用不同的处理方式（MapReduce 是其中一种）来处理数据（清理、丰富和使用数据）。在这类公司，你会发现很多 HBase 案例。

1.2.3   内容服务

传统数据库最主要的使用场合之一是为用户提供内容服务。各种各样的数据库支撑着提供各种内容服务的应用系统。多年来，这些应用一直在发展，因此它们所依赖的数据库也在发展。用户希望使用和交互的内容种类越来越多。此外，由于互联网迅猛的增长以及终端设备更加迅猛的增长，对这些应用的接入方式提出了更高的要求。各种各样的终端设备带来了另一个挑战：不同的设备需要以不同的格式使用同样的内容。

上面说的是用户消费内容（user consuming content），另外一个完全不同的使用场景是用户生成内容（user generate content）。Twitter 帖子、Facebook 帖子、Instagram 图片和微博等都是这样的例子。

它们的相同之处是使用和生成了许多内容。大量用户通过应用系统来使用和生成内容，而这些应用系统需要 HBase 作为基础。

内容管理系统（Content Management System，CMS）可以集中管理一切，可以用来存储内容和提供内容服务。但是当用户越来越多，生成的内容越来越多的时候，就需要一个更具可扩展性的 CMS 解决方案。可扩展的 Lily CMS 使用 HBase 作为基础，加上其他开源框架，如 Solr，构成了一个完整的功能组合。

Salesforce 提供托管 CRM 产品，这个产品通过网络浏览器界面提交给用户使用，显示出丰富的关系型数据库功能。在 Google 发表 NoSQL 原型概念论文之前很长一段时间，在生产环境中使用的大型关键数据库最合理的选择就是商用关系型数据库管理系统。多年来，Salesforce 通过数据库分库和尖端性能优化手段的结合扩展了系统处理能力，达到每天处理数亿事务的能力。

当 Salesforce 把分布式数据库系统列入选择范围后，他们评测了所有 NoSQL 技术产品，最后决定部署 HBase[①]。一致性的需求是这个决定的主要原因。BigTable 类型的系统是唯一的架构方式，结合了无缝水平扩展能力和行级强一致性能力。此外，Salesforce 已经在使用 Hadoop 完成大型离线批处理任务，他们可以继续沿用 Hadoop 上面积累的宝贵经验。

---

① 这段内容基于与 Salesforce 的一些工程师的个人沟通。

1.　URL 短链接

最近一段时间 URL 短链接非常流行，许多类似产品破土而出。StumbleUpon 使用名字为 su.pr.的短链接产品，这个产品以 HBase 为基础。这个产品用来缩短 URL，存储大量的短链接以及和原始长链接的映射关系，HBase 帮助这个产品实现扩展能力。

2.　用户模型服务

经 HBase 处理过的内容往往并不直接提交给用户使用，而是用来决定应该提交给用户什么内容。这种中间处理数据用来丰富用户的交互。

还记得前面提到的广告服务场景里的用户特征吗？用户特征（或者说模型）就是来自 HBase。这种模型多种多样，可以用于多种不同场景。例如，针对特定用户投放什么广告的决定，用户在电商网站购物时实时报价的决定，用户在搜索引擎检索时增加背景信息和关联内容，等等。很多这种使用案例可能不便于公开讨论，说多了我们就有麻烦了。

当用户在电商网站上发生交易时，Runa 用户模型服务可以用来实时报价。这种模型需要基于不断产生的新用户数据持续调优。

1.2.4　信息交换

各种社交网络破土而出[①]，世界变得越来越小。社交网站的一个重要作用就是帮助人们进行互动。有时互动在群组内发生（小规模和大规模），有时互动在两个个人之间发生。想想看，数亿人通过社交网络进行对话的场面。单单和远处的人对话还不足以让人满意，人们还想看看和其他人对话的历史记录。让社交网络公司感到幸运的是，保存这些历史记录很廉价，大数据领域的创新可以帮助他们充分利用廉价的存储。[②]

在这方面，Facebook 短信系统经常被公开讨论，它也可能极大地推动了 HBase 的发展。当你使用 Facebook 时，某个时候你可能会收到或者发送短信给你的朋友。Facebook 的这个特性完全依赖于 HBase。用户读写的所有短信都存储在 HBase 里。Facebook 短信系统要求：高的写吞吐量，极大的表，数据中心内的强一致性。除了短信系统之外，其他应用系统要求：高的读吞吐量，计数器吞吐量，自动分库。工程师们发现 HBase 是一个理想的解决方案，因为它支持所有这些特性，它拥有一个活跃的用户社区，Facebook 运营团队在 Hadoop 部署上有丰富经验，等等。在 "Hadoop goes realtime at Facebook[③]"

---

① 有人认为通过社交网络联系不意味着更加社会化。这是哲学讨论，我们不争论。和 HBase 没关系，对吧？

② 加上广告收入。

③ Dhruba Borthakur 等人的 "Apache Hadoop goes realtime at Facebook," ACM Digital Library.

这篇文章里，Facebook 工程师解释了这个决定背后的逻辑并展示了他们使用 Hadoop 和 HBase 构建在线系统的经验。

Facebook 工程师在 HBaseCon 2012 大会上分享了一些有趣的数据。在这个平台上每天交换数十亿条短信，每天带来大约 750 亿次操作。尖峰时刻，Facebook 的 HBase 集群每秒发生 150 万次操作。从数据规模角度看，Facebook 的集群每月增加 250TB 的新数据[①]，这可能是已知的最大的 HBase 部署，无论是服务器的数量还是服务器所承载的用户量。

上述一些示例，解释了 HBase 如何解决一些有趣的老问题和新问题。你可能注意到一个共同点：HBase 可以用来对相同数据进行在线服务和离线处理。这正是 HBase 的独到之处。了解到可以如何使用 HBase 之后，现在来试用一下。

1.3　你好 HBase

HBase 搭建在 Apache Hadoop 和 Apache ZooKeeper 上面。就像 Hadoop 家族其他产品一样，它是用 Java 编写的。HBase 可以以 3 种模式运行：单机、伪分布式和全分布式。下面我们将使用的是单机模式。这意味着在一个 Java 进程里运行 HBase 的全部内容。这种访问模式用于研究 HBase 和做本地开发。

伪分布式模式需要在一台机器上运行多个 Java 进程。最后的全分布模式需要一个服务器集群。这两种模式需要安装相关联的软件包以及合理地配置 HBase。这些内容将在第 9 章讨论。

HBase 设计运行在*nix 系统上，代码和书中的命令都是为*nix 系统设计的。如果你使用 Windows 系统，最好的选择是安装一个 Linux 虚拟机。

> **关于 Java 的解释**
>
> 　　HBase 基本上用 Java 编写，只有几个部件不是，最优先支持的语言自然是 Java。如果你不是 Java 开发员，在学习 HBase 时需要学习一些 Java 技能。本书的目标是指导你如何有效地使用 HBase，很大篇幅内容关于如何使用 API，它们都是 Java 的。所以，辛苦一点儿吧。

1.3.1　快速安装

以单机模式运行 HBase，过程很简单。你可以选择 Apache HBase 0.92.1 版本，使用

[①] 这些统计数据是在 HBaseCon 2012 的一个发言中分享的。我们没有可以引用的文档，但你可以搜索找到更多的信息。

tar 文件包进行安装。第 9 章会讨论其他各种发行版。如果你选择不同于 Apache HBase 0.92.1 的其他版本，也是可以使用的。本书的例子基于 HBase 0.92.1 版本（和 Cloudera CDH4），其他 API 兼容的版本应该都可以正常工作。

　　HBase 需要系统安装 Java 运行环境（JRE）。生产系统环境我们推荐 Oracle 的 Java 软件包。Hadoop 和 HBase 社区测试了一些 JRE 版本，写作本书时 HBase 0.92.1 或 CDH4 的推荐版本是 Java 1.6.0_31。Java 7 至今没有测试，因此并不推荐。安装 HBase 之前先在系统上安装 Java。

　　到 Apache HBase 网站的下载区下载 tar 文件包（http:// hbase.apache.org/）：

```
$ mkdir hbase-install
$ cd hbase-install
$ wget http://apache.claz.org/hbase/hbase-0.92.1/hbase-0.92.1.tar.gz
$ tar xvfz hbase-0.92.1.tar.gz
```

　　上述步骤从 Apache 镜像站点下载和解压了 HBase 的 tar 文件包。方便起见，创建一个环境变量指向这个目录，后面会比较省事。把它写入环境变量文件，以便每次打开 Shell 时不用重复设置。书中后面都会用到 HBASE_HOME：

```
$ export HBASE_HOME=`pwd`/hbase-0.92.1
```

　　完成后，使用系统提供的脚本启动 HBase：

```
$ $HBASE_HOME/bin/start-hbase.sh
starting master, logging to .../hbase-0.92.1/bin/../logs/...-master out
```

　　如果可以，把$HBASE_HOME/bin 放进 PATH 变量，以便下次你可以直接执行 hbase 而不是$HBASE_HOME/bin/hbase。

　　全部做完后，单机模式的 HBase 就安装成功了。HBase 的配置信息主要在两个文件里：hbase-env.sh 和 hbase-site.xml。这两个文件存放在/etc/hbase/conf/目录下。单机模式的默认设置里，HBase 写数据到目录/tmp 下，但是该目录不是长期保存数据的地方。你可以编辑 hbase-site.xml 文件，添加下面配置信息来将目录改到你指定的地方：

```
<property>
    <name>hbase.rootdir</name>
    <value>file:///home/user/myhbasedirectory/</value>
</property>
```

　　HBase 安装成功后有一个简单管理界面，运行在端口 http://localhost:60010，如图 1-2 所示。

　　安装完成，HBase 已经启动，现在开始使用 HBase。

Master: localhost:38155

Local logs, Thread Dump, Log Level, Debug dump

Attributes

Attribute Name	Value	Description
HBase Version	0.92.1-cdh4.0.0, rUnknown	HBase version and revision
HBase Compiled	Mon Jun 4 17:27:36 PDT 2012, root	When HBase version was compiled and by whom
Hadoop Version	2.0.0-cdh4.0.0, r5d678f6bb1f2bc49e2287dd69ac41d7232fc9cdc	Hadoop version and revision
Hadoop Compiled	Mon Jun 4 16:52:25 PDT 2012, jenkins	When Hadoop version was compiled and by whom
HBase Root Directory	file:/tmp/hbase-hbase/hbase	Location of HBase home directory
HBase Cluster ID	13cceca6-107a-450f-9c94-f91c4059d289	Unique identifier generated for each HBase cluster
Load average	3	Average number of regions per regionserver. Naive computation.
Zookeeper Quorum	localhost:2181	Addresses of all registered ZK servers. For more, see zk dump.
Coprocessors	[]	Coprocessors currently loaded loaded by the master
HMaster Start Time	Fri Jun 29 18:42:31 PDT 2012	Date stamp of when this HMaster was started
HMaster Active Time	Fri Jun 29 18:42:31 PDT 2012	Date stamp of when this HMaster became active

Tasks

Show All Monitored Tasks Show non-RPC Tasks Show All RPC Handler Tasks Show Active RPC Calls Show Client Operations View as JSON

No tasks currently running on this node.

Tables

Catalog Table	Description
-ROOT-	The -ROOT- table holds references to all .META. regions.
.META.	The .META. table holds references to all User Table regions

1 table(s) in set. [Details]

图 1-2　HBase Master 状态页面。该页面可以看到 HBase 的健康状态。也可以了解数据的分布，执行一些基本的管理任务，但是大部分管理任务不是在这个页面完成的。第 10 章将教你更多 HBase 运维知识

1.3.2　HBase Shell 命令行交互

你可以使用 HBase Shell，通过命令行方式和 HBase 进行交互。本地安装和集群安装都采用同样的 Shell 方式。HBase Shell 是一个封装了 Java 客户端 API 的 JRuby 应用软件，有两种运行方式：交互模式和批处理模式。交互模式用于对 HBase 进行随时访问交互，批处理模式主要通过 Shell 脚本进行程序化交互或者用于加载小文件。在本章节我们使用交互模式。

> **JRuby 和 JVM 语言**
>
> 　　不熟悉 Java 的人可能被 JRuby 的概念搞迷糊了。JRuby 是在 Java 运行时上面的 Ruby 编程语言的实现。除了正常的 Ruby 语法，JRuby 支持访问 Java 对象和函数库。JVM 上不仅仅只是 Java 和 JRuby。Jython 是 JVM 上 Python 的实现，还有一些完全不同的语言，如 Clojure 和 Scala。所有这些语言都可以通过 Java 客户端 API 来访问 HBase。

　　让我们开始使用交互模式。在终端中执行 `hbase shell` 命令启动 Shell。Shell 可

以支持命令自动补全和命令文档内联访问：

```
$ hbase shell
HBase Shell; enter 'help<RETURN>' for list of supported commands.
Type "exit<RETURN>" to leave the HBase Shell
Version 0.92.1-cdh4.0.0, rUnknown, Mon Jun  4 17:27:36 PDT 2012

hbase(main):001:0>
```

走到这一步，可以确认 Java 和 HBase 函数库已经安装成功。为了最终验证，可以试试列出 HBase 中所有表的命令。这个动作执行了一个全程请求，从客户端应用到 HBase 服务器，然后返回。在 Shell 提示符下，输入 list 然后按下回车键。你应该看到输出 0 个结果，以及接下来的提示符：

```
hbase(main):001:0> list
TABLE
0 row(s) in 0.5710 seconds

hbase(main):002:0>
```

完成安装和验证后，现在创建表并存储一些数据。

1.3.3　存储数据

HBase 使用表作为顶级结构来存储数据。写数据到 HBase，就是写数据到表。现在开始，创建一个有一个列族的表，名字是 mytable。是的，列族（别着急，后面会解释这个术语）。现在创建表：

```
hbase(main):002:0> create 'mytable', 'cf'        ←──────  创建表 mytable，列
0 row(s) in 1.0730 seconds                                族名是 cf
hbase(main):003:0> list
TABLE                          ├──  列出新创建的表
mytable
1 row(s) in 0.0080 seconds
```

1. 写数据

表创建后，现在写入一些数据。我们往表里写入字符串 hello HBase。按 HBase 的说法，我们这么说，"在 'mytable' 表的 'first' 行中的 'cf:message' 列对应的数据单元中插入字节数组 'hello HBase'" 能听懂吗？下一章我们会解释所有这些术语。现在，执行写入命令：

```
hbase(main):004:0> put 'mytable', 'first', 'cf:message', 'hello HBase'
0 row(s) in 0.2070 seconds
```

简单吧。HBase 存储数字的方式和存储字符串一样。继续多增加几个值，如下：

```
hbase(main):005:0> put 'mytable', 'second', 'cf:foo', 0x0
0 row(s) in 0.0130 seconds
hbase(main):006:0> put 'mytable', 'third', 'cf:bar', 3.14159
0 row(s) in 0.0080 second
```

现在表里有 3 行和 3 个数据单元。注意，在使用列的时候你并没有提前定义这些列，你也没有定义往每个列里存储的数据的类型。这就是 NoSQL 粉丝们所说的，HBase 是一种无模式（schema-less）的数据库。如果写入数据后不能读取出来也是没有用的，现在读回数据看看。

2. 读数据

HBase 有两种方式读取数据：get 和 scan。你肯定敏锐地注意到了，HBase 存储数据的命令是 put。和 put 相对应，读取一行的命令是 get。还记得我们说过，HBase 除了键值 API 还有一些特别之处吗？scan 就是这个特别所在。第 2 章会介绍 scan 是如何工作的以及为什么它很重要，同时会重点关注如何使用它。

现在执行 get：

```
hbase(main):007:0> get 'mytable', 'first'
COLUMN                    CELL
 cf:message               timestamp=1323483954406, value=hello HBase
1 row(s) in 0.0250 seconds
```

如上所示，你得到了第一行。Shell 输出了该行所有数据单元，按列组织，输出值还附带时间戳。HBase 可以存储每个数据单元的多个时间版本。存储的版本数量默认值是 3 个，但可以重新设置。读取的时候，除非特别指定，否则默认返回最新时间版本。如果你不希望存储多个时间版本，可以设置 HBase 只存储一个版本，但是绝不要禁用这个特性。

使用 scan 命令，你会得到多行数据。但是要小心，我们必须提醒你，除非特别指定，否则该命令会返回表里的所有行。现在执行 scan：

```
hbase(main):008:0> scan 'mytable'
ROW                      COLUMN+CELL
 first                   column=cf:message, timestamp=1323483954406, value=hell
                         o HBase
 second                  column=cf:foo, timestamp=1323483964825, value=0
 third                   column=cf:bar, timestamp=1323483997138, value=3.14159
3 row(s) in 0.0240 seconds
```

返回了所有数据。注意观察 HBase 返回行的顺序，是按行的名字排序的。HBase 称之为行键（rowkey）。HBase 还有很多技巧，但是所有其他东西都建立在你刚才使用的基本概念上。好好体会一下。

1.4　小结

我们在开始的介绍性章节里介绍了相当多的数据管理技术的历史资料。当你学习一门技术时，了解它的来龙去脉总是有帮助的。现在，你大概知道了 HBase 的起源以及 NoSQL 现象的大背景。你也了解了设计 HBase 是为了解决什么样的问题，以及它已经解决了哪些问题。不仅如此，你还安装并运行了 HBase，并且用其存储了一些可爱的 "hello world" 数据。

当然，我们会向你提出更多的问题。强一致性为什么重要？客户端读取数据时如何找到正确的节点？scan 有趣在什么地方？HBase 还有什么其他的技巧呢？下一章我们会回答这些乃至更多的问题。如果你打算搭建一个使用 HBase 作为后端数据存储的应用系统，第 2 章会告诉你怎么开始。

第 2 章　入门

本章涵盖的内容
- 连接到 HBase 和定义表
- 与 HBase 交互的基本命令
- HBase 的物理数据模型和逻辑数据模型
- 基于复合行键的查询

　　下面几章的一个目标是教你如何使用 HBase。作为一名应用开发人员，首先你要适应 HBase 的特性。你将学习 HBase 的逻辑数据模型（logical data model），访问 HBase 的各种方式，以及如何使用这些 API 的细节。另外一个目标是教你进行 HBase 模式（schema）设计。HBase 有着和以往关系型数据库不同的物理数据模型（physical data model）。我们将介绍一些 HBase 物理模型的基本原理，以便设计数据模型时你能够利用它对自已的应用系统进行优化。

　　为了完成这些目标，你将从头开始搭建一个应用系统。请允许我们给你介绍一下完全建立在 HBase 上的 TwitBase，它是社交网络 Twitter 的简化克隆版。我们不会实现 Twitter 的所有功能，而且这也不是一个准备投入使用的系统。我们只是把 TwitBase 看做 Twitter 的初级原型产品。TwitBase 和 Twitter 早期版本的主要区别是，TwitBase 设计中考虑了可扩展性，因此需要依赖数据存储来实现这一点。

　　本章从基本原理开始讲起。你会看到如何创建 HBase 表，如何导入数据和读取数据。我们将介绍 HBase 处理数据的基本操作，以及数据模型的基本组件。同时，你会学到一些 HBase 的内部工作机制。这些知识可以帮助你在模式设计时作出正确决定。本章是学习 HBase 和其余章节的起点。

要获取本章及全书的代码，请访问 https://github.com/hbaseinaction/twitbase。

2.1 从头开始

TwitBase 存储 3 种简单的核心数据元素，即用户（user）、推帖（twit）和关系（relationship）。用户是 TwitBase 的中心。用户登录进入应用系统，维护用户信息，通过发帖与其他用户互动。推帖是 TwitBase 中用户公开发表的短文。推帖是用户间互动的主要模式。用户通过互相转发产生对话。所有互动的"黏合剂"就是关系。关系连接用户，使用户很容易读到其他用户的推帖。本章关注点是用户和推帖，下一章将讨论关系。

> **关于 Java**
>
> 本书绝大部分代码都是用 Java 编写的。有时我们使用伪代码来帮助理解概念，但是工作代码是 Java。使用 HBase，Java 是现实的选择。整个 Hadoop 系列，包括 HBase，都使用 Java。HBase 客户端函数库是 Java，MapReduce 函数库也是 Java。HBase 的部署需要优化 JVM 性能。但是可以使用非 Java 和非 JVM 的语言来访问 HBase，第 6 章会讨论这些内容。

2.1.1 创建表

现在开始搭建 TwitBase，为存储用户奠定一个基础。HBase 是一个在表里存储数据的数据库，所以我们从创建 users 表开始。首先进入 HBase Shell：

```
$ hbase shell
HBase Shell; enter 'help<RETURN>' for list of supported commands.
Type "exit<RETURN>" to leave the HBase Shell
Version 0.92.0, r1231986, Mon Jan 16 13:16:35 UTC 2012

hbase(main):001:0>
```

Shell 打开一个到 HBase 的连接，给出提示符。在 Shell 提示符上，创建你的第一张表：

```
hbase(main):001:0> create 'users', 'info'
0 row(s) in 0.1200 seconds

hbase(main):002:0>
```

可以想到 'users' 是表的名字，但是 'info' 是什么呢？像关系型数据库里的表一样，HBase 的表也是按照行（row）和列（column）来组织的。HBase 中的列和关系型数据库中的有些不同。HBase 中的列组成列族（column family）。info 就是 users 表的一个列族。HBase 中的表必须至少有一个列族。它们之中，列族直接影响 HBase 数据存储的物理特性。因此，创建表时必须至少指定一个列族。表创建后列族还可以更改，但是这么做很麻烦。后面我们会详细讨论列族，现在只需要知道 users 表足够简单，只有一个列族，就可以了。

2.1.2　检查表模式

如果你熟悉关系型数据库，会马上注意到，HBase 创建表时没提到任何列或者数据类型。除了列族名字，HBase 什么也不需要。这就是 HBase 经常被称作无模式数据库的原因。

你可以要求 HBase 列出所有已创建的表来验证 users 表已经创建成功：

```
hbase(main):002:0> list
TABLE
users
1 row(s) in 0.0220 seconds

hbase(main):003:0>
```

list 命令可以显示存在的表，HBase 也可以提供表的更多细节。使用 describe 命令可以看到这个表的所有的默认参数：

```
hbase(main):003:0> describe 'users'
DESCRIPTION                                         ENABLED
 {NAME => 'users', FAMILIES => [{NAME => 'info', true
 BLOOMFILTER => 'NONE', REPLICATION_SCOPE => '0
 ', COMPRESSION => 'NONE', VERSIONS => '3', TTL
 => '2147483647', BLOCKSIZE => '65536', IN_MEMOR
 Y => 'false', BLOCKCACHE => 'true'}]}
1 row(s) in 0.0330 seconds

hbase(main):004:0>
```

Shell 显示表有两类属性信息：表的名字和列族的列表。每个列族有许多相应的配置信息细节，这些就是我们前面提到的物理特性。现在先不管这些细节，我们随后研究它们。

HBase Shell

虽然 HBase Shell 主要用于管理任务，但它拥有丰富的特性。它用 JRuby 实现，可以使用整个 Java 客户端 API。你可以使用 help 命令进一步发掘 Shell 的功能。

2.1.3　建立连接

尽管 Shell 很好用，但是谁会愿意用 Shell 命令实现 TwitBase 呢？聪明的 HBase 开发人员知道这一点，他们为 HBase 提供了一个全面的 Java 客户端库。也有面向其他语言的类似的 API，第 6 章会讨论。现在我们使用 Java。打开 users 表连接的 Java 代码如下所示：

```
HTableInterface usersTable = new HTable("users");
```

　　类似于 Shell 的做法，构造函数 `HTable` 读取默认配置信息来定位 HBase。然后定位之前你创建的 `users` 表，返回一个句柄。

　　你也可以传递一个定制的配置对象给 `HTable` 对象：

```
Configuration myConf = HBaseConfiguration.create();
HTableInterface usersTable = new HTable(myConf, "users");
```

　　这等同于让 `HTable` 对象自己创建配置信息对象。你可以像下面这样设定参数来定制配置信息：

```
myConf.set("parameter_name", "parameter_value");
```

> **HBase 客户端配置信息**
>
> 　　HBase 客户端应用需要有一份 HBase 配置信息来访问 HBase——ZooKeeper quorum 地址。你可以手工设定这个配置如下：
>
> ```
> MyConf.set("hbase.zookeeper.quorum","serverip");
> ```
>
> 　　ZooKeeper 以及客户端与 HBase 集群之间的交互会在下一章深入研究分布式 HBase 存储时讨论到。现在你只需要知道 HBase 配置信息可以通过两种方式获取，一种是 Java 客户端从类路径里的 hbase-site.xml 文件里获取配置信息，另一种是通过在连接中显式设定配置信息来获取。如果你没有指定配置信息，就像示例代码里那样，客户端就会使用默认配置信息，把 localhost 作为 ZooKeeper quorum 地址。单机模式中，指的就是你用来验证本书内容的机器，这正是你需要的配置信息。

2.1.4　连接管理

　　创建一张表实例是个开销很大的操作，需要占用一些网络资源。与直接创建表句柄相比，使用连接池更好一些。连接从连接池里分配，然后再返回到连接池。实践中，使用 `HTablePool` 比直接使用 `HTable` 更为常见：

```
HTablePool pool = new HTablePool();
HTableInterface usersTable = pool.getTable("users");
... // work with the table
usersTable.close();
```

　　当你完成工作关闭表时，连接资源会返回到连接池里。

　　没有数据的表是没有用的，现在我们存储一些数据。

2.2　数据操作

　　HBase 表的行有唯一标识符，叫做行键（rowkey）。其他部分用来存储 HBase 表里的数据，但是行键是第一重要的。就像关系型数据库的主键，HBase 表中每行的行键值都是不同的。每次访问表中的数据都从行键开始。TwitBase 中每个用户是唯一的，所以 users 表使用用户名字作为行键很方便，一会儿就这么用。

和数据操作有关的 HBase API 称为命令（command）。有 5 个基本命令用来访问 HBase，Get（读）、Put（写）、Delete（删除）、Scan（扫描）和 Increment（递增）。用来存储数据的命令是 Put。为了往表里存储数据，你需要创建一个 Put 实例。根据行键创建 Put 实例，如下所示：

```
Put p = new Put(Bytes.toBytes("Mark Twain"));
```

为什么不能直接存储用户名字呢？HBase 中所有数据都是作为原始数据（raw data）使用字节数组的形式存储的，行键也是如此。Java 客户端函数库提供了一个公用类 Bytes，用来转换各种 Java 数据类型，所以你不必担心。注意，这个 Put 实例还没有插入到表中。现在只是创建了对象。

2.2.1　存储数据

既然我们准备好了一个命令往 HBase 里添加数据，你还需要提供要存储的数据。先存储一个叫 Mark 的用户的基本信息，如他的邮件地址和密码。如果还有另外一个用户也叫 Mark Twain 会发生什么呢？它们的名字会冲突，数据不能存储到 TwitBase 里。所以我们必须使用一个独一无二的用户名作为行键，用户的真实名字不做行键而是存储在一个列里面。把前面的 Put 命令放在一起编写代码如下：

```
Put p = new Put(Bytes.toBytes("TheRealMT"));
p.add(Bytes.toBytes("info"),                   往单元 "info:name"
  Bytes.toBytes("name"),                       存入 "Mark Twain"
  Bytes.toBytes("Mark Twain"));
p.add(Bytes.toBytes("info"),                   往单元 "info:email"
  Bytes.toBytes("email"),                      存入 "samuel@clemens.org"
  Bytes.toBytes("samuel@clemens.org"));
p.add(Bytes.toBytes("info"),                   往单元 "info:password"
  Bytes.toBytes("password"),                   存入 "Langhorne"
  Bytes.toBytes("Langhorne"));
```

记住，HBase 使用坐标来定位表中的数据。行键是第一个坐标，下一个是列族。列族用做数据坐标时，表示一组列。再下一个坐标是列限定符（column qualifier），如果你熟悉 HBase 术语，它经常简称为列（column）或标志（qual）。本例子中列限定符是 name、email 和 password。因为 HBase 是无模式的，你不需要事先定义列限定符或者设定数据类型。它们是动态的，你所需要做的只是在写入数据时给出列的名字。3 个坐标确定了单元（cell）的位置。HBase 中数据作为值（value）存储在单元里。表中确定一个单元的坐标是[rowkey, column family, column qualifier]。上面的代码在一行中存储 3 个单元的 3 个值。其中存储 Mark 名字的单元坐标是[TheRealMT, info, name]。

写数据到 HBase 的最后一步是提交命令给表。这一步很简单：

```
HTableInterface usersTable = pool.getTable("users");
Put p = new Put(Bytes.toBytes("TheRealMT"));
p.add(...);
usersTable.put(p);
usersTable.close();
```

2.2.2 修改数据

HBase 中修改数据使用的方式与存储新数据一样：创建 Put 对象，在正确的坐标上给出数据，提交到表。我们来给 Mark 修改一个更安全的密码。

```
Put p = new Put(Bytes.toBytes("TheRealMT"));
p.add(Bytes.toBytes("info"),
  Bytes.toBytes("password"),
  Bytes.toBytes("abc123"));
usersTable.put(p);
```

2.2.3 工作机制：HBase 写路径

在 HBase 中无论是增加新行还是修改已有的行，其内部流程都是相同的。HBase 接到命令后存下变化信息，或者写入失败抛出异常。默认情况下，执行写入时会写到两个地方：预写式日志（write-ahead log，也称 HLog）和 MemStore（见图 2-1）。HBase 的默认方式是把写入动作记录在这两个地方，以保证数据持久化。只有当这两个地方的变化信息都写入并确认后，才认为写动作完成。

MemStore 是内存里的写入缓冲区，HBase 中数据在永久写入硬盘之前在这里累积。当 MemStore 填满后，其中的数据会刷写到硬盘，生成一个 HFile。HFile 是 HBase 使用的底层存储格式。HFile 对应于列族，一个列族可以有多个 HFile，但一个 HFile 不能存储多个列族的数据。在集群的每个节点上，每个列族有一个 MemStore。[①]

大型分布式系统中硬件故障很常见，HBase 也不例外。设想一下，如果 MemStore 还没有刷写，服务器就崩溃了，内存中没有写入硬盘的数据就会丢失。HBase 的应对办法是在写动作完成之前先写入 WAL。HBase 集群中每台服务器维护一个 WAL 来记录发生的变化。WAL 是底层文件系统上的一个文件。直到 WAL 新记录成功写入后，写动作才被认为成功完成。这可以保证 HBase 和支撑它的文件系统满足持久性。大多数情况下，HBase 使用 Hadoop 分布式文件系统（HDFS）来作为底层文件系统。

如果 HBase 服务器宕机，没有从 MemStore 里刷写到 HFile 的数据将可以通过回放 WAL 来恢复。你不需要手工执行。HBase 的内部机制中有恢复流程部分来处理。每台

---

① MemStore 的大小由 hbase-site.xml 文件里的系统级属性 `hbase.hregion.memstore.flush.size` 来定义。你会在第 9 章里了解各种配置属性。

HBase 服务器有一个 WAL，这台服务器上的所有表（和它们的列族）共享这个 WAL。

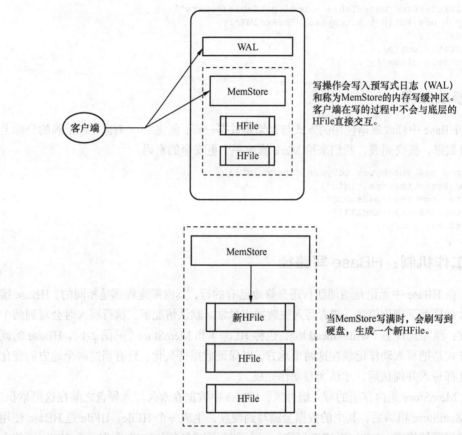

图 2-1　HBase 写路径。每次写入 HBase 需要来自 WAL 和 MemStore 的确认。这两个确认确保
每次写入 HBase 在尽可能快的同时保证持久性。当 MemStore 写满时刷写到一个新 HFile

你可能想到，写入时跳过 WAL 应该会提升写性能。但我们不建议禁用 WAL，除非你愿意在出问题时丢失数据。如果你想测试一下，如下代码可以禁用 WAL：

```
Put p = new Put();
p.setWriteToWAL(false);
```

注意： 不写入 WAL 会在 RegionServer 故障时增加丢失数据的风险。关闭 WAL，出现故障时
HBase 可能无法恢复数据，没有刷写到硬盘的所有写入数据都会丢失。

2.2.4　读数据

从 HBase 读取数据和写入数据一样简单。创建一个 Get 命令实例，告诉它你感兴

趣的单元，提交到表：

```
Get g = new Get(Bytes.toBytes("TheRealMT"));
Result r = usersTable.get(g);
```

该表会返回一个包含数据的 Result 实例。实例中包含行中所有列族的所有列。这可能大大超过你所需要的。你可以在 Get 实例中放置限制条件来减少返回的数据量。为了返回列 password，可以执行命令 addColumn()。对于列族同样可以执行命令 addFamily()，下面的例子可以返回指定列族的所有列：

```
Get g = new Get(Bytes.toBytes("TheRealMT"));
g.addColumn(
  Bytes.toBytes("info"),
  Bytes.toBytes("password"));
Result r = usersTable.get(g);
```

检索特定值，从字节转换回字符串，如下所示：

```
Get g = new Get(Bytes.toBytes("TheRealMT"));
g.addFamily(Bytes.toBytes("info"));
byte[] b = r.getValue(
  Bytes.toBytes("info"),
  Bytes.toBytes("email"));
String email = Bytes.toString(b); // "samuel@clemens.org"
```

2.2.5 工作机制：HBase 读路径

如果你想快速访问数据，通用的原则是数据保持有序并尽可能保存在内存里。HBase 实现了这两个目标，大多情况下读操作可以做到毫秒级。HBase 读动作必须重新衔接持久化到硬盘上的 HFile 和内存中 MemStore 里的数据。HBase 在读操作上使用了 LRU（最近最少使用算法）缓存技术。这种缓存也叫做 BlockCache，和 MemStore 在一个 JVM 堆里。BlockCache 设计用来保存从 HFile 里读入内存的频繁访问的数据，避免硬盘读。每个列族都有自己的 BlockCache。

掌握 BlockCache 是优化 HBase 性能的一个重要部分。BlockCache 中的 Block 是 HBase 从硬盘完成一次读取的数据单位。HFile 物理存放形式是一个 Block 的序列外加这些 Block 的索引。这意味着，从 HBase 里读取一个 Block 需要先在索引上查找一次该 Block 然后从硬盘读出。Block 是建立索引的最小数据单位，也是从硬盘读取的最小数据单位。Block 大小按照列族设定，默认值是 64 KB。根据使用场景你可能会调大或者调小该值。如果主要用于随机查询，你可能需要细粒度的 Block 索引，小一点儿的 Block 更好一些。Block 变小会导致索引变大，进而消耗更多内存。如果你经常执行顺序扫描，一次读取多个 Block，大一点儿的 Block 更好一些。Block 变大意味着索引项变少，索引变小，因此节省内存。

从 HBase 中读出一行，首先会检查 MemStore 等待修改的队列，然后检查 BlockCache 看包含该行的 Block 是否最近被访问过，最后访问硬盘上的对应 HFile。HBase 内部做了很多事情，这里只是简单概括。读路径如图 2-2 所示。

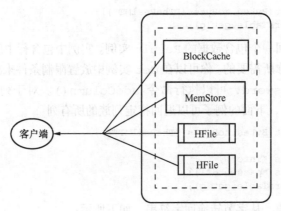

图 2-2　HBase 读路径。把 BlockCache、MemStore 和 HFile 的数据凑在一起，提交给客户端
　　　最新的行视图

注意，HFile 存放某个时刻 MemStore 刷写时的快照。一个完整行的数据可能存放在
多个 HFile 里。为了读出完整行，HBase 可能需要读取包含该行信息的所有 HFile。

2.2.6　删除数据

从 HBase 中删除数据和存储数据工作方式类似。基于一个行键创建一个 Delete
命令实例：

```
Delete d = new Delete(Bytes.toBytes("TheRealMT"));
usersTable.delete(d);
```

也可以指定更多坐标删除行的一部分：

```
Delete d = new Delete(Bytes.toBytes("TheRealMT"));
d.deleteColumns(
  Bytes.toBytes("info"),
  Bytes.toBytes("email"));
usersTable.delete(d);
```

deleteColumns() 方法从行中删除一个单元。这和 deleteColumn() 方法不同
（注意方法名字尾部少了 **s**）。deleteColumn() 方法删除单元的内容。

2.2.7　合并：HBase 的后台工作

Delete 命令并不立即删除内容。实际上，它只是给记录打上删除的标记。就是说，
针对那个内容的一条新"墓碑"（tombstone）记录写入进来，作为删除的标记。墓碑记
录用来标志删除的内容不能在 Get 和 Scan 命令中返回结果。因为 HFile 文件是不能改变
的，直到执行一次大合并（major compaction），这些墓碑记录才会被处理，被删除记录

占用的空间才会释放。

　　合并分为两种：大合并（major compaction）和小合并（minor compaction）。两者将会重整存储在 HFile 里的数据。小合并把多个小 HFile 合并生成一个大 HFile，如图 2-3 所示。因为读出一条完整的行可能引用很多文件，限制 HFile 的数量对于读性能很重要。执行合并时，HBase 读出已有的多个 HFile 的内容，把记录写入一个新文件。然后，把新文件设置为激活状态，删除构成这个新文件的所有老文件[①]。HBase 根据文件的号码和大小决定合并哪些文件。小合并设计出发点是轻微影响 HBase 的性能，所以涉及的HFile 的数量有上限。这些都可以设置。

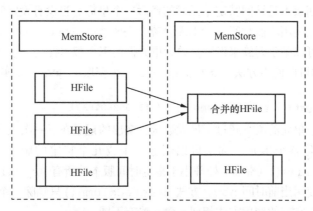

两个或更多个HFile在合并期间被合并成一个HFile。

图 2-3　小合并。从已有的 HFile 里读出记录，合并到一个 HFile。然后新 HFile 标记为权威数　　　据，删除老 HFile。大合并同时处理一个列族的全部 HFile

　　大合并将处理给定 region 的一个列族的所有 HFile。大合并完成后，这个列族的所有 HFile 合并成一个文件。可以从 Shell 中手工触发整个表（或者特定 region）的大合并。这个动作相当耗费资源，不要经常使用。另一方面，小合并是轻量级的，可以频繁发生。大合并是 HBase 清理被删除记录的唯一机会。因为我们不能保证被删除的记录和墓碑标记记录在一个 HFile 里面。大合并是唯一的机会，HBase 可以确保同时访问到两种记录。

　　在 NGDATA 博客的帖子里更加详细地介绍了合并过程，以及增量图解。[②]

2.2.8　有时间版本的数据

　　HBase 除了是无模式数据库以外，还是有时间版本概念（versioned）的数据库。例

---

① 可以想象，这个过程占用大量硬盘 IO，不容易看到的是它也占用网络 IO。进一步的细节参看
　　附录 B 中 HDFS 写路径的介绍。

② Bruno Dumon, "Visualizing HBase Flushes and Compactions," NGDATA.

如，你可以按照时间回溯最初的密码：

```
List<KeyValue> passwords = r.getColumn(
  Bytes.toBytes("info"),
  Bytes.toBytes("password"));
b = passwords.get(0).getValue();
String currentPasswd = Bytes.toString(b); // "abc123"
b = passwords.get(1).getValue();
String prevPasswd = Bytes.toString(b); // "Langhorne"
```

每次你在单元上执行操作，HBase 都隐式地存储一个新时间版本。单元的新建、修改和删除都会同样处理，它们都会留下新时间版本。Get 请求根据提供的参数调出相应的版本。时间版本是访问特定单元时的最后一个坐标。当没有设定时间版本时，HBase 以毫秒为单位使用当前时间①，所以版本数字用长整型 long 表示。HBase 默认只存储 3 个版本，这可以基于列族来设置。单元里数据的每个版本提交一个 KeyValue 实例给 Result。你可以使用方法 getTimestamp() 来获取 KeyValue 实例的版本信息：

```
long version =
  passwords.get(0).getTimestamp(); // 1329088818321
```

如果一个单元的版本超过了最大数量，多出的记录在下一次大合并时会扔掉。

除了删除整个单元，你也可以删除一个或几个特定的版本。之前提到的方法 deleteColumns()（带 s）处理小于指定时间版本的所有 KeyValue。不指定时间版本时，默认使用当前时间 now。方法 deleteColumn() 只删除一个指定版本。小心你调用的方法，它们的调用方式相似，含义略有不同。

2.2.9 数据模型概括

本节讨论了很多基础知识，包括数据模型和实现细节。现在暂停，复习一下到目前为止我们讨论了哪些东西。HBase 模式里的逻辑实体如下。

- 表（table）——HBase 用表来组织数据。表名是字符串（String），由可以在文件系统路径里使用的字符组成。
- 行（row）——在表里，数据按行存储。行由行键（rowkey）唯一标识。行键没有数据类型，总是视为字节数组 byte[]。
- 列族（column family）——行里的数据按照列族分组，列族也影响到 HBase 数据的物理存放。因此，它们必须事前定义并且不轻易修改。表中每行拥有相同列族，尽管行不需要在每个列族里存储数据。列族名字是字符串（String），由可以在文件系统路径里使用的字符组成。
- 列限定符（column qualifier）——列族里的数据通过列限定符或列来定位。列

---

① 就是说，RegionServer 收到执行动作的当前时间，以毫秒为单位。因此保持 HBase 集群中所有机器的时钟同步很重要。第 9 章将讨论更多这方面的考虑。

限定符不必事前定义。列限定符不必在不同行之间保持一致。就像行键一样，列限定符没有数据类型，总是视为字节数组 byte[]。

■ 单元（cell）——行键、列族和列限定符一起确定一个单元。存储在单元里的数据称为单元值（value）。值也没有数据类型，总是视为字节数组 byte[]。

■ 时间版本（version）——单元值有时间版本。时间版本用时间戳标识，是一个 long。没有指定时间版本时，当前时间戳作为操作的基础。HBase 保留单元值时间版本的数量基于列族进行配置。默认数量是 3 个。

上述 6 个概念构成 HBase 的基础。用户最终看到的是通过 API 展现的上述 6 个基本概念的逻辑视图，它们是对 HBase 物理存放在硬盘上数据进行管理的基石。在学习 HBase 的过程中请牢牢记住这 6 个概念。

HBase 的每个数据值使用坐标来访问。一个值的完整坐标包括行键、列族、列限定符和时间版本。下一节将详细介绍这些坐标。

2.3 数据坐标

在逻辑数据模型里，时间版本的数字也是数据的坐标之一。你可以想象，在关系型数据库里存储数据使用的是二维坐标系统，先是行后是列。照此类推，HBase 在表里存储数据使用的是四维坐标系统。

HBase 使用的坐标依次是行键、列族、列限定符和时间版本。users 表的坐标如图 2-4 所示。

图 2-4　HBase 表里用来识别数据的坐标是①行键（rowkey）、②列族（column family）、③列限定符（column qualifier）和④时间版本（version）

把所有坐标视为一个整体，HBase 可以看做是一个键值（keyvalue）数据库。抽象看逻辑数据模型，你可以把这组坐标看做键，把单元数据看做值（见图 2-5）。

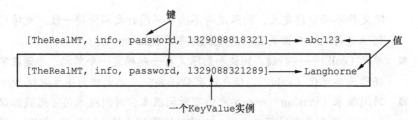

图 2-5　HBase 可以认为是一种键值存储，定位一个单元的 4 个坐标可视为键。API 中
KeyValue 类把一个单元的完整坐标和值本身打包在一起

　　当使用 HBase API 检索数据时，你不需要提供全部坐标。如果你在 Get 命令中省略
了时间版本，HBase 返回数据值多个时间版本的映射集合。HBase 允许你在一次操作中
得到多个数据，它们按照坐标的降序排列。那么你可以把 HBase 看做是这样一种键值数
据库，它的数据值是映射集合或者映射集合的集合。该思想如图 2-6 所示。

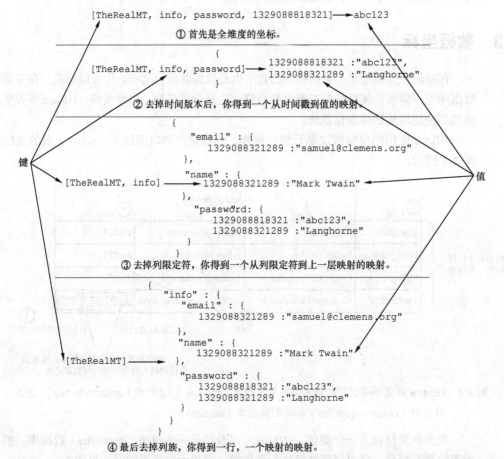

图 2-6　HBase 可视为键值数据存储的另一种视角。单元坐标的维度越少，对应值的集合范围越广

等本章后面我们介绍了 HBase 数据模型再详细讨论这个概念。

2.4 小结

现在知道了如何访问 HBase，让我们在一个实际例子中练习已经学到的东西。首先为 User 实例定义一个简单模型对象，如代码清单 2-1 所示。

代码清单 2-1 **`User`** 的数据模型

```
package HBaseIA.TwitBase.model;

public abstract class User {

  public String user;
  public String name;
  public String email;
  public String password;

  @Override
  public String toString() {
    return String.format("<User: %s, %s, %s>", user, name, email);
  }
}
```

然后在一个类中封装所有 HBase 访问操作。先声明普遍使用的字节数组 byte[] 常量，然后定义封装操作命令的方法，接下来是 User 模型的公有接口和私有实现，如代码清单 2-2 所示。

代码清单 2-2 在 UsersDAO.java 里的 CRUD 操作

```
package HBaseIA.TwitBase.hbase;

//...                                          省略导入细节

public class UsersDAO {

  public static final byte[] TABLE_NAME =
    Bytes.toBytes("users");
  public static final byte[] INFO_FAM =
    Bytes.toBytes("info");

  private static final byte[] USER_COL =
    Bytes.toBytes("user");              声明一次常用的
  private static final byte[] NAME_COL =    字节数组常量
    Bytes.toBytes("name");
  private static final byte[] EMAIL_COL =
    Bytes.toBytes("email");
  private static final byte[] PASS_COL =
    Bytes.toBytes("password");
  public static final byte[] TWEETS_COL =
    Bytes.toBytes("tweet_count");

  private HTablePool pool;
```

```
public UsersDAO(HTablePool pool) {
  this.pool = pool;
}

private static Get mkGet(String user) {
  Get g = new Get(Bytes.toBytes(user));
  g.addFamily(INFO_FAM);
  return g;
}

private static Put mkPut(User u) {
  Put p = new Put(Bytes.toBytes(u.user));
  p.add(INFO_FAM, USER_COL, Bytes.toBytes(u.user));
  p.add(INFO_FAM, NAME_COL, Bytes.toBytes(u.name));
  p.add(INFO_FAM, EMAIL_COL, Bytes.toBytes(u.email));
  p.add(INFO_FAM, PASS_COL, Bytes.toBytes(u.password));
  return p;
}

private static Delete mkDel(String user) {
  Delete d = new Delete(Bytes.toBytes(user));
  return d;
}

public void addUser(String user,
                    String name,
                    String email,
                    String password)
  throws IOException {

  HTableInterface users = pool.getTable(TABLE_NAME);

  Put p = mkPut(new User(user, name, email, password));
  users.put(p);

  users.close();
}

public HBaseIA.TwitBase.model.User getUser(String user)
  throws IOException {
  HTableInterface users = pool.getTable(TABLE_NAME);

  Get g = mkGet(user);
  Result result = users.get(g);
  if (result.isEmpty()) {
    return null;
  }

  User u = new User(result);
  users.close();
  return u;
}

public void deleteUser(String user) throws IOException {
  HTableInterface users = pool.getTable(TABLE_NAME);

  Delete d = mkDel(user);
  users.delete(d);

  users.close();
}
```

让调用环境来
管理连接池

使用辅助方法来封装
常规工作

```
private static class User
  extends HBaseIA.TwitBase.model.User {
  private User(Result r) {                          根据 Result 构造
    this(r.getValue(INFO_FAM, USER_COL),            model.User 实例
         r.getValue(INFO_FAM, NAME_COL),
         r.getValue(INFO_FAM, EMAIL_COL),
         r.getValue(INFO_FAM, PASS_COL),
         r.getValue(INFO_FAM, TWEETS_COL) == null
           ? Bytes.toBytes(0L)
           : r.getValue(INFO_FAM, TWEETS_COL));
  }

  private User(byte[] user,
               byte[] name,
               byte[] email,
               byte[] password,
               byte[] tweetCount) {                 基于字符串和字
    this(Bytes.toString(user),                       节数组的方便的
         Bytes.toString(name),                       构造函数
         Bytes.toString(email),
         Bytes.toString(password));
    this.tweetCount = Bytes.toLong(tweetCount);
  }

  private User(String user,
               String name,
               String email,
               String password) {
    this.user = user;
    this.name = name;
    this.email = email;
    this.password = password;
  }
 }
}
```

最后一部分是 main() 方法。让我们新建 UsersTool 来简化 HBase 里 users 表的访问，如代码清单 2-3 所示。

代码清单 2-3　访问 users 表的命令行接口，UsersTool

```
package HBaseIA.TwitBase;
//...                                               省略导入细节

public class UsersTool {

  public static final String usage =
        "UsersTool action ...\n" +
        " help - print this message and exit.\n" +
        " add user name email password" +
        " - add a new user.\n" +
        " get user - retrieve a specific user.\n" +
        " list - list all installed users.\n";

  public static void main(String[] args)
      throws IOException {
```

```
if (args.length == 0 || "help".equals(args[0])) {
  System.out.println(usage);
  System.exit(0);
}

HTablePool pool = new HTablePool();
UsersDAO dao = new UsersDAO(pool);          ┐  UsersDAO 把连接池交由
                                            ┘  调用环境管理
if ("get".equals(args[0])) {
  System.out.println("Getting user " + args[1]);
  User u = dao.getUser(args[1]);
  System.out.println(u);
}

if ("add".equals(args[0])) {
  System.out.println("Adding user...");
  dao.addUser(args[1], args[2], args[3], args[4]);
  User u = dao.getUser(args[1]);
  System.out.println("Successfully added user " + u);
}

if ("list".equals(args[0])) {
  for(User u : dao.getUsers()) {
    System.out.println(u);
  }
}

pool.closeTablePool(UsersDAO.TABLE_NAME);   ←─  不要忘了关闭
}                                               剩下的连接
}
```

完成所有代码后，你可以试一试。在本书源代码的根目录中编译 jar 应用：

```
$ mvn package
...
[INFO] ------------------------------------------------------
[INFO] BUILD SUCCESS
[INFO] ------------------------------------------------------
[INFO] Total time: 20.467s
```

这会在目标目录下生成文件 twitbase-1.0.0.jar。

用 UsersTool 往 users 表中增加用户 Mark 的信息很容易：

```
$ java -cp target/twitbase-1.0.0.jar \
  HBaseIA.TwitBase.UsersTool \
  add \
  TheRealMT \
  "Mark Twain" \
  samuel@clemens.org \
  abc123
Successfully added user <User: TheRealMT>
```

也可以列出表的内容：

```
$ java -cp target/twitbase-1.0.0.jar \
  HBaseIA.TwitBase.UsersTool \
```

```
list
21:49:30 INFO cli.UsersTool: Found 1 users.
<User: TheRealMT>
```

初步掌握了如何访问 HBase 之后，让我们进一步理解 HBase 中使用的逻辑数据模型和物理数据模型。

2.5　数据模型

正如你看到的那样，HBase 进行数据建模的方式和你熟悉的关系型数据库有些不同。关系型数据库围绕表、列和数据类型——数据的形态使用严格的规则。遵守这些严格规则的数据称为结构化数据。HBase 设计上没有严格形态的数据。数据记录可能包含不一致的列、不确定大小等。这种数据称为半结构化数据（semistructured data）。

在逻辑模型里针对结构化或半结构化数据的导向影响了数据系统物理模型的设计。关系型数据库假定表中的记录都是结构化的和高度有规律的。因此，在物理实现时，利用这一点相应优化硬盘上的存放格式和内存里的结构。同样，HBase 也会利用所存储数据是半结构化的特点。随着系统发展，物理模型上的不同也会影响逻辑模型。因为这种双向紧密的联系，优化数据系统必须深入理解逻辑模型和物理模型。

除了面向半结构化数据的特点外，HBase 还有另外一个重要考虑因素——可扩展性。在半结构化逻辑模型里数据构成是松耦合的，这一点有利于物理分散存放。HBase 的物理模型设计上适合于物理分散存放，这一点也影响了逻辑模型。此外，这种物理模型设计迫使 HBase 放弃了一些关系型数据库具有的特性。特别是，HBase 不能实施关系约束（constraint）并且不支持多行事务（multirow transaction）[①]。这种关系影响了下面几个主题。

2.5.1　逻辑模型：有序映射的映射集合

HBase 中使用的逻辑数据模型有许多有效的描述。图 2-6 把这个模型解释为键值数据库。我们考虑的一种描述是有序映射的映射（sorted map of maps）。你大概熟悉编程语言里的映射集合或者字典结构。可以把 HBase 看做这种结构的无限的、实体化的、嵌套的版本。

我们先来思考映射的映射这个概念。HBase 使用坐标系统来识别单元里的数据：[行键，列族，列限定符，时间版本]。例如，从 users 表里取出 Mark 的记录（见图 2-7）。

---

① 还不能支持多行事务。将来的 HBase 版本会基本支持位于一台主机的数据上的多行事务。你可以通过 https://issues.apache.org/jira/browse/HBASE-5229 跟踪这个特性的进展。

图 2-7 有序映射的映射。HBase 逻辑上把数据组织成嵌套的映射的映射。每层映射集合里，数据按照映射集合的键字典序排序。本例中，**"email"** 排在 **"name"** 前面，最新时间版本排在稍晚时间版本前面。

理解映射的映射的概念时，把这些坐标从里往外看。你可以想象，开始以时间版本为键、数据为值建立单元映射，往上一层以列限定符为键、单元映射为值建立列族映射，最后以行键为键列族映射为值建立表映射。这个庞然大物用 Java 描述是这样的：Map<RowKey, Map<ColumnFamily, Map<ColumnQualifier, Map<Version, Data>>>>。不算漂亮，但是简单易懂。

注意我们说映射的映射是有序的。上述例子只显示了一条记录，即使如此也可以看到顺序。注意 password 单元有两个时间版本。最新时间版本排在稍晚时间版本之前。HBase 按照时间戳降序排列各时间版本，所以最新数据总是在最前面。这种物理设计明显导致可以快速访问最新时间版本。其他的映射键按照升序排列。现在的例子看不到这一点，让我们插入几行记录看看是什么样子：

```
$ java -cp target/twitbase-1.0.0.jar \
  HBaseIA.TwitBase.UsersTool \
  add \
  HMS_Surprise \
  "Patrick O'Brian" \
  aubrey@sea.com \
  abc123
Successfully added user <User: HMS_Surprise>

$ java -cp target/twitbase-1.0.0.jar \
  HBaseIA.TwitBase.UsersTool \
  add \
  GrandpaD \
  "Fyodor Dostoyevsky" \
```

```
    fyodor@brothers.net \
    abc123
Successfully added user <User: GrandpaD>

$ java -cp target/twitbase-1.0.0.jar \
    HBaseIA.TwitBase.UsersTool \
    add \
    SirDoyle \
    "Sir Arthur Conan Doyle" \
    art@TheQueensMen.co.uk \
    abc123
Successfully added user <User: SirDoyle>
```

现在再次列出 Users 表的内容，可以看到：

```
$ java -cp target/twitbase-1.0.0.jar \
    HBaseIA.TwitBase.UsersTool \
    list
21:54:27 INFO TwitBase.UsersTool: Found 4 users.
<User: GrandpaD>
<User: HMS_Surprise>
<User: SirDoyle>
<User: TheRealMT>
```

实践中，设计 HBase 表模式时这种排序设计是一个关键考虑因素。这是另外一个物理数据模型影响逻辑模型的地方。掌握这些细节可以帮助你在设计模式时利用这个特性。

2.5.2 物理模型：面向列族

就像关系型数据库一样，HBase 中的表由行和列组成。HBase 中列按照列族分组。这种分组表现在映射的映射逻辑模型中是其中一个层次。列族也表现在物理模型中。每个列族在硬盘上有自己的 HFile 集合。这种物理上的隔离允许在列族底层 HFile 层面上分别进行管理。进一步考虑到合并，每个列族的 HFile 都是独立管理的。

HBase 的记录按照键值对存储在 HFile 里。HFile 自身是二进制文件，不是直接可读的。存储在硬盘上 HFile 里的 Mark 用户数据如图 2-8 所示。注意，在 HFile 里 Mark 这一行使用了多条记录。每个列限定符和时间版本有自己的记录。另外，文件里没有空记录（null）。如果没有数据，HBase 不会存储任何东西。因此列族的存储是面向列的，就像其他列式数据库一样。一行中一个列族的数据不一定存放在同一个 HFile 里。Mark 的 info 数据可能分散在多个 HFile 里。唯一的要求是，一行中列族的数据需要物理存放在一起。

```
"TheRealMT", "info", "email",      1329088321289, "samuel@clemens.org"
"TheRealMT", "info", "name",       1329088321289, "Mark Twain"
"TheRealMT", "info", "password",   1329088818321, "abc123",
"TheRealMT", "info", "password",   1329088321289, "Langhorne"
```

图 2-8　对应 **users** 表 **info** 列族的 HFile 数据。每条记录在 HFile 里是完整的

如果 users 表有了另一个列族，并且 Mark 在那些列里有数据。Mark 的行也会在那些 HFile 里有数据。每个列族使用自己的 HFile 意味着，当执行读操作时 HBase 不需要读出一行中所有的数据，只需要读取用到列族的数据。面向列意味着当检索指定单元时，HBase 不需要读占位符（placeholder）记录。这两个物理细节有利于稀疏数据集合的高效存储和快速读取。

让我们增加另外一个列族到 users 表，以存储 TwitBase 网站上的活动，这会生成多个 HFile。让 HBase 管理整行的一整套工具如图 2-9 所示。HBase 称这种机制为 region，我们下一章会讨论。

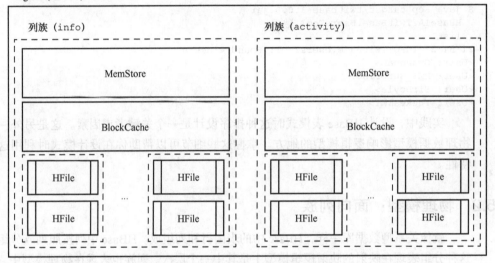

图 2-9 **users** 表的一个 region。表中某行的所有数据在一个 region 里管理

在图 2-9 中可以看到，访问不同列族的数据涉及完全不同的 MemStore 和 HFile。列族 activity 数据的增长并不影响列族 info 的性能。

2.6 表扫描

你可能发现，没有查询（query）命令。到目前为止，你都找不到这样的命令。查找包含某个特定值的记录的唯一办法是，使用扫描（Scan）命令读出表的某些部分，然后再使用过滤器（filter）来得到有关记录。可以想到，扫描返回的记录是排好序的。HBase 设计上支持这种方式，因此速度很快。

要扫描得到整个表的内容，单独使用 Scan 构造函数即可：

```
Scan s = new Scan();
```

但是，你经常只对整张表的一个子集感兴趣。比如，你想得到所有以字母 T 开头的

ID 的用户。给 Scan 构造函数增加起始行和结束行的信息即可：

```
Scan s = new Scan(
  Bytes.toBytes("T"),
  Bytes.toBytes("U"));
```

这个例子也许有些牵强，但可以帮助你理解。一个实战的例子是什么样呢？假设你存储了推帖，你一定想进一步了解某个特定用户的最新推帖。让我们开始实现这一点。

2.6.1 设计用于扫描的表

就像设计关系模式一样，为 HBase 表设计模式（Schema）也需要考虑数据形态和访问模式。推帖数据的访问模型不同于用户，因此我们为它们新建自己的表。为了练手，这里使用 Java API 而不是 Shell 来新建表。

可以使用 HBaseAdmin 对象的一个实例来执行表的操作：

```
Configuration conf = HBaseConfiguration.create();
HBaseAdmin admin = new HBaseAdmin(conf);
```

创建 HBaseAdmin 实例显然需要一个 Configuration 实例，默认的 HTable 和 HTablePool 构造函数帮你隐藏细节。这一步很简单。现在你可以定义一个新表并且创建它：

```
HTableDescriptor desc = new HTableDescriptor("twits");
HColumnDescriptor c = new HColumnDescriptor("twits");
c.setMaxVersions(1);
desc.addFamily(c);
admin.createTable(desc);
```

HTableDescriptor 对象建立新表的描述信息，其名字是 twits。同样，使用 HColumnDescriptor 建立列族，名字也是 twits。和 users 表一样，这里只需要一个列族。你不需要推帖的多个时间版本，所以限定保留的版本数为一个。

现在可以开始存储推帖到这个有趣的新 twits 表。推帖包含内容和发布的日期和时间等。你需要一个唯一值作为行键，所以我们选择用户名加上时间戳来做行键。很简单，我们存储一些推帖，如下所示：

```
Put put = new Put(
  Bytes.toBytes("TheRealMT" + 1329088818321L));
put.add(
  Bytes.toBytes("twits"),
  Bytes.toBytes("dt"),
  Bytes.toBytes(1329088818321L));
put.add(
  Bytes.toBytes("twits"),
  Bytes.toBytes("twit"),
  Bytes.toBytes("Hello, TwitBase!"));
```

好了，基本如此。首先请注意，用户 ID 是个变长字符串。当你使用复合行键时这会带来一些麻烦，因为你需要某种分隔符来切分出用户 ID。一种变通的办法是对行键的变长类型部分做散列（hash）处理。选择一种散列算法生成固定长度的值。因为你想基于用户分组存储不同用户的推帖，MD5 算法是一种好选择。这些组按序存储。在组内，推帖是基于发布日期时间先后顺序存储的。MD5 是一种单向散列算法，所以不要忘了把未经编码处理的用户 ID 另外存储在一个列里，以防后面用到。如下所示，向 twits 表中写入数据。

```
int longLength = Long.SIZE / 8;
byte[] userHash = Md5Utils.md5sum("TheRealMT");
byte[] timestamp = Bytes.toBytes(-1 * 1329088818321L);
byte[] rowKey = new byte[Md5Utils.MD5_LENGTH + longLength];
int offset = 0;
offset = Bytes.putBytes(rowKey, offset, userHash, 0, userHash.length);
Bytes.putBytes(rowKey, offset, timestamp, 0, timestamp.length);
Put put = new Put(rowKey);
put.add(
  Bytes.toBytes("twits"),
  Bytes.toBytes("user"),
  Bytes.toBytes("TheRealMT"));
put.add(
  Bytes.toBytes("twits"),
  Bytes.toBytes("twit"),
  Bytes.toBytes("Hello, TwitBase!"));
```

一般来说，你会先用到最新推帖。HBase 在物理数据模型里按照行键顺序存储行。你可以利用这个特性。在行键里包括推帖的时间戳，并且乘以-1，就可以先得到最新的推帖。

在 HBase 模式中行键设计至关重要

这一点如何强调都不为过：HBase 的行键在设计表时是第一重要的考量因素。我们会在第 4 章进一步讨论。我们现在提到它是为了让你在学习例子时脑子里有个概念。当你看到 HBase 模式时第一个应该问自己的问题是：“行键是什么？”下一个问题是：“我可以怎样让行键更有效率？”

2.6.2　执行扫描

使用用户 ID 作为 twits 表行键的第一部分证明是好办法。它可以基于用户以自然行的顺序有效地生成数据桶（bucket）。来自同一用户的数据以连续行的形式存储在一起。现在 Scan 命令如何使用呢？或多或少和之前介绍的类似，只是计算停止键时复杂一点：

```
byte[] userHash = Md5Utils.md5sum(user);
byte[] startRow = Bytes.padTail(userHash, longLength); // 212d...866f00...
byte[] stopRow = Bytes.padTail(userHash, longLength);
stopRow[Md5Utils.MD5_LENGTH-1]++;                      // 212d...867000...
Scan s = new Scan(startRow, stopRow);
ResultsScanner rs = twits.getScanner(s);
```

　　本例中，你可以通过对行键中用户 ID 部分的最后字符加 1 来生成停止键。扫描器
返回包括起始键但是不包括停止键的记录，因此你只得到了匹配用户的推帖。

　　再通过一个简单的循环从 ResultScanner 中读出推帖：

```
for(Result r : rs) {
  // extract the username
  byte[] b = r.getValue(
    Bytes.toBytes("twits"),
    Bytes.toBytes("user"));
  String user = Bytes.toString(b);
  // extract the twit
  b = r.getValue(
    Bytes.toBytes("twits"),
    Bytes.toBytes("twit"));
  String message = Bytes.toString(b);
  // extract the timestamp
  b = Arrays.copyOfRange(
    r.getRow(),
    Md5Utils.MD5_LENGTH,
    Md5Utils.MD5_LENGTH + longLength);
  DateTime dt = new DateTime(-1 * Bytes.toLong(b));
}
```

　　循环中唯一需要处理的是分离出时间戳，并且把字节数组 byte[]转换成合适的数
据类型。你会得到如下数据：

```
<Twit: TheRealMT 2012-02-20T00:13:27.931-08:00 Hello, TwitBase!>
```

2.6.3　扫描器缓存

　　在 HBase 的设置里扫描每次 RPC 调用得到一批行数据。这可以在扫描对象上使用
setCaching(int)在每个扫描器（scanner）层次上设置，也可以在 hbasesite.xml 配置
文件里使用 HBase.client.scanner.caching 属性来设置。如果缓存值设置为 n，
每次 RPC 调用扫描器返回 n 行，然后这些数据缓存在客户端。这个设置的默认值是 1，
这意味着客户端对 HBase 的每次 RPC 调用在扫描整张表后仅仅返回一行。这个数字很
保守，你可以调整它以获得更好的性能。但是该值设置过高意味着客户端和 HBase 的交
互会出现较长暂停，这会导致 HBase 端的超时。

　　ResultScanner 接口也有一个 next(int)调用，你可以用来要求返回扫描的下面 n 行。
这是在 API 层面提供的便利，与为了获得那 n 行数据客户端对 HBase 的 RPC 调用次数无关。

　　在内部机制中，ResultScanner 使用了多次 RPC 调用来满足这个请求，每次 RPC
调用返回的行数只取决于你为扫描器设置的缓存值。

2.6.4　使用过滤器

　　并不总能设计一个行键来完美地匹配你的访问模式。有时你的使用场景需要扫描

HBase 的一组数据但是只返回它的子集给客户端。这时需要使用过滤器（filter）。为你的 Scan 对象增加过滤器，如下所示：

```
Filter f = ...
Scan s = new Scan();
s.setFilter(f);
```

过滤器是在 HBase 服务器端上而不是在客户端执行判断动作。当你在 Scan 里设定 Filter 时，HBase 使用它来决定一个记录是否返回。这样避免了许多不必要的数据传输。这个特性在服务器上执行过滤动作而不是把负担放在客户端。

使用过滤器需要实现 org.apache.hadoop.hbase.filter.filter 接口。HBase 提供了许多种过滤器，但实现你自己的过滤器也很容易。

为了过滤所有提到 TwitBase 的推帖，你可以结合 RegexStringComparator 使用 ValueFilter：

```
Scan s = new Scan();
s.addColumn(Bytes.toBytes("twits"), Bytes.toByes("twit"));
Filter f = new ValueFilter(
  CompareOp.EQUAL,
  new RegexStringComparator(".*TwitBase.*"));
s.setFilter(f);
```

HBase 也提供了一个过滤器构造类。ParseFilter 对象实现了一种查询语言，可以用来构造 Filter 实例。可以用一个表达式构造同样的 TwitBase 过滤器：

```
Scan s = new Scan();
s.addColumn(TWITS_FAM, TWIT_COL);
String expression = "ValueFilter(=,'regexString:.*TwitBase.*')";
ParseFilter p = new ParseFilter();
Filter f = p.parseSimpleFilterExpression(Bytes.toBytes(expression));
s.setFilter(f);
```

这两个例子中，数据在到达客户端之前在 region 中编译和使用了正则表达式。

上面是一个在应用中使用过滤器的简单例子。HBase 中过滤器可以应用到行键、列限定符或者数据值。你也可以使用 FilterList 和 WhileMatchFilter 对象组合多个过滤器。过滤器允许对数据分页处理，限制扫描器返回的行数。我们将在第 4 章深入讨论组合型过滤器（bundled filter）。

2.7　原子操作

HBase 操作库里的最后一个命令是列值递增（Increment Column Value）。它有两种使用方式，像其他命令那样使用 Increment 命令对象，或者作为 HTableInterface 的一个方法来使用。我们使用 HTableInterface 的方式，因为语义更直观。我们使用它来保存每个用户发布推帖的总数，如下所示：

```
long ret = usersTable.incrementColumnValue(
  Bytes.toBytes("TheRealMT"),
  Bytes.toBytes("info"),
  Bytes.toBytes("tweet_count"),
  1L);
```

该命令不用先读出 HBase 单元就可以改变存储其中的值。数据操作发生在 HBase 服务器上，而不是在你的客户端，所以速度快。当其他客户端也在访问同一个单元时，这样避免了出现紊乱状态。你可以把 ICV（Increment Column Value）等同于 Java 的 `AtomicLong.addAndGet()` 方法。递增值可以是任何 Java Long 类型值，无论正负。我们将在下一节深入讨论原子性操作。

也请注意这个数据不是存储在 `twits` 表而是 `users` 表中。存在 `users` 表的原因是不希望这个信息成为扫描的一部分。存在 `twits` 表里会让常用的访问模式很不方便。

就像 Java 的原子类族，`HTableInterface` 也提供 `checkAndPut()` 和 `checkAndDelete()` 方法。它们可以在维持原子语义的同时提供更精细地控制。你可以用 `checkAndPut()` 来实现 `incrementColumnValue()` 方法：

```
Get g = new Get(Bytes.toBytes("TheRealMT"));
Result r = usersTable.get(g);
long curVal = Bytes.toLong(
  r.getColumnLatest(
    Bytes.toBytes("info"),
    Bytes.toBytes("tweet_count")).getValue());
long incVal = curVal + 1;
Put p = new Put(Bytes.toBytes("TheRealMT"));
p.add(
  Bytes.toBytes("info"),
  Bytes.toBytes("tweet_count"),
  Bytes.toBytes(incVal));
usersTable.checkAndPut(
  Bytes.toBytes("TheRealMT"),
  Bytes.toBytes("info"),
  Bytes.toBytes("tweet_count"),
  Bytes.toBytes(curVal),
  p);
```

该实现有点长，但可以试试。使用 `checkAndDelete()` 的方式与此类似。

按照和前面相同的方式，你可以轻松地新建 TwitsTool 表。模型、DAO 和命令行实现和前面 `users` 表的情况类似。本书附带的源代码提供了一个实现。

2.8　ACID 语义

如果使用过数据库系统，你会听说过各种数据库系统提供的 ACID 语义。ACID 是当你搭建使用数据库系统做存储的应用系统时需要掌握的一组要素。当应用系统访问承载它的数据库时，遵循这些要素可以使应用系统的行为更加合理。为简单起见，让我们再次定义 ACID。记住，ACID 不同于之前我们简要介绍过的 CAP。

- Atomicity（原子性）—— 原子性是指原子不可分的操作属性，换句话说，要么全部完成，要么全部不完成。如果操作成功，整个操作成功。如果操作失败，整个操作失败，系统会回滚到操作开始前的状态，就像这个操作从来没有执行过一样。

- Consistency（一致性）—— 一致性是指把系统从一个有效状态带入另一个有效状态的操作属性。如果操作使系统出现不一致，操作不会被执行或者被回退。
- Isolation（隔离性）—— 隔离性意味着两个操作的执行是互不干扰的。例如，同时在一个对象上不会出现两个写动作。写动作会一个接一个发生，而不会同时发生。
- Durability（持久性）—— 持久性是我们早前谈论过的。它意味着数据一旦写入，确保可以读回并且不会在系统正常操作一段时间后丢失。

2.9　小结

为了避免漏掉学习内容，这里快速概括一下本章讲过的内容。

HBase 是一种专门为半结构化数据（semistructured data）和水平可扩展性（horizontal scalability）设计的数据库。它把数据存储在表里。在表里，数据按照一个四维坐标系统来组织：行键、列族、列限定符和时间版本。HBase 是无模式数据库，只需要提前定义列族。它也是无类型数据库，把所有数据不加解释地按照字节数组存储。有 5 个基本命令用来访问 HBase 中的数据，即 Get、Put、Delete、Scan 和 Increment。基于非行键值查询 HBase 的唯一办法是通过带过滤器的扫描。

HBase 不是一个 ACID 兼容数据库[①]

HBase 不是一个 ACID 兼容数据库。但是 HBase 提供一些保证，当你的应用系统访问 HBase 系统时，你可以用其来使你的应用系统的行为更加合理。这些保证具体如下。

1. 操作是低级原子不可分的。换句话说，给定行上的 Put() 要么整体成功要么整体失败回到操作开始前的状态，永远不会部分行写入而另一部分没有。这个要素和操作执行的列族的数量无关。
2. 行间操作不是原子性的。不能保证所有操作整体成功或者失败。所有单行操作如上一点所述是原子性的。
3. checkAnd*和 increment*操作是原子不可分的。
4. 对于给定行的多个写操作，总是以每个写操作为整体彼此独立的。这是第一点的延伸。
5. 对于给定行的任何 Get() 操作，返回系统当时所保存的完整行。
6. 全表扫描不是对某个时间点表的快照的扫描。如果扫描已经开始，但是在行 R 被扫描器对象读出之前，行 R 被改变了，那么扫描器读出行 R 更新后的版本。但是扫描器读出的数据是一致的，得到行 R 更新后的完整行。

当你搭建使用 HBase 的应用系统时，这些背景信息是你需要注意的要点。

[①] HBase 的 ACID 语义在 HBase 用户手册里有介绍：http://HBase.apache.org/acid-semantics.html。

　　数据模型从逻辑上可以分类为键值存储或者是有序映射的映射。物理数据模型是基于列族的列式数据库，单个记录以键值形式存储。HBase 把数据记录保存在 HFile 里，这是一种不能更改的文件格式。因为记录一旦写入就不能修改，新值将保存在新 HFile里。在读取数据和数据合并时，数据视图需要在内存中重新衔接。

　　HBase Java API 通过 `HTableInterface` 来使用表。表连接可以直接通过构造`HTable` 实例来建立。使用 `HTable` 实例系统开销大，优选方式是使用 `HTablePool`，因为它可以重复使用连接。表通过 `HbaseAdmin`、`HTableDescriptor` 和`HColumnDescriptor` 类的实例来新建和操作。5 个命令通过相应的命令对象来使用：`Get`、`Put`、`Delete`、`Scan` 和 `Increment`。命令送到 `HtableInterface` 实例来执行。递增 `Increment` 有另外一种用法，使用 `HTableInterface.increment``ColumnValue()` 方法。执行 `Get`、`Scan` 和 `Increment` 命令的结果返回到 `Result`和 `ResultScanner` 对象的实例。一个 `KeyValue` 实例代表一条返回记录。所有这些操作也可以通过 HBase Shell 以命令行方式执行。

　　预期的数据访问模式对 HBase 的模式设计有很大的影响。理想情况下，HBase 中的表根据预期的模式来组织。行键是 HBase 中唯一的全局索引坐标，因此查询经常通过行键扫描实现。复合行键是支持这种扫描的常见做法。行键值经常希望是均衡分布的。诸如 MD5 或 SHA1 等散列算法通常用来实现这种均衡分布。

第3章 分布式的 HBase、
HDFS 和 MapReduce

本章涵盖的内容
- 作为分布式存储系统的 HBase
- 何时使用 MapReduce 而不是键值 API
- MapReduce 概念和工作流程
- 如何为 HBase 编写 MapReduce 应用
- 如何在 HBase 上使用 MapReduce 完成 map 侧联结
- 在 HBase 上使用 MapReduce 的示例

你已经知道 HBase 建立在 Apache Hadoop 上面，但你可能还不清楚为什么如此设计。对于应用开发人员来说，最重要的是这可以带来什么好处呢？HBase 在两个方面依赖 Hadoop。Hadoop MapReduce 提供了分布式计算框架，支持高吞吐量数据访问。Hadoop 分布式文件系统（HDFS）作为 HBase 的存储层，支持可用性（availability）和可靠性（reliability）。在本章你会看到 TwitBase 如何利用这种大规模计算的数据访问能力，以及 HBase 如何使用 HDFS 来保证可用性和可靠性。

本章开始，我们将告诉你为什么 MapReduce 是在 HBase 中处理数据的另一种有价值的访问模式。然后我们将概述 Hadoop MapReduce。带着这些知识，我们将学习作为一种分布式系统的 HBase。我们将向你展示如何在 HBase 中使用 MapReduce 作业，给你传授在 HBase 中使用 MapReduce 的一些有用的技巧。最后我们将向你展示 HBase 如何为你的数据提供可用性、可靠性和持久化。如果你是一个老练的"Hadooper"，已然了解 MapReduce 和 HDFS，你可以直接跳到 3.3 节，深入学习 HBase 分布式系统。

本章使用的代码将继续上一章开始的 TwitBase 项目，可以在 https://github.com/ hbaseinaction/twitbase 下载。

3.1　一个 MapReduce 的例子

到目前为止，你看到的关于 HBase 的一切，关注点都是在线操作（online）。你期望每个 Get 和 Put 能在毫秒级时间返回结果。你谨慎地处理 Scan 命令，在网上传输尽可能少的数据以便它们可以尽快完成。你也在模式设计中强调这一点。twits 表的行键做了特殊设计，用来最大化物理数据本地存放和最小化扫描记录花费的时间。

但并不是所有的计算都要求在线执行。对于一些应用，离线操作（offline）更好些。你可能不关心网站流量月报表需要 4 小时还是 5 小时来生成，只要在业务负责人需要它们之前完成就行。离线操作也有性能上的考虑。这些考虑往往集中在整个聚合计算任务上，而不是集中在单个请求的延迟上。MapReduce 就是这样一种计算范型，它用一种高效的方式离线（或批）处理大量数据。

3.1.1　延迟与吞吐量

离线和在线这对二元性概念已经出现多次了。这对二元性概念在传统关系型数据库领域里也存在，如联机事务处理（OLTP）和联机分析处理（OLAP）。不同的数据库应用系统针对不同的访问模式做优化。为了用最小成本得到最佳性能，你必须针对任务特点使用正确的工具。快速处理实时查询的系统很可能在对大量数据做批处理时并不是优化的选择。

想想最近一次你去买日用杂货。你会到商店买一样东西带回储藏室，然后再去商店买下一样吗？好吧，有时你会这么做，但不是理想的做法，对吧？更有可能的是，你会准备一个购物清单，来到商店，装满小推车，把所有东西买回家。

这种做法使得购买过程变长了，但是花费在从家到商店路途往返的时间比一次买一样短了。这个例子中，路途时间比选择、购买和拆包时间更为重要。当一次购买多样东西时，每样东西所花费的平均时间要少得多。准备购物清单意味着高吞吐量。在商店里，你需要一个更大的手推车来装载那个长长的购物清单里的东西，一个小手提篮子不够用的。为一种情况准备的工具对于另一种情况往往是不适用的。

我们用同样的思路来考虑数据访问。在线系统看重的是得到一点儿数据所需的时间——这是到商店里买一样东西的整个过程。这种情况下，测量响应时间延迟，统计前95%的表现情况一般是衡量在线性能的最重要指标。离线系统针对聚合访问模式做优化，为了最大化吞吐量希望一次处理尽可能多的数据。这类系统通常用每秒处理单位数来衡量性能。这里的单位可能是请求数、记录数或者 MB 数据。不管什么单位，这里看重的是整个任务的总处理时间，而不是一个单位的处理时间。

3.1.2 串行计算吞吐量有限

上一章我们用 Scan 命令来查找 TwitBase 用户的最新推帖。新建了起始行键和停止行键，然后执行扫描。查找一个用户这是可行的，但是如果想对所有用户做个统计会怎么样呢？假设你有一定规模的用户基数，你可能想知道多少比例的推帖和莎士比亚有关，也可能你想知道有多少用户在推帖中提到了哈姆雷特。

怎样从系统中所有用户的所有推帖里产生这些数据呢？使用 Scan 对象，会做到这一点：

```
HTableInterface twits = pool.getTable(TABLE_NAME);
Scan s = new Scan();
ResultScanner results = twits.getScanner(s);
for(Result r : results) {
    ... // process twits
}
```

这段代码要求得到表中的所有数据，返回给客户端做迭代查找。看到这段代码你有什么感觉？我们还没有解释 ResultScanner 实例里迭代处理数据的内部流程，你的直觉就会说：这是一个糟糕的想法。即使运行迭代循环的机器可以每秒处理 10 MB 数据，倒腾 100 GB 推帖也需要将近 3 小时！

3.1.3 并行计算提高吞吐量

如果并行处理会怎么样呢？也就是说，把 GB 级的推帖数据切片，并行处理所有数据切片。启动 8 个线程并行处理，处理时间会从 3 小时变成 25 分钟。一台 8 核笔记本电脑可以轻松处理 100 GB 数据，只要内存够用，这一切非常简单。

把工作分布到不同线程上的代码如下所示：

```
int numSplits = 8;
Split[] splits = split(startrow, endrow, numSplits);          ←── 拆分工作
List<Future<?>> workers = new ArrayList<Future<?>>(numSplits);
ExecutorService es = Executors.newFixedThreadPool(numSplits);
for (final Split split : splits) {
  workers.add(es.submit(new Runnable() {                       ←── 分发工作
    public void run() {
      HTableInterface twits = pool.getTable(TABLE_NAME);
      Scan s = new Scan(split.start, split.end);
      ResultScanner results = twits.getScanner(s);
      for(Result r : results) {
        ...                                                     ←── 计算工作
      }
    }
  }));
}
for(Future<?> f : workers) {
  f.get();
  ...                                                           ←── 聚合工作
}
es.shutdownNow();
```

还不错，但有一个问题。随着人们使用 TwitBase 系统，先是 200 GB 推帖，然后是 1 TB，然后是 50 TB！在笔记本硬盘上处理这种规模数据是个严重的挑战，绝对会变慢。怎么办？你可以等待更长时间来完成计算，但是这个方案不会总是用数小时完成，将来会是数天完成。上面对计算并行化的思路很对，因此你可能想投入更多计算机。也许你会用 10 台漂亮的笔记本的价钱买 20 台廉价服务器。

> **令人尴尬的并行化**
>
> 许多计算问题本来很适合并行化处理。只是因为一些偶然的原因，它们不得不用串行化方式处理。这些原因可能是编程语言设计、存储引擎实现方式、函数库 API 等。挑战一下你的算法设计能力，看看这样的情况有哪些。不是所有问题都容易并行处理，但是一旦你开始关注，就会惊讶竟然如此之多。

现在有了计算能力，你需要把任务切分到那些机器上进行并行计算。解决了并行计算后，聚合环节也需要类似的并行方案。所有这一切你都假定所有事情按照预期正常工作。如果一个线程卡住了或者死了会怎样呢？如果一个硬盘坏了或者机器出现了随机 RAM 错误会怎样呢？如果执行者能在他们失败的地方重新执行会是一个解决办法，可以防止一个数据切片问题破坏整个安排。聚合执行者如何跟踪哪些切片完成了任务，哪些切片没有完成呢？计算结果如何发送给聚合执行者呢？计算任务并行化很容易，但是分布式计算剩下的部分是痛苦的信息记录工作。细想一下，你写的每个计算程序（算法）都需要信息记录。随之而来的解决办法是计算框架。

3.1.4　MapReduce：用分布式计算最大化吞吐量

现在进入 Hadoop 世界。Hadoop 提供两个主要组件来解决这个问题。Hadoop 分布式文件系统（Hadoop Distributed File System，HDFS）给所有计算机提供了一个通用的、共享的文件系统，供它们访问数据。这解决了把数据配发给执行者和聚合计算结果的痛苦。执行者可以在 HDFS 上访问输入的数据和写入计算结果，其他执行者也能看到这些数据。Hadoop MapReduce 完成我们提到的信息记录工作、切分工作任务并确保它们成功完成。使用 MapReduce，你所要编写的只是计算工作（Do Work）和聚合工作（Aggregate Work）；Hadoop 处理其他的一切。Hadoop 把计算工作称为 Map 阶段（Map Step）。聚合工作相应称为 Reduce 阶段（Reduce Step）。使用 Hadoop MapReduce，你的代码如下：

```
public class Map
  extends Mapper<LongWritable, Text, Text, LongWritable> {

  protected void map(LongWritable key,
                     Text Value,
                     Context context) {
    ...                  ◄────┐ 计算工作
  }
}
```

这段代码实现了 map 任务。这个函数的输入为 long 类型键和 Text 类型值，输出为 Text 类型键和 LongWritable 类型值。Text 和 LongWritable 类型分别是基本数据类型 String 和 Long 在 Hadoop 中的类型。

注意你不用写全部代码。没有数据切片计算，没有跟踪，没有后期线程池清理。更妙的是，这段代码可以在 Hadoop 集群的任何地方运行！Hadoop 基于可用资源，逻辑上在整个集群中分配执行角色。Hadoop 确保每台机器得到 twits 表的一个数据切片。Hadoop 确保计算工作没有拖后腿的，即使执行者崩溃。

聚合工作代码也会以类似的方式提交给整个集群。在 Hadoop 里代码如下：

```
public class Reduce
  extends Reducer<Text, LongWritable, Text, LongWritable> {

  protected void reduce(Text key,
                        Iterable<LongWritable> vals,
                        Context context) {
    ...          ◁——┐聚合工作
  }
}
```

这就是 reduce 任务。这个函数收到 map 输出的[String,Long]键值对，生成新的[String,Long]键值对。Hadoop 也会处理输出的收集工作。本例中，[String,Long]键值对写回到 HDFS。你也可能把输出写回到 HBase。HBase 提供了 TableMapper 和 TableReducer 类来帮助完成这两项任务。

你已经掌握什么时候和为什么会使用 MapReduce 而不是直接基于 HBase API 编程。现在我们来快速了解一下 MapReduce 框架。如果你已经熟悉 Hadoop MapReduce，请跳到 3.3 节。

3.2 Hadoop MapReduce 概览

为了提供一个普遍适用的、可靠的、容错的分布式计算框架，MapReduce 对于如何实现应用程序有一些限制条件。这些限制条件如下。

■ 所有计算都分解为 map 或者 reduce 任务来实现。

■ 每个任务处理全部输入数据中的一部分。

■ 主要根据输入数据和输出数据定义任务。

■ 任务依赖于自己的输入数据，不需要与其他任务通信。

Hadoop MapReduce 使用 map 和 reduce 函数来实现应用程序，执行这些限制条件。这些函数组合成作业（job），作为一个整体运行：先运行 mapper 然后是 reducer。Hadoop 尽可能多地并行运行任务。因为并行任务彼此之间没有运行依赖，只要 map 任务运行在 reduce 任务之前，Hadoop 可以以任何顺序运行它们。Hadoop 决定运行多少任务和运行哪个任务。

每个规则的例外

对于 Hadoop MapReduce 而言,前面概括的要点更像是指导原则而不是规则。MapReduce 面向批处理,意味着大部分设计原则专注于分布式海量数据批处理中的问题。如果系统为分布式事件流实时处理设计,则会采用不同的方式。

另一方面,许多其他符合这些限制条件的工作负载会广泛使用 Hadoop MapReduce。其中一些工作负载是 IO 密集型的,另一些是计算密集型的。Hadoop MapReduce 框架是一种可以用在这两种作业的、可靠的、容错的作业执行框架。但是 MapReduce 是面向 IO 密集型作业而优化的,它通过减少网络传输的数据量在减小网络瓶颈方面做了一些优化。

3.2.1 MapReduce 数据流介绍

用 Map 和 Reduce 方式编写程序需要你改变一下解决问题的思路。对于习惯于其他常用编程方式的开发人员来说,这是一个很大的改变。有人把这种根本改变称为编程范型的改变(change of paradigm)。不要担心!这种说法可能对也可能不对。我们会尽可能让 MapReduce 的思考方式变得简单。MapReduce 代表并行处理海量数据的全部过程,让我们从数据流的角度来拆解分析一个 MapReduce 解决问题的过程。

下面的例子是关于一个应用服务器的日志文件的。这个文件记录用户如何花时间使用该应用的信息。它的内容如下:

```
Date        Time    UserID Activity    TimeSpent

01/01/2011  18:00   user1  load_page1  3s
01/01/2011  18:01   user1  load_page2  5s
01/01/2011  18:01   user2  load_page1  2s
01/01/2011  18:01   user3  load_page1  3s
01/01/2011  18:04   user4  load_page3  10s
01/01/2011  18:05   user1  load_page3  5s
01/01/2011  18:05   user3  load_page5  3s
01/01/2011  18:06   user4  load_page4  6s
01/01/2011  18:06   user1  purchase    5s
01/01/2011  18:10   user4  purchase    8s
01/01/2011  18:10   user1  confirm     9s
01/01/2011  18:10   user4  confirm     11s
01/01/2011  18:11   user1  load_page3  3s
```

让我们计算每个用户使用该应用所花费的总时间。一种基本的实现方法可能是遍历整个文件,为每个用户加总 TimeSpent 值。程序可能使用 UserID(散列集合或是字典)作为键而 TimeSpent 作为值做加总。一段简单的伪代码如下:

```
agg = {}
for line in file:
  record = split(line)                              ← 计算工作
  agg[record["UserID"]] += record["TimeSpent"]      ←
report(agg)                                          ← 聚合工作
```

这看起来很像上一节的串行计算的例子，对吗？串行计算的例子的吞吐量受限于单个机器上的单个线程。MapReduce 是为分布式并行处理设计的。并行处理问题的第一件事就是拆解。请注意，输入文件的每行在处理时与其他所有行是独立的，不同行的数据只是在聚合阶段才走到一起。这意味着输入文件可以按照任意行数并行处理、独立处理，然后聚合生成相同的结果。让我们把日志文件切分成 4 份，分配给 4 台不同的机器处理，如图 3-1 所示。

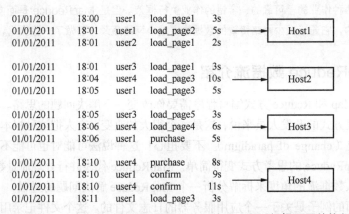

图 3-1 拆解和分配工作。日志文件中每条记录可以独立处理，所以根据可用的执行者数量来拆解

仔细看看这些拆解方式。除了以行为单位拆解数据，Hadoop 不需要知道其他的。特别是不需要花费精力按照 UserID 来分组。这一点很重要，稍后我们再讨论。

现在是拆解和分配工作。如何重写程序来处理日志文件呢？如同在 map 和 reduce 函数中看到的，MapReduce 使用键值对进行处理。对于日志文件这种面向行的数据，Hadoop 使用键值对[line number:line]。在整个 MapReduce 工作流程中，我们一般把第一组键值对称为[k1,v1]。让我们先编写 Map 阶段程序，再次使用伪代码如下：

```
def map(line_num, line):
  record = split(line)                          ┤计算工作
  emit(record["UserID"], record["TimeSpent"])
```

Map 阶段根据文件中的行来定义。对于日志文件中的每一行，Map 阶段把行分离出来并且生成一个新键值对[UserID:TimeSpent]。这段伪代码中，emit 函数负责向 Hadoop 报告生成的键值对。你可能猜到了，我们把第二组键值对称为[k2,v2]。图 3-2 继续处理图 3-1 中的数据。

在 Hadoop 把[k2,v2]键值对传递给 Reduce 阶段之前，有必要做一点信息记录工作。还记得按照 UserID 分组吗？Reduce 阶段期望基于某个指定的 UserID 处理所有的 TimeSpent。为此，分组工作现在出现了。Hadoop 称为洗牌阶段（Shuffle Step）和排序阶段（Sort Step）。图 3-3 所示解释了这些阶段。

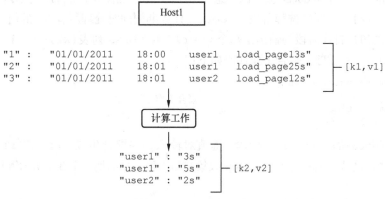

图 3-2 计算工作。分配给 Host1 的数据**[k1,v1]**以行号和行内容键值对的形式传送给 Map
阶段；Map 阶段处理每一行，生成**[k2,v2]**，即**[UserID, TimeSpent]**键值对

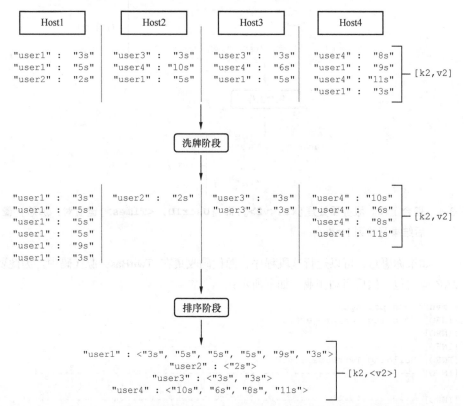

图 3-3 Hadoop 自动执行洗牌和排序阶段。该过程处理 Map 阶段的输出，为 Reduce 阶段聚
合做准备。在过程中不会改变值，只是重新组合数据

　　MapReduce 从所有 4 台服务器上的 Map 阶段得到输出[k2,v2]键值对，然后分派给 reducer。每个 reducer 被分派一组 UserID 值，然后从 mapper 节点复制相应的键值对[k2,v2]。这叫做洗牌阶段。reduce 任务期望同时处理所有 k2 的值，所以对键排序是必需的。排序阶段的输出是每个 UserID 的 Times 列表[k2,<v2>]。分组完成后，运行 reduce 任务。聚合工作代码如下：

```
def reduce(user, times):
  for time in times:          ←── 聚合工作
    sum += time
  emit(user, sum)
```

　　Reduce 阶段处理[k2,<v2>]键值对输入，并聚合生成[UserID:TotalTime]键值对。这些加总结果由 Hadoop 收集并写入输出目的地。图 3-4 所示解释了最后这个步骤。

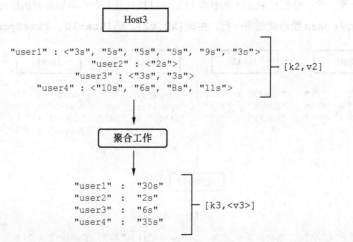

图 3-4　聚合工作。服务器处理**[k2,<v2>]**，即 **[UserID, <Times>]**键值对，加总，最后结果写回到 Hadoop

　　如果你愿意，可以运行这段程序，源代码收集在 TwitBase 源代码中。为此要编译 JAR 应用包，然后启动作业，如下所示：

```
$ mvn clean package
[INFO] Scanning for projects...
[INFO]
[INFO] ------------------------------------------------------------
[INFO] Building TwitBase 1.0.0
[INFO] ------------------------------------------------------------
...
[INFO] ------------------------------------------------------------
[INFO] BUILD SUCCESS
[INFO] ------------------------------------------------------------
```

```
$ java -cp target/twitbase-1.0.0.jar \
  HBaseIA.TwitBase.mapreduce.TimeSpent \
  src/test/resource/listing\ 3.3.txt ./out
...
22:53:15 INFO mapred.JobClient: Running job: job_local_0001
22:53:15 INFO mapred.Task:  Using ResourceCalculatorPlugin : null
22:53:15 INFO mapred.MapTask: io.sort.mb = 100
22:53:15 INFO mapred.MapTask: data buffer = 79691776/99614720
22:53:15 INFO mapred.MapTask: record buffer = 262144/327680
22:53:15 INFO mapred.MapTask: Starting flush of map output
22:53:15 INFO mapred.MapTask: Finished spill 0
22:53:15 INFO mapred.Task: Task:attempt_local_0001_m_000000_0 is done. And is
    in the process of commiting
22:53:16 INFO mapred.JobClient:  map 0% reduce 0%
...
22:53:21 INFO mapred.Task: Task 'attempt_local_0001_r_000000_0' done.
22:53:22 INFO mapred.JobClient:  map 100% reduce 100%
22:53:22 INFO mapred.JobClient: Job complete: job_local_0001
$ cat out/part-r-00000
user1    30
user2    2
user3    6
user4    35
```

这就是 MapReduce 的数据流程。每个 MapReduce 应用执行全部步骤，或者是大部分步骤。如果你可以模仿这些基本的步骤，就成功掌握了这种新程序范型。

3.2.2　MapReduce 内部机制

构建一个通用的、分布式、并行计算系统是很不容易的。这正是我们要把这个问题交给 Hadoop 的原因所在！尽管如此，了解事情是如何实现的还是很有用的，尤其是当你追踪一个 Bug 时。我们知道，Hadoop 是一个分布式系统。几个独立的组件构成了整个框架。让我们逐个了解它们，看看是什么让 MapReduce 如此精密地工作的。

一个叫 JobTracker 的进程扮演着应用监管角色。它负责管理集群上运行的 MapReduce 应用。作业提交给 JobTracker 来执行，它管理分配工作负载。它也负责记录作业的各个部分的运行情况，确保重新启动失败的任务。一个 Hadoop 集群可以同时运行多个 MapReduce 应用。JobTracker 负责监管资源利用率和作业时间表安排等。

Map 阶段和 Reduce 阶段定义的工作由另一个叫做 TaskTracker 的进程来执行。JobTracker 和 TaskTracker 之间的关系如图 3-5 所示。它们是真正的工作进程。单个 TaskTracker 没有特殊化设置。任何 TaskTracker 都可以运行任何作业的任何任务，无论是 map 还是 reduce。Hadoop 是智能地而不是随意地把工作布置在节点上的。

我们说过，Hadoop 专门为最小化网络 IO 而优化。它通过把计算尽可能靠近数据来实现这一点。典型的 Hadoop 环境中，HDFS DataNode 和 MapReduce TaskTracker 一般并列配置在一起。这样 map 和 reduce 任务可以运行在存放数据的同一个物理节点上。

Hadoop 这样做可以避免在网络上传输数据。如果不能在同一物理节点上运行任务，会选择在同一机架的机器上运行任务，最坏的选择才是在不同机架的机器上运行。HBase 出现后，也采用同样的理念，但是一般而言 HBase 部署和标准的 Hadoop 部署有所不同。你将在第 10 章学习 HBase 部署策略。

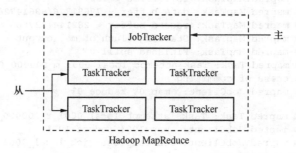

图 3-5　JobTracker 和 TaskTracker 负责执行提交到集群的 MapReduce 应用

3.3　分布式模式的 HBase

到现在为止你已经知道了 HBase 是一种搭建在 Hadoop 上面的数据库，有时也称为 Hadoop 数据库，这就是这个名字的缘由。理论上 HBase 可以运行在任何分布式文件系统上面。只是 HBase 和 Hadoop 的集成更加紧密，且与其他分布式文件系统相比，HBase 投入了更多的研发努力，使得与 HDFS 工作得更好一些。当然，理论上讲，其他文件系统没有理由不支持 HBase。HBase 把数据存放在一个提供单一命名空间的分布式文件系统上，这是一个使 HBase 满足可扩展性和容错性的重要因素。这个重要因素帮助 HBase 成为一种完全一致的数据库。

HDFS 天生是一种可扩展的存储，但是还不足以支持 HBase 成为一种低延迟的数据库。这里还需要一些其他的因素，本节你会了解到。为了优化设计应用，理解这些内容很重要。这些知识可以帮助你做出明智的选择，诸如如何访问 HBase，键应该如何设计，HBase 应该如何配置，等等。应用开发人员本不该为 HBase 配置费心，但是在 HBase 搭建初期你很可能需要承担这方面的工作。

3.3.1　切分和分配大表

和其他数据库一样，HBase 中的表也是由行和列组成的，虽说模式有些不同。HBase 中的表可能达到数十亿行和数百万列。每个表的大小可能达到 TB 级，有时甚至 PB 级。显然不可能在一台机器上存放整个表。相反，表会切分成小一点儿的数据单位，然后分配到多台服务器上。这些小一点儿的数据单位叫做 region（如图 3-6 所示）。托管 region

的服务器叫做 RegionServer。

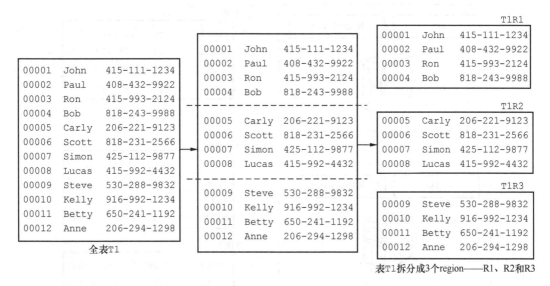

图 3-6 一张表由多个小一点儿的 region 组成

RegionServer 和 HDFS DataNode（如图 3-7 所示）典型情况下并列配置在同一物理
硬件上，虽说这不是必需的。实际上，唯一的要求是 RegionServer 必须能够访问 HDFS。
RegionServer 本质上是 HDFS 客户端，在上面存储/访问数据。主（master）进程分配 region
给 RegionServer，每个 RegionServer 一般托管多个 region。

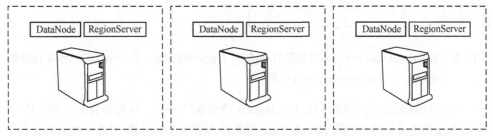

图 3-7 HBase RegionServer 和 HDFS DataNode 典型情况下并列配置在同一台主机上

考虑到基础数据存储在 HDFS 上，所有客户端都可以在一个命名空间下访问。所
有 RegionServer 都可以访问文件系统里同一个文件，因此 RegionServer 可以托管任何
region（见图 3-8）。通过 DataNode 和 RegionServer 并列配置，你可以利用数据本地处
理特点；也就是说，理论上 RegionServer 可以把本地 DataNode 作为主要 DataNode 进

行读写操作。

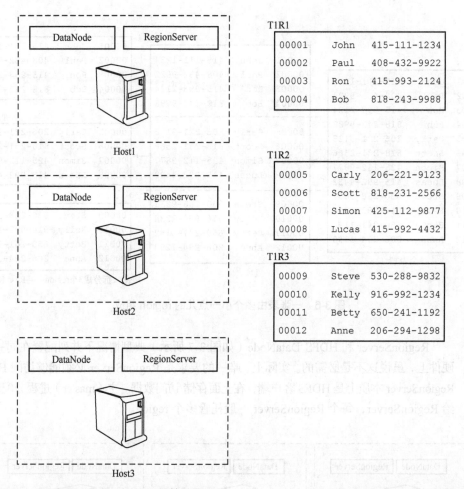

图 3-8 任何 RegionServer 可以托管任何 region。RegionServer 1 和 RegionServer 2 托管着
region，但是 RegionServer 3 没有

你可能想知道这种体系里 TaskTracker 放到哪里去了。在某些 HBase 部署中，如果
工作负载主要是随机读写，MapReduce 框架根本就不需要部署。另外一些 HBase 部署中，
MapReduce 计算也是工作负载的一部分，那么 TaskTracker、DataNode 和 HBase RegionServer
可以一起运行。

单个 region 大小由配置参数 HBase.hregion.max.filesize 决定，这个参数在
你的部署中的 hbase-site.xml 文件里设定。当一个 region 大小变得大于该值（因为写入
了更多数据）时，它会切分成两个 region。

3.3.2 如何找到 region

你已经学习了把表切分成 region，然后不按任何预定规则地把 region 分配给 RegionServer。也许你觉得奇怪，难道 region 不会在运行的系统中移动位置！当 region 切分时（因为它们增长得太大），当 RegionServer 宕机时，或者当新 RegionServer 添加进来时，会发生 region 分配动作。这里有一个重要问题："当一个 region 分配给 RegionServer 时，我的客户端应用（提出读写要求的）如何知道它的位置？"

HBase 中有两个特殊的表，-ROOT-和.META.，用来查找各种表的 region 位置在哪里。-ROOT-和.META.像 HBase 中其他表一样也会切分成 region。-ROOT-和.META.都是特殊的表，但是-ROOT-比.META.更特殊一些，-ROOT-永远不会切分超过一个 region。.META.和其他表一样可以按需要切分成许多 region。

当客户端应用要访问某行时，它先找-ROOT-表，查找什么地方可以找到负责某行的 region。-ROOT-指向.META.表的 region，那里有这个问题的答案。.META.表由入口地址组成，客户端应用使用这个入口地址判断哪一个 RegionServer 托管待查找的 region。这个查找过程就像一个 3 层分布式 B+树（见图 3-9）。-ROOT-表是 B+树的-ROOT-节点。.META. region 是-ROOT-节点（-ROOT-region）的叶子，用户表的 region 是.META. region 的叶子。

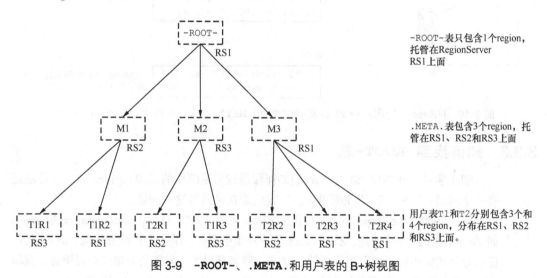

图 3-9 **-ROOT-**、**.META.**和用户表的 B+树视图

让我们把-ROOT-和.META.放进这个例子，见图 3-10。请注意这里表示的 region 分配是随意的，不代表这种系统被部署时会如此分配。

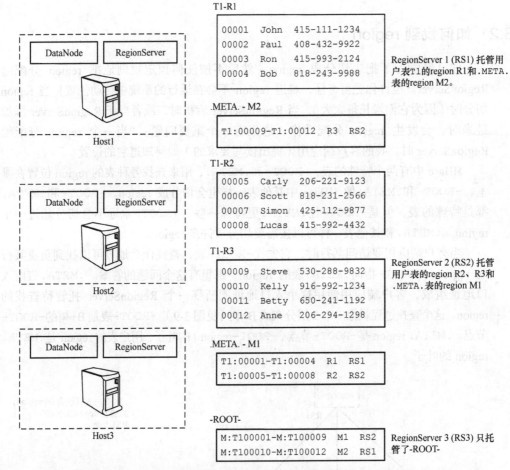

图 3-10　HBase 中的用户表 **T1** 以及-**ROOT**-和.**META.**，分布在各个 RegionServer 上

3.3.3　如何找到-ROOT-表

刚才学习了-ROOT-和.META.表如何帮助找出系统中的其他 region。这时你可能还有一个问题：“-ROOT-表在哪里呢？”我们现在来回答这一问题。

另一个叫做 ZooKeeper 的系统提供了 HBase 系统的入口点（http://zookeeper.apache.org/）。如 ZooKeeper 的网站所述，ZooKeeper 是一种集中服务，用来维护配置信息、命名服务、提供分布式同步和提供分组服务等。这是一种高可用的、可靠的分布式配置服务。就像 HBase 模仿了 Google 的 BigTable 一样，ZooKeeper 模仿的是 Google 的 Chubby。[1]

如前所述，客户端与 HBase 系统的交互分几个步骤，ZooKeeper 是入口点。这

---

[1] Mike Burrow, "The Chubby Lock Service for Loosely-Coupled Distributed Systems," Google Research Publications, http://research.google.com/archive/chubby.html.

些步骤如图 3-11 所示。

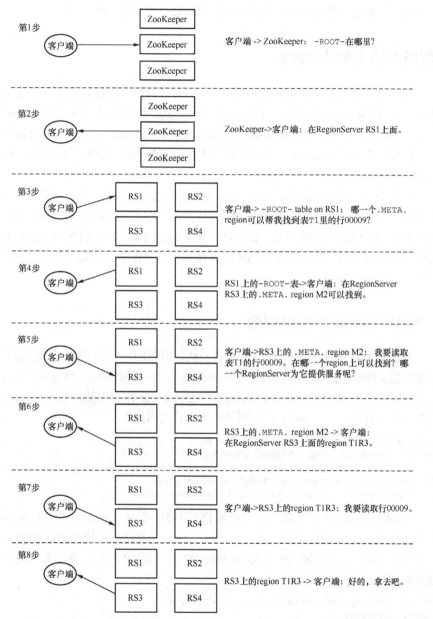

第1步 客户端 -> ZooKeeper：-ROOT-在哪里？

第2步 ZooKeeper->客户端：在RegionServer RS1上面。

第3步 客户端-> -ROOT- table on RS1：哪一个.META. region可以帮我找到表T1里的行00009？

第4步 RS1上的-ROOT-表->客户端：在RegionServer RS3上的.META. region M2可以找到。

第5步 客户端->RS3上的 .META. region M2：我要读取表T1的行00009。在哪一个region上可以找到？哪一个RegionServer为它提供服务呢？

第6步 RS3上的.META. region M2 -> 客户端：在RegionServer RS3上面的region T1R3。

第7步 客户端->RS3上的region T1R3：我要读取行00009。

第8步 RS3上的region T1R3 -> 客户端：好的，拿去吧。

图 3-11 客户端与 HBase 系统交互的步骤。访问从 ZooKeeper 开始，最后到达客户端需要访问的 region 所在的 RegionServer。对 RegionServer 的访问可能是读或写。-ROOT-和.**META**.的信息缓存在客户端，以备将来访问使用，如果访问 region 所对应的节点不存在将会刷新该信息

本节概要介绍了 HBase 的分布式架构的实现方式。你可以在自己的集群上观察所有这些细节。我们会在附录 A 全面介绍 ZooKeeper、-ROOT-和.META.。

3.4 HBase 和 MapReduce

现在你对分布式的 MapReduce 和 HBase 有了理解，让我们看看两者是如何一起工作的。从 MapReduce 应用访问 HBase 有 3 种方式。作业开始时可以用 HBase 作为数据源（data source），作业结束时可以用 HBase 接收数据（data sink），任务过程中用 HBase 共享资源（shared resource）。这 3 种访问方式并不特别难以理解。但是第三种方式有些有趣的使用场景，我们稍后讨论。

本节中所有代码片段都是使用 Hadoop MapReduce API 的例子。这里没有涉及 HBase 客户端 HTable 和 HTablePool 实例。它们已经嵌入用到的特殊输入和输出格式里了。但是你会用到已经熟悉的 Put、Delete 和 Scan 对象。创建设置 Hadoop 作业和配置实例是一件烦琐的工作。这些代码片段将强调计算工作中的 HBase 部分。在 3.5 节你会看到一个完整的例子。

3.4.1 使用 HBase 作为数据源

在前面 MapReduce 应用的例子中，需要从存储于 HDFS 的日志文件里读出行。特别是保存这些文件的 HDFS 目录经常用作 MapReduce 作业的数据源。数据源的模式把[line number:line]解释为[k1,v1]键值对。MapReduce 作业中使用 TextInputFormat 类来定义这种模式。TimeSpent 例子中的相关代码如下：

```
Configuration conf = new Configuration();
Job job = new Job(conf, "TimeSpent");
...
job.setInputFormatClass(TextInputFormat.class);
job.setOutputFormatClass(TextOutputFormat.class);
```

TextInputFormat 把[k1,v1]键值对中的 line number 和 line 的类型分别定义为 LongWritable 和 Text。LongWritable 和 Text 是在 Java 的基本数据类型 Long 和 String 上封装的序列化 Hadoop 类型。相应的 map 任务定义中使用这些输入键值对类型：

```
public void map(LongWritable key, Text value,
Context context) {
    ...
}
```

HBase 提供了类似的类来使用表中的数据。你会使用前面用到的 Scan 类从 HBase 中取出数据。内部机制中，由 Scan 定义的范围取出的行会被切分并分配给所有服务器

（见图 3-12 ）。

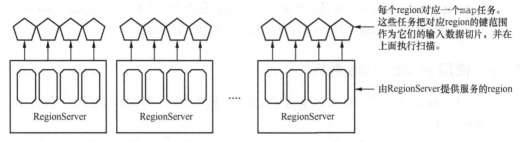

每个region对应一个map任务。
这些任务把对应region的键范围
作为它们的输入数据切片，并在
上面执行扫描。

由RegionServer提供服务的region

图 3-12　MapReduce mapper 作业从 HBase 中取得 region 作为输入源。每个 region 默认建立一个 mapper

这和图 3-1 中的数据切分是相同的。在 MapReduce 里，创建实例扫描表中所有行，如下所示：

```
Scan scan = new Scan();
scan.addColumn(Bytes.toBytes("twits"), Bytes.toBytes("twit"));
```

本例中，要求扫描器返回 `twits` 表中的推帖文本。

如同使用行文本文件，使用 HBase 记录也需要一种模式。从 HBase 表中读取的作业以 `[rowkey:scan result]` 格式接收 `[k1,v1]` 键值对。扫描器的结果和使用常规 HBase API 是一样的。它们对应的类型是 `ImmutableBytesWritable` 和 `Result`。系统提供的 `TableMapper` 封装了这些细节，你会使用它作为基类来实现你的 Map 阶段功能：

```
protected void map(
    ImmutableBytesWritable rowkey,
    Result result,
    Context context) {
...
}
```

定义 map 任务接收的 `[k1,v1]` 的输入类型，本例中这些类型来自于扫描器

下一步在 MapReduce 中使用 Scan 实例。HBase 提供了方便的 `TableMapReduceUtil` 类来帮助你初始化 Job 实例：

```
TableMapReduceUtil.initTableMapperJob(
  "twits",
  scan,
  Map.class,
  ImmutableBytesWritable.class,
  Result.class,
  job);
```

这一步会配置作业对象，建立 HBase 特有的输入格式（`TableInputFormat`）。然后设置 MapReduce 使用 Scan 实例来读出表的记录。这一步会出现在 Map 和 Reduce 类的实现里。从现在开始，你可以像平常一样编写和运行 MapReduce 应用。

当你执行如上所述的 MapReduce 作业时，HBase 表的每个 region 会启动一个 map 任务。换句话说，map 任务是分解的，每个 map 任务分别读取一个 region。JobTracker 尽可能围绕 region 就近安排 map 任务，充分利用数据的本地性。

3.4.2 使用 HBase 接收数据

从 MapReduce 往 HBase 表里面写入数据（见图 3-13）和读出数据从实现角度而言是类似的。

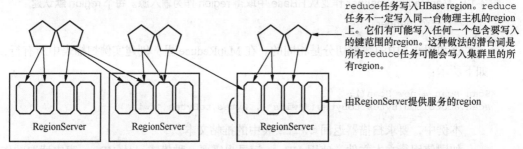

reduce 任务写入 HBase region。reduce 任务不一定写入同一台物理主机的 region 上。它们有可能写入任何一个包含要写入的键范围的 region。这种做法的潜台词是所有 reduce 任务可能会写入集群里的所有 region。

由 RegionServer 提供服务的 region

图 3-13 HBase 接收 MapReduce 作业数据。本例中，**reduce** 任务正写入 HBase

HBase 提供了类似的工具来简化配置过程。让我们先看一个标准 MapReduce 应用的数据接收配置的例子。

在 TimeSpent 例子中，聚合器生成的 [k3,v3] 键值对是 [UserID:TotalTime]。在 MapReduce 应用中，它们分别是 Hadoop 序列化类型 Text 和 LongWritable。配置输出类型和配置输入类型类似，不同之处在于 [k3,v3] 输出类型需要明确定义而不能由 OutputFormat 默认指定。

```
Configuration conf = new Configuration();
Job job = new Job(conf, "TimeSpent");
job.setOutputKeyClass(Text.class);
job.setOutputValueClass(LongWritable.class);
...
job.setInputFormatClass(TextInputFormat.class);
job.setOutputFormatClass(TextOutputFormat.class);
```

本例中没有指定行号。相反，TextOuputFormat 模式生成用 Tab 做分隔符的输出文件，第一部分内容是 UserID，然后是 TotalTime。写入硬盘的是代表两种类型的字符串（String）。

Context 对象包含数据类型信息。这里定义 reduce 函数如下：

```
public void reduce(Text key, Iterable<LongWritable> values,
Context context) {
    ...
}
```

当从 MapReduce 写入 HBase 时，你会再一次用到常规 HBase API。假定[k3,v3]键值对的类型是一个行键和一个操作 HBase 的对象。这意味着 v3 的值可能是 Put 或 Delete。因为这两种对象类型包括相应的行键，k3 的值可以忽略。和使用 TableMapper 封装细节一样，TableReducer 也是如此：

```
protected void reduce(
    ImmutableBytesWritable rowkey,
    Iterable<Put> values,
    Context context) {
    ...
}
```

定义 reducer 的[k2,{v2}]的输入类型，它们是 map 任务输出的中间键值对。

最后一步是把 reducer 填入到作业配置中。你需要使用合适的类型定义目标表。再一次使用 TableMapReduceUtil，它为你设置 TableOutputFormat! 这里使用系统提供的 IdentityTableReducer 类，因为你不需要在 Reduce 阶段执行任何计算：

```
TableMapReduceUtil.initTableReducerJob(
  "users",
  IdentityTableReducer.class,
  job);
```

现在作业完全准备好了，你可以像通常一样执行。和 map 任务从 HBase 读取数据时不同，一个 reduce 任务可以不必只对应一个 region。reduce 任务会按照行键写入负责相应行键的 region。默认情况下，当分区执行者分配中间键给 reduce 任务时，它不知道 region 和托管它们的机器，因此不能智能地分配工作给 reducer 以支持它们写入本地 region。此外，根据在 reduce 任务中的写入逻辑，可能不一定只是写入同一个 reducer，你可能最终需要写入整个表。

3.4.3　使用 HBase 共享资源

使用 MapReduce 读取或者写入 HBase 是很方便的。这给了我们一种手段来处理 HBase 中的数据。HBase 附带了一些预定义的 MapReduce 作业，你可以研究这些源代码，它们是使用 MapReduce 访问 HBase 的范例。但是我们还能用 HBase 做些什么呢？

一种常见的例子是支持大型的 Map 侧联结（map-side join）。这种情况下，把 HBase 看做是一个建立了索引的数据源，供所有 map 任务共享访问读取。你会问，什么是 map 侧联结？HBase 如何支持它呢？好问题！

让我们回顾一下。联结（join）是一种常见的数据操作。联结的意图就是在两个不同的数据集上基于一个共同属性的相同值把数据记录联合起来。那个共同属性经常叫做联结键（join key）。

例如，回想一下 TimeSpent MapReduce 作业。该作业生成一个数据集，包含 UserID

和他们花费在 TwitBase 网站的 TotalTime。

```
UserID    TimeSpent

Yvonn66   30s
Mario23    2s
Rober4     6s
Masan46   35s
```

你还有一个包含用户信息的 **TwitBase** 表，如下所示：

```
UserID    Name              Email                        TwitCount

Yvonn66   Yvonne Marc       Yvonn66@unmercantile.com     48
Masan46   Masanobu Olof     Masan46@acetylic.com         47
Mario23   Marion Scott      Mario23@Wahima.com           56
Rober4    Roberto Jacques   Rober4@slidage.com           2
```

你想知道用户花在网站上的总时间和他们发出的总推帖数的比值。现在相关数据分散在两个不同的数据集里，虽说这个问题很简单。你想在一行中联结用户的所有信息。这两个数据集有一个公共属性——UserID。这就是联结键。执行联结，去掉没用的字段，结果如下：

```
UserID    TwitCount   TimeSpent

Yvonn66   48          30s
Mario23   56           2s
Rober4    2            6s
Masan46   47          35s
```

关系型数据库的联结要比 MapReduce 容易得多。关系型引擎围绕高性能联结经过了多年的研究和优化。像索引这样的特性就有助于优化联结操作。此外，关系型数据库的数据一般存放在同一台物理服务器上。关系型数据库跨多个服务器的联结要复杂得多，但是不太常见。MapReduce 里的联结意味着跨多台服务器的联结。但是 MapReduce 框架里的联结比关系型数据库跨多台服务器要容易一些。联结类型有许多种变化，但是联结实现要么是 map 侧（map-side），要么是 reduce 侧（reduce-side）。这种 map 侧或者 reduce 侧的划分是基于两个数据集记录联结执行的位置来确定的。reduce 侧联结更容易实现，所以更为常见。我们先讨论这种类型。

1. reduce 侧联结

reduce 侧联结利用了中间洗牌阶段，把两个数据集的相关记录并列放置到了一起。这个思路是对两个数据集做 map 计算，输出以联结键为键的键值对。放置在一起后，reducer 可以处理值的所有组合。让我们来编写这个算法。

给定示例数据，使用 TimeSpent 数据的 map 任务的伪代码如下：

```
map_timespent(line_num, line):
  userid, timespent = split(line)
  record = {"TimeSpent" : timespent,        生成复合记录作为 V2 输出在 MapReduce
            "type" : "TimeSpent"}           作业里很常见
  emit(userid, record)
```

map 任务从 k1 输入行中取出 UserID 和 TimeSpent 值。然后构建一个包含 type 和 TimeSpent 属性的字典。生成[UserID:dictionary]作为[k2,v2]输出。

使用 Users 数据的 map 任务也是类似的。唯一的不同是去掉一些无关字段：

```
map_users(line_num, line):
  userid, name, email, twitcount = split(line)
  record = {"TwitCount" : twitcount,
            "type" : "TwitCount"}          没有带上 name 和 email
  emit(userid, record)
```

两个 map 任务都使用 UserID 作为 k2 的值。这使得 Hadoop 把同一用户的所有记录归组在一起。reduce 任务就有了完成联结所需要的所有内容：

```
reduce(userid, records):
  timespent_recs = []
  twitcount_recs = []

  for rec in records:
    if rec.type == "TimeSpent":          按照 type
      rec.del("type")                    分组
      timespent_recs.push(rec)    ◄───           分好组后，不再需要
    else:                                        type 属性
      rec.del("type")           ◄───
      twitcount_recs.push(rec)

  for timespent in timespent_recs:
    for twitcount in twitcount_recs:             生成用户各种可能的 twitcount
      emit(userid, merge(timespent, twitcount))  和 timespent 的组合，对于本
                                                 例，应该只有一个组合值
```

reduce 任务把所有相同类型的记录归组在一起，生成两种类型的所有可能组合作为 k3 输出。就这个例子而言，每种类型只有一条记录，因此可以简化计算逻辑。你也可以在任务中直接生成你想计算的比例：

```
reduce(userid, records):
  for rec in records:
    rec.del("type")
  merge(records)
  emit(userid, ratio(rec["TimeSpent"], rec["TwitCount"]))
```

这个改进过的新 reduce 任务生成的新联结数据集如下：

```
UserID    ratio

Yvonn66   30s:48
Mario23    2s:56
Rober4     6s:2
Masan46   35s:47
```

这就是最基本的 reduce 侧联结。reduce 侧联结的一个大问题是它需要洗牌和排序所有的[k2,v2]键值对。对我们的测试例子来说，这不是大问题。但是如果数据集非常非常大，每个 k2 值有数百万键值对输出，这个阶段的开销可能是巨大的。

reduce 侧联结需要在 `map` 和 `reduce` 任务之间对数据进行洗牌和排序。这会带来 IO 开销，尤其是网络 IO，而这恰恰是分布式系统最薄弱的环节。最小化网络 IO 会改善联结性能。这正是需要 map 侧联结的地方。

2. map 侧联结

map 侧联结这种技术不像 reduce 侧联结那样普遍适用。其前提条件是，`map` 任务可以从一个数据集随机查找值，同时它们可以遍历另一个数据集。如果你想联结两个数据集，其中至少一个可以加载到 map 任务的内存，那么问题就可以解决了：加载较小的数据集到内存中的散列表，map 任务在遍历另一个数据集时可以访问第一个。这种情况下，你可以完全跳开洗牌阶段和排序阶段，从 Map 阶段直接输出最终结果。让我们回到同一个例子上。这次你把 Users 数据集加载到内存。新的 `map_timespent` 任务如下所示：

```
map_timespent(line_num, line):
  users_recs = read_timespent("/path/to/users.csv")
  userid, timespent = split(line)
  record = {"TimeSpent" : timespent}
  record = merge(record, users_recs[userid])
  emit(userid, ratio(record["TimeSpent"], record["TwitCount"]))
```

和上一版本相比，这像是作弊！但是请记住，只有当一个数据集可以完全装进内存时你才能使用这种方法。本例中联结要快得多。

使用这种联结当然有隐含条件。假设，每个 map 任务处理一个数据切片，也就是一个 HDFS 数据块（一般 64 MB～128 MB），但是加载进内存的联结数据集是 1 GB。当然 1 GB 可以放进内存，但是为每 128 MB 的联结数据生成一个 1 GB 数据集的散列表不是明智的做法。

3. 使用 HBase 的 map 侧联结

在什么地方用到 HBase 呢？我们最初把 HBase 描述为一个巨大的散列表，还记得吗？回顾一下 map 侧联结的实现，把 `users_recs` 用 HBase 中的 Users 表代替。现在你可以联结巨大的 Users 表和巨大的 TimeSpent 数据集了。使用 HBase 的 map 侧联结如下：

```
map_timespent(line_num, line):
  users_table = HBase.connect("Users")
  userid, timespent = split(line)
  record = {"TimeSpent" : timespent}
  record = merge(record, users_table.get(userid, "info:twitcount"))
  emit(userid, ratio(record["TimeSpent"], record["info:twitcount"]))
```

把 Users 表看做每个 map 任务可以访问的一个外部的散列表。你不必为每个任务都创建散列表对象。也避免了在 reduce 侧联结必需的洗牌阶段涉及的所有网络 IO。概念示意如图 3-14 所示。

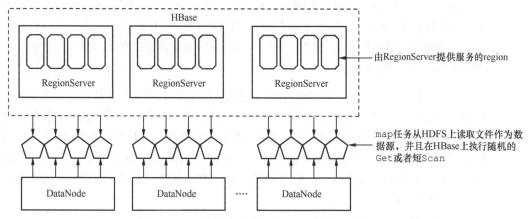

图 3-14 使用 HBase 存储查找表，供 **map** 任务用于执行 map 侧联结

除了本节所讨论的，还有很多种分布式联结。它们很常用，所以 Hadoop 提供了一个叫做 `hadoop-datajoin` 的 contrib JAR 来简化使用联结。你已经掌握了使用 HBase 足够的背景知识，也可以利用 HBase 来优化其他 MapReduce 应用。

3.5 信息汇总

现在你领略了 Hadoop MapReduce 的全部能力。JobTracker 按照最优资源利用原则分配计算工作给集群里的所有 TaskTracker。如果某个节点失败，另一个节点会参与进来，接管计算任务并保证作业成功执行。

> **幂等运算**
>
> HadoopMapReduce 假定你的 map 和 reduce 任务是幂等的。意思是 map 和 reduce 任务在相同输入数据上执行任意次数可以得到相同输出结果。这让 MapReduce 在执行作业时提供容错能力，也可以最大限度地利用集群处理能力。但是执行有状态操作时你必须特别小心。HBase 的 Increment 命令就是这种有状态操作的例子。
>
> 例如，假设你实现一个计算行数的 MapReduce 作业，该作业在表中每读一个键，递增一个单元值。运行作业时，JobTracker 分配 100 个 mapper，每个负责 1000 行。作业运行过程中，一个 TaskTracker 节点硬盘出现故障，导致 map 任务失败，Hadoop 把任务指派给另一个节点。失败之前，已经数了 750 行，做了相应递增。新节点接管任务后，从头开始运行。那 750 行就被数了两遍。
>
> 所以不要在 mapper 里递增计数器，更好的办法是每个 mapper 发出["count",1]键值对。失败的任务重启后，它们的输出不会重复计算。在 reducer 里加总键值对，在那里写出一个值。这也可以避免递增单元所在的机器承受过高负担。

> 另外一个值得注意的事情是推测执行（speculative execution）。当某个任务执行得特别慢并且集群有足够资源时，Hadoop 会安排额外的任务副本让它们竞争。任何一个副本任务完成后，Hadoop 杀掉其他的副本。这个特性可以通过 Hadoop 配置启用/禁用，如果 MapReduce 作业需要访问 HBase 请禁用它。

本节提供了一个完整的从 MapReduce 应用使用 HBase 的例子。请记住，在 HBase 上运行 MapReduce 作业会给集群带来严重的负担。请不要在提供低延迟查询服务的同一集群上运行 MapReduce 作业，至少当需要维持 OLTP 类型的服务水平协议（SLA）时不要运行！否则当运行 MapReduce 作业时在线服务会大受影响。甚至可以考虑：在 HBase 集群里根本就不运行 JobTracker 或 TaskTracker。除非你绝对需要，否则请把资源留给 HBase 的进程使用。

3.5.1　编写 MapReduce 应用

HBase 运行在 Hadoop 上，尤其是在 HDFS 上。在 HDFS 里，HBase 的数据就像其他数据一样分区和建立副本。这意味着在 HBase 中存储的数据上运行 MapReduce 应用和常规 MapReduce 应用一样。这就是 MapReduce 计算例子和多线程例子执行同样的 HBase 扫描命令但是吞吐量却高得多的原因。MapReduce 计算方式中，扫描是在多个节点上并行执行的。这消除了所有数据汇总到一台机器的瓶颈。如果你在运行 HBase 的集群上运行 MapReduce，请充分利用任何可能的并行放置。莎士比亚作品的计数例子完整代码如代码清单 3-1 所示。

代码清单 3-1　莎士比亚作品的计数示例

```
package HBaseIA.TwitBase.mapreduce;

//...                                              ←── 省略导入细节

public class CountShakespeare {

  public static class Map
    extends TableMapper<Text, LongWritable> {

    public static enum Counters {ROWS, SHAKESPEAREAN};

    private boolean containsShakespeare(String msg) {
      //...                                        ←── 这里是自然语言处理
    }                                                   逻辑

    @Override
    protected void map(
        ImmutableBytesWritable rowkey,
        Result result,
        Context context) {
      byte[] b = result.getColumnLatest(
                       TwitsDAO.TWITS_FAM,
```

```
                              TwitsDAO.TWIT_COL).getValue();
        String msg = Bytes.toString(b);
        if (msg != null && !msg.isEmpty())
          context.getCounter(Counters.ROWS).increment(1);
        if (containsShakespeare(msg))
          context.getCounter(Counters.SHAKESPEAREAN).increment(1);
      }
    }

    public static void main(String[] args) throws Exception {
      Configuration conf = HBaseConfiguration.create();
      Job job = new Job(conf, "TwitBase Shakespeare counter");
      job.setJarByClass(CountShakespeare.class);

      Scan scan = new Scan();
      scan.addColumn(TwitsDAO.TWITS_FAM, TwitsDAO.TWIT_COL);
      TableMapReduceUtil.initTableMapperJob(
        Bytes.toString(TwitsDAO.TABLE_NAME),
        scan,
        Map.class,
        ImmutableBytesWritable.class,
        Result.class,
        job);

      job.setOutputFormatClass(NullOutputFormat.class);
      job.setNumReduceTasks(0);
      System.exit(job.waitForCompletion(true) ? 0 : 1);
    }
  }
```

Counters 是一种在 Hadoop 作业里收集监控指标的简单的方法

就像在多线程例子里执行的扫描

CountShakespeare 相当简单，它包括一个 Mapper 实现和一个 main 方法。它还利用了 HBase 特有的 MapReduce 辅助类 TableMapper 和 TableMapReduceUtil 实用类，我们本章前面介绍过它们。也请注意，这里没有 reducer。这个例子不需要在 Reduce 阶段执行额外的计算。相反，通过作业计数器收集 map 输出即可。

3.5.2 运行 MapReduce 应用

你想看看运行 MapReduce 作业是什么样子吗？我们也是。先往 TwitBase 里面加载一些数据。下面两个命令加载 100 个用户，并且为每个用户加载 100 条推帖：

```
$ java -cp target/twitbase-1.0.0.jar \
  HBaseIA.TwitBase.LoadUsers 100
$ java -cp target/twitbase-1.0.0.jar \
  HBaseIA.TwitBase.LoadTwits 100
```

现在有了一些数据，你可以运行 CountShakespeare 应用：

```
$ java -cp target/twitbase-1.0.0.jar \
  HBaseIA.TwitBase.mapreduce.CountShakespeare
...
19:56:42 INFO mapred.JobClient: Running job: job_local_0001
19:56:43 INFO mapred.JobClient:  map 0% reduce 0%
```

```
...
19:56:46 INFO mapred.JobClient:  map 100% reduce 0%
19:56:46 INFO mapred.JobClient: Job complete: job_local_0001
19:56:46 INFO mapred.JobClient: Counters: 11
19:56:46 INFO mapred.JobClient:   CountShakespeare$Map$Counters
19:56:46 INFO mapred.JobClient:     ROWS=9695
19:56:46 INFO mapred.JobClient:     SHAKESPEAREAN=4743
...
```

按照我们的莎士比亚作品引用分析专有算法，将近 50% 的数据影射到莎士比亚！

使用计数器很有趣，如果写回到 HBase 如何呢？我们开发了类似的算法专门检查对哈姆雷特的引用。Mapper 和莎士比亚作品例子相似，只是 [k2,v2] 输出数据类型是 [Immutable BytesWritable,Put]——它们是 HBase 行键和上一章学习的 Put 命令的实例。reducer 代码如下：

```
public static class Reduce
  extends TableReducer<
          ImmutableBytesWritable,
          Put,
          ImmutableBytesWritable> {

  @Override
  protected void reduce(
      ImmutableBytesWritable rowkey,
      Iterable<Put> values,
      Context context) {
    Iterator<Put> i = values.iterator();
    if (i.hasNext()) {
      context.write(rowkey, i.next());
    }
  }
}
```

就这些。reducer 实现接收 [k2,{v2}]、行键和 Put 列表作为输入。本例中，每个 Put 设置 info:hamlet_tag 列为 true。针对每个用户只执行一次 Put，因此只有第一个发出到输出上下文对象。生成的 [k3,v3] 键值对类型也是 [Immutable BytesWritable,Put]。让 Hadoop 系统处理 Put 的执行，保证 reduce 实现幂等特性。

3.6 大规模条件下的可用性和可靠性

在分布式系统语境下，你经常会听到术语可扩展的（scalable）、可用的（available）和可靠的（reliable）。我们认为，这些术语不代表绝对的、明确的系统品质，而是一组可以有不同值的参量。换句话说，不同系统、不同大小规模，某些情况下是可用的和可靠的，但其他情况下就不是。这些特性是系统架构选择的需要。这将我们带进 CAP 定理[①]

----

① CAP 定理：http://en.wikipedia.org/wiki/CAP_theorem。

的范畴，这总是带来一次有趣的讨论和有吸引力的阅读[①]。不同的人有不同的看法[②]，我们不去对各种数据库系统 CAP 定理是什么含义纠缠细节和进行学术研究。让我们跳到在 HBase 语境中可用性（availability）和可靠性（reliability）是什么含义和如何实现它们的主题上。这些特性从构建应用系统角度来看是有用的，对于应用开发人员，可以帮助你理解采用 HBase 做后端数据存储时你可以期待什么以及如何影响 SLA 的。

1. 可用性

HBase 语境中可用性定义为系统处理故障的能力。最常见的故障会导致 HBase 集群里一个或几个节点脱离集群和停止服务请求。这可能是因为节点出现硬件故障或者由于某种原因软件功能失常。任何这种故障都可以认为是那个节点和集群其他部分的网络隔离。

当 RegionServer 由于某种原因不能联络时，它所服务的数据会切换到其他 RegionServer。HBase 能够这样做，从而保持高可用性。但是如果发生网络隔离，并且 HBase master 脱离了集群或者 ZooKeeper 脱离了集群，工作节点就不能工作了。回到我们之前所说的：可用性最好用系统可以处理的故障种类和不能处理的故障种类来定义。它不是一个二元特性，而是有不同程度的特性。

高可用性可以通过预防性部署体系来实现。例如，如果你有多个 master，把它们放在不同机架里。第 10 章将详细讨论 HBase 部署。

2. 可靠性和持久性

可靠性是数据库语境中通用的术语，大多数情况下可以认为是数据持久性和性能保证的结合。本节的目标是检查 HBase 的数据持久性方面。可以想象，当你在数据库上搭建应用系统时数据持久性非常重要。设备 /dev/null 写性能倒是最快，但是一旦你写到 /dev/null，数据就没有了。另一方面，凭借系统架构的特点 HBase 在数据持久性方面有必然的保证。

3.6.1 HDFS 作为底层存储

底层存储的两个特性可以帮助 HBase 实现提供给客户端的可用性和可靠性。

1. 单一命名空间

HBase 把数据存储在一个文件系统上。所有 RegionServer 可以访问覆盖整个集群的文件系统。文件系统为集群里所有 RegionServer 提供单一命名空间。一个 RegionServer 读写的数据可以为其他所有 RegionServer 读写。这让 HBase 满足可用性保证。如果一个 RegionServer 宕机，任何其他 RegionServer 都可以从底层文件系统读取数据，接管第一

[①] 在 Henry Robinson 的文章里可以阅读更多关于 CAP 定理的资料，参见 "CAP Confusion: Problems with 'partition tolerance,'" Cloudera。

[②] 在 Daniel Abadi 的文章里可以了解 CAP 定理的不完整所在，参见 "Problems with CAP, and Yahoo's little known NoSQL system," DBMS Musings。

个 RegionServer 服务的 region（见图 3-15）。

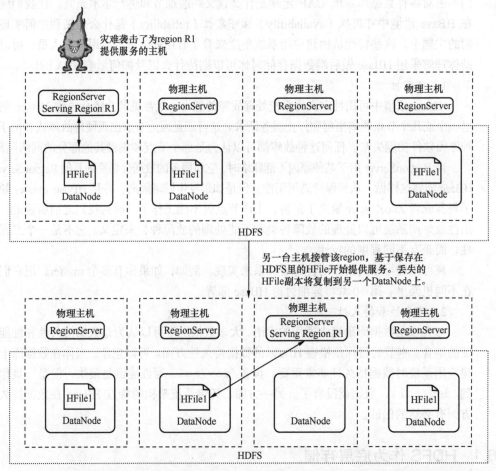

图 3-15 如果由于某种原因 RegionServer 出现故障（例如，Java 进程死了或者整个物理节点
起火了），另一个 RegionServer 将接管第一个 RegionServer 所服务的 region 并开始为它
们服务。HDFS 对所有 RegionServer 提供单一命名空间，任何 RegionServer 都可以访
问其他 RegionServer 存放的文件，所以支持上述做法

这一点可以想象成，你有一个网络连接存储（NAS），存储数据并且挂在所有服务
器上。这在理论上是可行的，但在设计与实现上不太现实。所有服务器读写一个 NAS
意味着硬盘 IO 会被集群和 NAS 之间的连接所阻塞。你可以使用更宽的连接，但它们仍
然会限制你的规模。HBase 在设计上选择了分布式文件系统，紧密结合 HDFS。HDFS
为 HBase 提供了单一命名空间，大多数集群里 DataNode 和 RegionServer 放置在同一台
机器上。这有利于 RegionServer 读写本地 DataNode。因此尽可能节省了网络 IO。虽然还

会发生网络 IO，但是这种优化减小了网络开销。

对现在的 TwitBase 应用，你使用了 HBase 单机模式。HDFS 不支持 HBase 单机模式。HBase 单机模式把所有数据写在本地文件系统上。第 9 章将详细介绍 HDFS 支持的全分布方式 HBase 部署。

全分布模式下，你将配置 HBase 写入 HDFS 上一个预先指定的目录，这个目录通过参数 `hbase.rootdir` 设置。单机模式下，这个目录指向默认值 `file:///tmp/HBase-${user.name}/hbase`。

2. 可靠性和抗故障能力

HBase 假定存放在底层存储系统上的数据即使在发生故障时也可以访问。如果运行 RegionServer 的服务器宕机，其他 RegionServer 应该可以接过分配给那个 RegionServer 的 region 并且提供服务。前提是服务器宕机不会导致底层存储上的数据丢失。像 HDFS 这样的分布式文件系统通过复制数据和保存多个副本来实现这一点。同时，小比例服务器的宕机不应该严重影响底层存储的性能。

理论上，HBase 可以运行在任何提供这种特性的文件系统上。但是 HBase 在其发展过程中一直紧密结合 HDFS。除了抗故障能力，HDFS 提供了某些写的语义，HBase 用来为你写入的每个字节保证持久性。

3.7 小结

本章我们介绍了相当多的基础知识，其中许多是初级水平。Hadoop 还有很多知识，我们不能在一章里都覆盖到。你现在应该基本了解 Hadoop，以及 HBase 如何使用 Hadoop。实践中，与 Hadoop 的这种密切联系给 HBase 部署带来了许多好处。下面回顾一下我们讨论过的内容。

HBase 是一种搭建在 Hadoop 上的数据库。它依靠 Hadoop 来实现数据访问和数据可靠性。HBase 是一种以低延迟为目标的在线系统，而 Hadoop 是一种为吞吐量优化的离线系统。这种互补关系造就了一种强大的、灵活的数据平台，可以用来搭建水平扩展的数据应用。

Hadoop MapReduce 是一种分布式计算框架。它是一种容错的、面向批处理的计算模型。MapReduce 程序是由 `map` 和 `reduce` 运算组成的作业。单个任务的前提是满足幂等性（idempotent）。MapReduce 使用 HDFS 来把任务分配到文件系统上的数据块和移动计算到数据（distributing the computation to the data）。这实现了极小分配开销的高度并行化计算程序。

HBase 设计上支持 MapReduce 访问。它提供了 TableMapper 和 TableReducer 来简化 MapReduce 应用的实现：TableMapper 允许 MapReduce 应用从 HBase 里轻松读取数据，TableReducer 允许从 MapReduce 轻松把数据写回到 HBase。在 Map 和

Reduce 阶段使用 HBase 键值 API 访问也是可能的。在所有任务需要随机访问相同数据的情况下是很有帮助的。通常利用这个特点来实现分布式 Map 侧联结。

如果你很好奇，希望学习更多关于 Hadoop 如何工作或者研究 MapReduce 的其他技术，Tom White 编写的《Hadoop 权威指南》（O'Reilly，2009）和 Chuck Lam 编写的《Hadoop 实战》（Manning，2010）是最好的两本参考书。

第二部分

高级概念

介绍完基础部分以后，第二部分将研究更多高级主题。第 4 章将详细介绍 HBase 模式（schema）设计。这一章将继续扩展第 2 章建立的示例应用，深入剖析在 HBase 中如何为你的应用系统进行数据建模。这一章将帮助你理解如何对模式设计的选择做出取舍。第 5 章将介绍如何建立和使用协处理器（coprocessor），这是在 HBase 集群中植入计算逻辑，使计算接近存储数据的一种高级技巧。第 6 章介绍如何使用其他基于或者不是基于 JVM 的客户端库访问 HBase。掌握第二部分内容后，你将可以在你的应用系统中有效地使用 HBase，也可以基于 HBase 搭建非 Java 应用系统。

第 4 章　HBase 表设计

本章涵盖的内容
- HBase 模式设计概念
- 把关系型建模知识映射到 HBase 世界
- 表定义高级参数
- 使用 HBase 过滤器优化读性能

在前 3 章中，你使用 Java API 访问 HBase，并且搭建了一个示例应用来学习如何运用它们。作为搭建应用系统 TwitBase 的一部分，你在 HBase 中创建了表来存储数据。我们给你提供了表定义，并没有多加思索为什么如此创建它。换句话说，我们没有讨论需要多少个列族，一个列族需要多少列，什么数据应当存入列名中，以及什么数据应当存入单元，等等。本章介绍 HBase 模式（schema）设计，将讨论在 HBase 中设计模式和行键时应该考虑的东西。HBase 的模式不同于关系型数据库的模式。HBase 要简单得多，需要考虑的不多。有时我们也把 HBase 称为无模式数据库。但是为了对应用系统的访问模式进行性能优化，模式的简单也赋予你更多调整的空间。有一些模式写性能很棒，但是当读取同样数据时表现却不好，或者正好相反。

为了学习设计 HBase 模式，这里将继续使用 TwitBase 应用系统，并引入新功能。到目前为止，TwitBase 的功能还相当简单。现在只有用户和推帖功能，对于一个应用系统来说这些还不够，除非能够促进社交化互动和能够阅读别人的推帖，否则是不会产生用户流量的。考虑到用户希望能够关注其他用户，所以让我们为此创建一些表。

注意　本章继续沿用本书一直使用的方法，通过运行一个例子来介绍和解释概念。你将从一个
　　　　简单的模式设计开始，不断改善它，同时我们会介绍相关的重要概念。

4.1　如何开始模式设计

你可以想到，TwitBase 中用户希望关注其他用户的推帖。为了实现这个功能，第一步是维护一个特定用户的关注对象列表。例如，TheFakeMT 关注了 TheRealMT 和 HRogers。为了得到 TheFakeMT 应该看到的所有推帖，你需要先查找列表 {TheRealMT, HRogers}，然后读出列表中每个用户的推帖。这个信息需要存放在 HBase 表中。

让我们思考一下这个表的模式。当我们说到模式（schema），请考虑下面这些内容：

- 这个表应该有多少个列族？
- 列族使用什么数据？
- 每个列族应该有多少列？
- 列名应该是什么？尽管列名不必在建表时定义，但是读写数据时是需要知道的。
- 单元存放什么数据？
- 每个单元存储多少个时间版本？
- 行键结构是什么？应该包括什么信息？

有人可能会争辩说，模式只需要考虑在建表时预先定义的东西，还有人会说，这里提到的所有东西也只不过是模式设计的一部分。这些都是值得参与的讨论。NoSQL 是个相当新的领域，术语的准确定义正在形成中。但是我们认为，因为模式影响到表结构和如何读写表，把所有这些东西放进宽泛的模式设计是很重要的。这也是下面要做的事情。

4.1.1　问题建模

让我们回到这张表，这里需要存储一个特定用户关注什么用户的数据。这张表有两种访问模式：读出全部用户列表和查询某指定用户是否在列表里。"TheFakeMT 关注 TheRealMT 了吗？"假设 TheFakeMT 想知道 TheRealMT 的一切，这是一个有实质意义的问题。这时，你的兴趣在于确认 TheRealMT 是否在 TheFakeMT 的关注对象列表里。一个可能的方案是每个用户对应一行，以用户 ID 作为行键，每列代表该用户关注的人。

还记得列族吗？到目前为止，因为没有更多需要，你只使用了一个列族。但是这张表需要几个列族呢？TheFakeMT 关注对象列表里的所有用户都有可能需要被确认是否存在，从访问模式看，你无法区分彼此。你不能假定列表里的某个用户比其他用户被访问的可能性更大。从这一点可以推断被关注用户列表应该使用同一个列族。

如何得出这个结论呢？一个特定列族的所有数据在 HDFS 上会有一个物理存储。

这个物理存储可能由多个 HFile 组成，理想情况下可以通过合并得到一个 HFile。一个列族的所有列在硬盘上存放在一起，使用这个特性可以把不同访问模式的列放在不同列族，以便隔离它们。这也是 HBase 被称为面向列族的存储（column-family-oriented store）的原因。在打算创建的这张表里，你不需要把某个被关注用户和其他用户分开考虑。至少现在如此处理是合理的。为了存储这些关系，创建一个名为 follows 的新表，如图 4-1 所示。

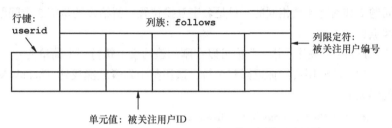

图 4-1 **follows** 表，存放一个特定用户的关注对象列表

你可以使用第 2 章学习的 Shell 或 Java 客户端创建表。但是先让我们深入思考一下，确定你可以得到最优的表设计。请记住一旦创建了表，改变任何列族都需要先让表下线。

在线迁移

HBase 0.92 有一个在线模式迁移的试验性功能，就是在改变列族时不必让表下线。我们不推荐把这种做法作为常规实践。预先设计好你的表将更有帮助。

现在的表设计如图 4-1 所示，一个存有数据的表如图 4-2 所示。

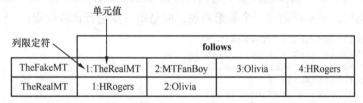

图 4-2 存有样例数据的 **follows** 表。**1:TheRealMT** 代表列族 **follows** 中列限定符 1 对应的单元，其值是 **TheRealMT**。假马克·吐温（**TheFakeMT**）想知道真马克·吐温（**TheRealMT**）的所有事情，所以他不仅关注了真马克·吐温，而且关注了他的粉丝、妻子和朋友。不要脸，是吧？真马克·吐温就很简单，只想了解他的朋友和妻子

现在你需要检验这张表是否满足你的需求。为此，重要的事情是定义访问模式，也就是，应用系统如何访问 HBase 表里的数据。理想情况下，在整个过程中你应该尽早这样做。

注意 在模式设计流程中尽早定义访问模式，以便通过它们检验你的设计决定。

闲话少说，让我们现在就试试。为了定义访问模式，第一步最好定义你想使用这张表回答什么问题。例如，在 TwitBase 中，你想用这张表回答，"TheFakeMT 关注了谁？"

沿着这个方向进一步思考，你会有下面这些问题。

（1）TheFakeMT 关注了谁？

（2）TheFakeMT 关注 TheRealMT 了吗？

（3）谁关注了 TheFakeMT？

（4）TheRealMT 关注 TheFakeMT 了吗？

问题 2 和问题 4 是相同的，只是名字互换位置。留给你的是前 3 个问题。这是个不错的起点！

"TheFakeMT 关注了谁？"你可以在刚创建的表上执行一个简单的 get() 调用来回答这个问题。该调用会给你返回整个行，遍历整个列表就能找到 TheFakeMT 关注的用户。代码如下所示：

```
Get g = new Get(Bytes.toBytes("TheFakeMT"));
Result result = followsTable.get(g);
```

返回的 result 集合可以用来回答问题 1 和问题 2。返回的整个列表给出问题 1 的答案。你可以创建一个数组列表，如下所示：

```
List<String> followedUsers = new ArrayList<String>();
List<KeyValue> list = result.list();
Iterator<KeyValue> iter = list.iterator();
while(iter.hasNext()) {
    KeyValue kv = iter.next();
    followedUsers.add(Bytes.toString(kv.getValue()));
}
```

回答问题 2 则需要遍历整个列表，检查 TheRealMT 是否存在。相应的代码和上一段代码类似，但不再创建一个数组列表，而是每一步进行比较检查：

```
String followedUser = "TheRealMT";
List<KeyValue> list = result.list();
Iterator<KeyValue> iter = list.iterator();
while(iter.hasNext()) {
    KeyValue kv = iter.next();
    if(followedUser.equals(Bytes.toString(kv.getValue())));
        return true;
}
return false;
```

不能再简单了，对吗？让我们继续努力，确保你的表设计是最好的，且在面对各种预期的访问模式时性能表现最优。

4.1.2　需求定义：提前多做准备工作总是有好处的

现在你的表设计可以回答前面列表里 4 个问题中的 2 个。你不确定是否可以回答另外 2 个问题，你也没有定义表的写模式。到目前为止的 4 个问题只是定义了表的读模式。

从 TwitBase 角度看，可以预期发生下面事情时需要写数据到 HBase：

■ 一个用户关注了某人。

■ 一个用户取消关注某人。

让我们看看这张表，基于上述写模式尽量找出能够优化的地方。当用户增加一个新关注时，客户端需要做些处理，需要在用户已经关注的对象列表里增加一个对象。当 TheFakeMT 新关注一个用户时，你需要知道这个用户是用户列表里的第 5 个。如果不查询 HBase 表，客户端代码并不知道这个信息。还有，如果不指定列限定符，也没有办法要求 HBase 在已有行上增加一个单元。为了解决这个问题，你必须在某个地方维护一个计数器。最好的地方是在同一行中。本例中，表的样子如图 4-3 所示。

	follows				
TheFakeMT	1:TheRealMT	2:MTFanBoy	3:Olivia	4:HRogers	count:4
TheRealMT	1:HRogers	2:Olivia	count:2		

图 4-3 **follows** 表每行有一个计数器来跟踪任何指定用户当时所关注的用户数量

count 列能让你快速知道任何用户所关注的用户数量。你可以通过读取 count 列而不是遍历整个列表来回答“TheFakeMT 关注了多少人？”。进展不错！也请注意：你不需要改变表的定义。这就是 HBase 的无模式数据模型。

向关注用户列表中增加一个新用户需要几步，大致步骤如图 4-4 所示。

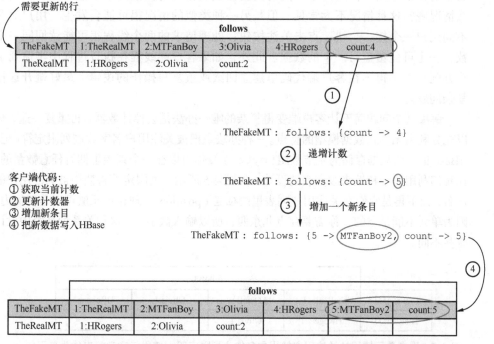

图 4-4 基于当前的表设计，往关注用户列表里增加新用户所需要的步骤

向关注用户列表增加一个新用户的代码如下：

```
Get g = new Get(Bytes.toBytes("TheFakeMT"));
g.addColumn(Bytes.toBytes("follows"),
            Bytes.toBytes("count");
Result r = followsTable.get(g);                              从表里获取当前
byte[] count_bytes = r.getValue(Bytes.toBytes("follows"),    计数
                                Bytes.toBytes("count"));
int count = Bytes.toInteger(count_bytes);
count++;
String newUserFolowed = "MTFanBoy2";
Put p = new Put(Bytes.toBytes("TheFakeMT"));
p.add(Bytes.toBytes("follows"),
    Bytes.toBytes(count),
    Bytes.toBytes(newUserFollowed));                         递增计数并写入
p.add(Bytes.toBytes("follows"),                              新条目
    Bytes.toBytes("count"),
    Bytes.toBytes(count));
followsTable.put(p);
```

如你所看到的，保持计数会让客户端代码变得很复杂。每次你往 A 的关注用户列表里增加一个用户，必须先从 HBase 表里读出计数，增加下一个用户，更新计数器。这个过程看起来有点像你可能用过的关系型数据库里的事务。

考虑到 HBase 不支持事务的概念，这个过程会有一些问题。首先，它不是线程安全的。如果用户使用两个不同的浏览器或设备同时关注两个不同的用户会出现什么情况呢？这种情况不太常见，但是另一种类似的情况很可能会发生，用户对两个不同用户一个接一个快速点击关注按钮：处理请求的两个线程很可能读回同一个计数，一个可能覆盖另一个的数据。此外，如果客户端线程在执行过程中半途死了怎么办呢？你不得不在客户端代码里建立回滚或重复写操作的逻辑。最好避开这样的复杂问题。

解决这个问题而不让客户端变得复杂的唯一办法是去掉计数器。再重复一遍，你可以充分利用无模式数据模型的特点。一种办法是把被关注用户名字放进列限定符。记住，HBase 把一切数据存储为字节数组（byte[]），你可以在一个列族里拥有任意数量的列。让我们利用这个特性来改变表的设计，如图 4-5 所示。列限定符将使用被关注用户的用户名，而不再是它们在关注用户列表里的位置（position）。现在单元值可以是任何内容。因为单元不能是空的，你需要存点儿东西，所以输入数字 1。这和关系型系统中设计表有些不同。

follows			
TheFakeMT	TheRealMT:1	MTFanBoy:1	Olivia:1	HRogers:1
TheRealMT	HRogers:1	Olivia:1		

图 4-5 现在单元使用被关注用户的用户名作为列限定符，使用任意字符串作为单元值

提示 列限定符可以按数据处理，就像值。这和关系型系统不同，关系型系统的列名是固定
的并且需要在建表时预先定义。列在这里可能有些用词不当。HBase 表实质上是多维
映射。

HBase 模式的简单和灵活允许你做出这种优化，不需要做很多工作就可以大大简化
客户端代码，或者使性能获得显著提升。

使用这种新的表设计，你不再需要计数器，客户端代码在列限定符里使用被关注用
户 ID。这个值总是唯一的，所以你不会遇到已有信息被覆盖的问题。往关注用户列表增
加用户的代码变得简单多了：

```
String newUserFollowed = "MTFanBoy2";
Put p = new Put(Bytes.toBytes("TheFakeMT"));
p.add(Bytes.toBytes("follows"),                   列限定符中使用新用户
    Bytes.toBytes(newUserFollowed),          ←─┘ ID，单元值是 1
    Bytes.toBytes(1));
followsTable.put(p);
```

但是，读取关注用户列表的代码会有点儿变化。不再是读回单元值，现在需要读回
列限定符。采用这种变化过的设计，你将不再有之前可以得到的计数。不过不要担心，
下一章我们会教你如何实现这一点。

提示 HBase 没有跨行事务的概念。请避开在客户端代码里需要事务逻辑的设计，因为这会让
你不得不维护复杂的客户端。

4.1.3 均衡分布数据和负载的建模方法

TwitBase 中有一些用户可能会关注很多人。这意味着你刚设计的 HBase 表会有变长
的行。这本身不是问题，但是它影响到了读模式。考虑一下这个问题，"TheFakeMT 关
注 TheRealMT 了吗？"如何使用这张表回答这个问题呢？在行键上指定 TheFakeMT，
在列限定符上指定 TheRealMT，一个 Get 请求就可以搞定。对于 HBase 来说，这个操
作非常快。

HBase 访问时间复杂度

"HBase 运算有多快？"回答这个问题涉及很多考量因素。让我们先定义一些变量：

- $n =$ 表中 KeyValue 条目数量（包括 Put 的结果和 Delete 留下的墓碑标记）；
- $b =$ HFile 里数据块（HFile block）的数量；
- $e =$ 平均一个 HFile 里 KeyValue 条目的数量（如果你知道行的大小，可以计算得到）
- $c =$ 每行里列的平均数量。

注意，我们是在单个列族的语境中讨论这一点的。

先来定义针对指定行键查找相关 HFile 数据块需要的时间。无论是你在单行上执行 get() 命令，还是为一次扫描查找起始键，都会有这个动作。

第一步，客户端寻找正确的 RegionServer 和 region。花费 3 次固定运算找到正确的 region——查找 ZK，查找-ROOT-，查找.META.。这是一次 O(1)运算[①]。

在指定 region 上，行在读过程里可能存在于两个地方：如果还没有刷写到硬盘就位于 MemStore，如果已经刷写则位于一个 HFile 里。简化起见，我们假定只有一个 HFile，这一行要么在这个文件里，要么还没有刷写，在 MemStore 里。

让我们用 e 合理代表任何指定时间在 MemStore 里的条目数量。如果一行在 MemStore 里，因为 MemStore 是使用跳表（skip list）[②]实现的，所以查找行的时间复杂度是 O(log e)。如果一行已经被刷写到硬盘上，你需要找到正确的 HFile 数据块。数据块索引是排过序的，所以查找正确的数据块是一次时间复杂度为 O(log b)的运算。查找行里的 KeyValue 对象是在数据块里的一次线性扫描操作。在你找到第一个 KeyValue 对象后，随后查找剩下的对象就是一次线性扫描。假设行里的单元都在同一个数据块里，扫描的时间复杂度是 O(e/b)。如果行里的单元不在同一个数据块里，这种扫描需要访问多个连续数据块里的数据，所以这时的运算由读取的行数决定，其时间复杂度是 O(c)。也就是说，这种扫描的时间复杂度是 O(max($c,e/b$))。

总之，查找某一行的开销如下所示：

O(1) 用于查找 region

+ O(log e) 用来在 MemStore 里定位 KeyValue，如果它还在 MemStore 里；

或者 O(1) 用于查找 region

+ O(log b) 用来在 HFile 里查找正确的数据块

+ O(max($c,e/b$)) 用来查找扫描的决定性部分，如果它已被刷写到硬盘上了

在访问 HBase 中的数据时，决定性因素是扫描 HFile 数据块找到相关 KeyValue 对象所花费的时间。如果使用宽行，这会在扫描过程中增加处理整行的开销。所有这些分析，都假设你知道你要查找的行的行键。

如果不知道行键，你就需要扫描整个区间（有可能是整张表）来查找你关心的行，这个时间复杂度是 O(n)。在这样的情况下，你将不再得益于把扫描限定在若干 HFile 数据块里。

[①] 如果你没有计算机专业背景，或者你的计算机专业知识已经生疏了，我来解释一下，这个 O(n) 称为渐进标记（asymptotic notation）。在这里，它是一种评估最坏情况下一个算法时间复杂度的方法。O(n)表示该算法的时间复杂度随着 n 的大小线性增长。O(1)意味着无论输入的大小，该算法的运行在固定的时间（constant time）内完成。我们用这个符号来讨论当访问存储在 HBase 里的数据时所花费的时间，不过它也被用来讨论一个算法的其他特征，如内存使用情况。

[②] 可以在 http://en.wikipedia.org/wiki/Skip_list 了解更多关于跳表的信息。

我们这里没有讨论硬盘寻道开销。如果需要从 HFile 里读取的数据已经被加载进数据块缓存（block cache），前面的分析是正确的。如果数据还需要从 HDFS 读到数据块缓存，从硬盘读取数据块的开销会增大很多，从学术上讲这种分析已经没有意义。

因为行键是所有这些索引的决定性因素，所以结论是访问宽行要比访问窄行开销大。如果知道行键，按照 HBase 建立索引的内部工作原理，你会从中得到很大好处。

再来看看图 4-6 所示的 `follows` 表的另一种模式设计。到现在为止，你使用的表在设计上都是一种宽表（wide table）。也就是说，一行包括很多列。同样的信息可以用高表（tall table）形式存储，这是一种新模式，如图 4-6 所示。HFile 里的 KeyValue 对象存储列族名字。使用短的列族名字在减少硬盘和网络 IO 方面很有帮助。这种优化方式也可以应用到行键、列限定符，甚至单元！紧凑存储数据意味着可以减少 IO 负载。

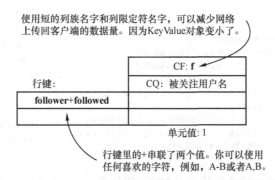

图 4-6 **follows** 表的新模式，在行键里包括关注人和被关注人。在 HBase 表里，这种模式将转换为每行代表一个"关注-被关注"关系。这是一个高表，不是之前的宽表

保存了一些样例数据的表如图 4-7 所示。

	f
TheFakeMT+TheRealMT	Mark Twain:1
TheFakeMT+MTFanBoy	Amandeep Khurana:1
TheFakeMT+Olivia	Olivia Clemens:1
TheFakeMT+HRogers	Henry Rogers:1
TheRealMT+Olivia	Olivia Clemens:1
TheRealMT+HRogers	Henry Rogers:1

图 4-7 按高表而不是宽表设计 **follows** 表。（Amandeep 是我们提到的粉丝。）把用户名放进列限定符可以节省为了得到用户名到用户表查找的时间。当在本表查找关系时，就可以轻松地列出名字或者 ID。其负面影响是，如果用户在用户表里更新他们的名字，你不得不在本表的所有单元里更新用户名字。这是一种典型的反规范化处理

表的这种新设计在回答第二个问题（即 "TheFakeMT 关注 TheRealMT 了吗？"）时，会比前一种设计快。你可以基于行键 TheFakeMT+TheRealMT 使用 get() 得到一行，也就得到答案了。列族里只有一个单元，所以不会有前一种设计里的多个 KeyValue 对象。在 HBase 中访问驻留在 BlockCache 里的一个窄行是最快的读操作。

回答第一个问题 "TheFakeMT 关注了谁？" 则变成了一次索引查找，先找到以 TheFakeMT 为前缀的第一个数据块，然后基于以 TheFakeMT 开头的行键对随后的行执行一次扫描。从 IO 观点看，在这里扫描那些行与在一个宽行上执行 Get 命令然后遍历所有单元相比，你从 RegionServer 读取了相同的数据量。还记得 HFile 的设计吗？两种表设计的物理存储本质上是相同的，发生变化的是物理索引，稍后我们会讨论。

获取关注用户列表的代码现在是这个样子：

```
Scan s = new Scan();
s.addFamily(Bytes.toBytes("f"));
s.setStartRow(Bytes.toBytes("TheFakeMT"));
s.setStopRow(Bytes.toBytes("TheFakeMT" + 1));
ResultScanner results = followsTable.getScanner(s);
List<String> followedList = new ArrayList<String>();
for(Result r : results) {
    String relation = Bytes.toString(r.getRow());
    String followedUser = relation.split("+")[1];
    followedList.add(followedUser);
}
```

创建一个新扫描器来扫描 TheFakeMT 的所有关系。从 TheFakeMT 开始，到 TheFakeMT+1 停止。查找出行键的第一部分是 TheFakeMT 的所有行。

取出行键的第二部分。假设以+为分隔符。

检查两个用户关注关系是否存在的代码如下：

```
Get g = new Get(Bytes.toBytes("TheFakeMT" + "+" + "TheRealMT"));
g.addFamily(Bytes.toBytes("f"));
Result r = followsTable.get(g);
if(!r.isEmpty())
    return true;
```

读取 TheFakeMT 和 TheRealMT 之间关系的行。

如果返回的行不为空，那么这种关系存在。

为了往关注用户列表增加新关注，执行一个简单的 put()，如下所示：

```
Put p = new Put(Bytes.toBytes("TheFakeMT" + "+" + "TheRealMT"));
p.add(Bytes.toBytes("f"), Bytes.toBytes(newFollowedUser), Bytes.toBytes(1));
followsTable.put(p);
```

提示 get() API 调用内部实现为一次扫描单行的 scan() 运算。

高表并不总是表设计的最好选择。为了获得高表的性能好处，你在某些操作上牺牲了原子性原则。在前面的设计中，你可以在一行上用单个 Put 运算更新任何用户的关注列表。Put 运算在行级是原子不可分的。在第二种设计里，你放弃了这样做的能力。本例中，因为你的应用不需要原子性，所以是可行的。但是其他使用场景可能需要这种原子性，那时宽表更合适。

注意 你为了获得高表带来的性能好处而放弃了原子性原则。

这里有一个好问题，为什么在列限定符里使用用户名字？不是必须这样做的。先来想想 TwitBase 的用途以及用户在读取这张表时可能会做的事情。要么他们在请求整个关注列表，要么他们在查找某人的简介来看看他们是否在关注另一个用户。在这两种情况下，仅仅返回用户 ID 都是不够的，更重要的是用户的真实名字。此时这个信息存储在 users 表里。为了得到用户的真实名字，你不得不根据返回的关注表的每一行再到用户表里取出用户名字。要知道 HBase 不像关系型数据库系统那样只需要执行一次联结就可以在单条 SQL 查询里完成所有这些，在 HBase 中你不得不显式地让你的客户端读取两个不同的表来生成你需要的信息。简单起见，你可以进行反规范化处理[①]（de-normalize），把用户名字放在列限定符里，或者就这个例子而言，还可以放在表的单元里。但是这样做并不是没有缺陷。这种方式需要维护 users 表和 follows 表的一致性，这有点儿挑战。是否选择这样做是一种权衡。我们这样做的目的是为了告诉你在 HBase 中反规范化处理的思路和背后的原因。如果你预期你的用户会频繁修改他们的名字，反规范化处理可能就不是一个好主意。我们假设他们的名字是相当稳定的，反规范化代价不算高。

提示 为了不增加你的客户端代码的复杂性，尽可能反规范化处理。但是截至今天，HBase 还不能提供使反规范化易于处理的特性。

你还可以采用另外一种优化技巧来进行简化。在 twits 表里，你曾经使用 MD5 值作为行键。这样可以得到定长行键。使用散列键还有其他的好处。你可以在 follows 表里使用 MD5(userid1)MD5(userid2) 并去掉+分隔符做行键，取代 userid1+userid2。这会带来两个好处。第一个好处是，行键都是统一长度的，可以帮助你更好地预测读写性能。但是如果你已经限定了 userid 长度，这可能不算是一个重大收获。第二个好处是，不再需要分隔符了，更容易为扫描操作计算起始和停止键。

使用散列键也会有助于数据更均匀地分布在 region 上。在这个一直使用的例子里，数据的分布不是问题。但是，如果你的访问模型天生是倾斜的，这就会成为一个问题，你会遇到负载没有分摊在整个集群上而是集中在几个 region 上的热点（hot-spotting）。

热点

　　HBase 语境中的热点指的是负载极度集中在一小部分 region 上。因为负载没有分散在整个集群上，这是不合理的。服务这些 region 的几台机器承担了绝大部分工作，将成为整体性能的瓶颈。

---

① 如果这是你第一次遇到术语反规范化（de-normalization），在开始处理前读读这个是有帮助的。本质上，你增加了数据的副本，在存储和数据更新上付出了更高代价，来减少在回答问题时所需要的访问次数以及所花费的全部访问时间。了解这个术语含义的一个起点是：http://en.wikipedia.org/wiki/Denormalization。

例如，如果你插入时间序列数据，行键开头是时间戳，因为任何写入的时间戳总是大于已经写入的时间戳，数据总是追加在表的尾部。因此，表的最后的 region 就会成为热点。

如果对时间戳做 MD5 计算并用做行键，你会在所有 region 上实现一个均匀的分布，但是这样你会失去数据的顺序。换句话说，你不能再扫描一个小的时间范围。你要么读取指定时间戳，要么扫描整个表。但是，你的客户端可以在提交请求前先对时间戳做 MD5 运算，所以并不影响对指定时间戳记录的访问。

散列和 MD5[①]

散列函数是把变长的巨大数值映射到定长的小数值上的一种函数。有多种散列算法，MD5 是其中之一。MD5 对任何数据进行散列运算生成一个 128 位（16 字节）的散列值。这是一种流行的散列函数，可以使用在各种地方，你可能已经用过了。

一般来说，在信息检索领域特别是 HBase 中散列是一种重要的技术。详细介绍这些算法超出了本书的范围。如果想深入了解散列和 MD5 算法，我们建议你查找在线资源。

如果你在行键里使用 MD5，follows 表如图 4-8 所示。在行键里存储用户 ID 的 MD5 值，所以当读回时你不会直接得到用户 ID。当你想获取 Mark Twain 关注用户列表时，你会得到用户 ID 的 MD5 值而不是用户 ID。但是因为你也想存储用户的名字，这个信息可以被存储在列限定符里。如果还要得到用户 ID，你可以考虑把用户 ID 存入列限定符，而把用户名字存入单元值。

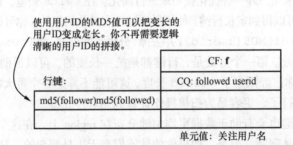

图 4-8   使用 MD5 作为行键的一部分可以得到固定长度和更好的分布

数据存入后的表如图 4-9 所示。

---

① 即 Message-Digest 算法，参见 http://en.wikipedia.org/wiki/MD5。

	f
MD5(TheFakeMT) MD5(TheRealMT)	TheRealMT:Mark Twain
MD5(TheFakeMT) MD5(MTFanBoy)	MTFanBoy:Amandeep Khurana
MD5(TheFakeMT) MD5(Olivia)	Olivia:Olivia Clemens
MD5(TheFakeMT) MD5(HRogers)	HRogers:Henry Rogers
MD5(TheRealMT) MD5(Olivia)	Olivia:Olivia Clemens
MD5(TheRealMT) MD5(HRogers)	HRogers:Henry Rogers

图 4-9 在行键中使用 MD5 可以去掉之前需要的+分隔符。现在行键由两个定长部分组成，每个用户 ID 对应 16 个字节

4.1.4 目标数据访问

此时，你可能想知道在 HBase 中应该使用什么样的索引。我们在前面两章已经讨论过，但是当考虑表设计时，这一点变得更加重要了。高表和宽表的讨论根本上是一场需要对什么和不对什么建立索引的讨论。把更多信息放入行键可以赋予你在固定时间内回答某些问题的能力。还记得第 2 章的读过程和数据块索引吗？这里就是这样做的，高表使你快速得到正确的行。

HBase 表里只有键可以建立索引（`KeyValue` 对象的 `Key` 部分，包括行键、列限定符和时间戳）。可以把它看做是关系型数据库系统的主键，但是你不能改变构成主键的列，这里的键由 3 个数据元素复合而成（行键、列限定符和时间戳）。访问一个特定行的唯一办法是通过行键。在列限定符和时间戳上建立索引，可以让你在一行上不用扫描前面所有的列而直接跳到正确的列。你取回的 `KeyValue` 对象基本上是来自于 HFile 的一行，如图 4-10 所示。

从表中获取数据有两种方式，即 `Get` 和 `Scan`。如果你需要一行，可以使用 `Get` 调用，这种情况下必须提供行键。如果你想执行一次扫描（`Scan`），如果你知道起始和停止键，你可以选择使用它们来限制扫描器对象扫描的行数。

当执行 `Get` 命令时，你可以直接跳到包含被查找行的数据块。从那里，扫描数据块来找出构成该行的相关 `KeyValue` 对象。在 `Get` 对象里，如果你愿意，也可以指定列族和列限定符。指定列族，可以限制客户端只访问指定列族的 HFile；指定列限定符不会限制从硬盘读出的 HFile，但是可以限制网络上传回的东西。如果在给定的 region 上一个列族存在多个 HFile，要查找在 `Get` 调用里指定的行的内容，不管有多少个 HFile 包含与请求有关的数据，都要访问所有的 HFile。但是在 `Get` 里尽可能明确查找内容是有帮助的，因为不必在网络上传回客户端不需要的数据。唯一的开销是 RegionServer 上可能的硬盘 IO。如果在 `Get` 对象里指定时间戳，可以避免读取早于时间戳的 HFile。图 4-11 在一个简单的表里解释了这一点。

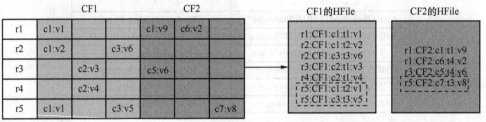

r5行上的一次Get()命令返回的结果对象

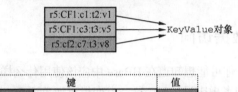

图 4-10　一张 HBase 表的逻辑模型到物理模型的转换。HFile 里每条记录代表一个 **KeyValue**
对象。该图显示了在表上执行 **get(r5)** 读取 **r5** 行的结果

	键			
	行键	列族	列限定符	时间戳
限制行	√	×	×	×
限制HFile	√	√	×	√
限制硬盘IO	√	√	×	√
限制网络IO	√	√	√	√

图 4-11　根据指定的键的某个部分，你可以限制读取硬盘的数据量或者网络传输的数据量。指
定行键则只返回你需要的行。但是服务器返回整行给客户端。指定列族让你进一步限
制读取行的什么部分，因此如果行横跨多个列族可以只读取 HFile 的一个子集。进一
步指定列限定符和时间戳，可以让你减少返回客户端的列数，因此节省了网络 IO

　　你可以利用这一点来设计表。把数据放入单元值和把它放入列限定符或行键将占用
相同的存储空间。但是把数据从单元移到行键你可能得到更好的性能。考虑到行键是建
立索引的唯一办法，把更多数据放入行键的负面因素是数据块索引变得更大了。

　　目前为止，你已经学习了相当多东西，本章其余部分将继续在此基础上继续。在继
续之前让我们快速做一个小结。

　　■　HBase 表很灵活，可以用字符数组形式存储任何东西。

- 在同一列族里存储相似访问模式的所有东西。
- 索引建立在 KeyValue 对象的 Key 部分上, Key 由行键、列限定符和时间戳按次序组成。
- 高表可能支持你把运算复杂度降到 O(1), 但是要在原子性上付出代价。
- 设计 HBase 模式时进行反规范化处理是一种可行的办法。
- 想想如何能够在单个 API 调用里而不是多个 API 调用里完成访问模式。HBase 不支持跨行事务, 要避免在客户端代码里维护这种复杂的逻辑。
- 散列支持定长键和更好的数据分布, 但是失去了排序的好处。
- 列限定符可以用来存储数据, 就像单元一样。
- 因为可以把数据放入列限定符, 所以它的长度影响存储空间。当访问数据时, 它也影响了硬盘和网络 IO 的开销。所以尽量简练。
- 列族名字的长度影响了通过网络传回客户端的数据大小 (在 KeyValue 对象里)。所以尽量简练。

我们经历了一个示例表设计流程, 学了一大堆概念, 让我们固化一些核心思路, 看看设计 HBase 表时可以如何运用它们。

4.2 反规范化是 HBase 世界里的词语

设计 HBase 表的一个关键概念是反规范化。我们在本节深入讨论这一概念。到现在为止, 你已经看到我们维护了单个用户的关注用户列表。当 TwitBase 用户登录账户, 希望看到他们所关注的人的推帖, 你的应用会提取关注用户列表和他们的推帖, 返回这些信息。随着系统用户数量增长, 这个过程会很花时间。此外, 如果一个用户被许多人关注, 每次粉丝登录, 他的推帖都会被访问。托管这个受欢迎的人的推帖的 region 将会不断回应请求, 因此我们制造了一个读热点。解决这个问题的办法是, 在系统里为每个用户维护一个推帖流, 一旦他们所关注的用户写了推帖, 就把这个推帖加到自己的推帖流里。

想想看, 显示一个用户推帖流的流程被改变了。之前, 你需要读取他们的关注用户列表, 然后把列表中每个人的最新推帖集合起来形成自己的推帖流。采用这个新思路, 你会有一个持续存在的来自于该用户推帖流的推帖列表。本质上你对你的表进行了反规范化处理。

> **规范化和反规范化**
>
> 规范化是关系型数据库世界的一种技术, 其中每种重复信息都会放进一个自己的表。这有两个好处: 当发生更新或删除时, 不用担心更新指定数据所有副本的复杂性; 通过保存单一副本而不是多个副本, 减少了占用的存储空间。需要查询时, 在 SQL 语句里使用 JOIN 子句重新联结这个数据。
>
> 反规范化是一个相反概念。数据是重复的, 存在多个地方。因为你不再需要开销很大的 JOIN 子句, 这使得查询数据变得更容易、更快。

从性能观点看，规范化为写做优化，而反规范化为读做优化。

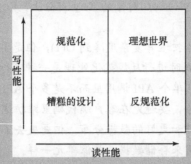

规范化为写操作时表进行优化，在读取时付出联结数据的开销。反规范化为读操作对表进行优化，但是在写入时付出多个副本的开销

本例中，可以通过为推帖流给每个用户专门建立一张表的方式进行反规范化处理。这样做，可以消除读的扩展能力问题，通过为所有读帖人（关注受欢迎的人的用户）建立多个数据（本例中是受欢迎的人的推帖）副本来解决这个问题。

截至目前，有了 users 表、twits 表和 follows 表。当一个用户登录进来，你使用下面流程建立他的推帖流。

（1）获取这个用户的关注用户列表。

（2）获取每个被关注用户的推帖。

（3）集合这些推帖，按时间戳排序，最新的在最前面。

你可以选择许多种方式来进行反规范化处理。你可以给 users 表增加一个列族来为每个用户维护一个推帖流。或者你为推帖流另外建立一张表。把推帖流放进 users 表的做法不大理想，因为那张表的行键设计不是为这个目的而优化的。先读下去，很快你就会知道原因。

推帖流表的访问模式由两种情况组成。

■　当给定用户登录时读取推帖流，按建立时间戳倒序（最新最靠前）显示给他。

■　当他关注的任何用户写了一条推帖时，把这条推帖加到自己的推帖列表里。

需要考虑的另一件事情是推帖流的保留策略。例如，你可能想维护一个最近 72 小时的推帖流。我们后面会讨论生存时间（Time To Live，TTL）概念，这是列族高级配置的一个部分。

运用我们已经学到的概念，你会发现把用户 ID 和倒序时间戳放入行键比较合理。这样可以轻松地在表里扫描一组行来获取构成推帖流的推帖。你还需要存储创建每条推帖的人的用户 ID，这个信息可以放进列限定符。这张表如图 4-12 所示。

当某人创建一条推帖时，所有粉丝应该分别在自己的流里得到那条推帖。这可以使用我们下一章讨论的协处理器来实现。这里我们可以讨论一下流程是什么。当一个用户创建一条推帖时，先从关系表里取出他的粉丝列表，然后把这条推帖加到每个粉丝的流里。为了完成这一点，你首先需要查找给定用户的粉丝列表，这和你的关系表至今所解决的正好相反。换句话说，你想有效地回答问题："谁关注了我？"。

倒序时间戳=Long.MAX_VALUE-时间戳	info
md5(TheFakeMT) + reverse ts	TheRealMT:First twit
md5(TheFakeMT) + reverse ts	Olivia:Second twit
md5(TheFakeMT) + reverse ts	HRogers:Twit foo
md5(TheFakeMT) + reverse ts	TheRealMT:Twit bar
md5(TheRealMT) + reverse ts	Olivia:Second twit
md5(TheRealMT) + reverse ts	HRogers:Twit foo

图 4-12　为每个用户存储推帖流的表。倒序时间戳可以把最新的推帖排在最前面。这样可以执行高效扫描，得到最新 *n* 条推帖。在用户的推帖流里获取最新推帖需要扫描表

在当前表的设计下，通过扫描整张表并且找出行键的后半部分是你感兴趣的用户的所有行，可以回答这个问题。再说一遍，这个过程是低效的。在关系型数据库系统里，通过在第二部分上增加一个索引和对 SQL 查询略做一点儿改变就可以解决。也请记住，你需要处理的数据量要小得多。而在这里你努力完成的是在海量数据上执行这种运算。

4.3　相同表里的混杂数据

HBase 模式很灵活，现在将使用这种灵活性来避免每次需要某个用户的粉丝列表时执行前面那种扫描。我们希望把设计 HBase 表时涉及的各种思路介绍给你。当前你的关系表使用如下行键：

```
md5(user) + md5(followed user)
```

你可以往这个行键里增加关系信息，如下所示：

```
md5(user) + relationship type + md5(user)
```

这可以让你在同一张表里存储两种关系：关注（following）和被关注（followed by）。为了回答之前的问题，现在涉及从行键里检查关系信息。当你访问某个用户的全部粉丝或者某个用户的全部关注时，你将在一组行上执行扫描。当为第一种情况查找用户列表时，你希望避开读取另一种情况的信息。换句话说，当查找一个用户的粉丝列表时，你不想把数据集里的关注列表返回给客户端应用。你可以通过为扫描设定起始和停止键做到这一点。

让我们看看另一种可能的键结构：把关系信息放在键的第一部分。新键就像这样：

```
relationship type + md5(user) + md5(user)
```

　　想想看现在数据会如何在 RegionServer 上分布。特定关系类型的所有数据将会放在一起。如果你查询粉丝列表的频度高于关注列表，负载就不能很好在各个 region 上分布。这就是这种行键设计的负面影响，以及在同一张表里存储混杂数据会面临的挑战。

提示　尽可能分离不同访问模式。

　　本例中改善负载分布的办法是为你想存储的两种关系分别建表。你可以新建一个叫做 followedBy 的表，与 follows 表有同样的设计。这样做，你可以避免在键里放入关系类型信息。这有助于在集群上更好地分布负载。

　　我们将面临的一个挑战是如何保持两张表里的关系条目一致。当 Mark Twain 决定关注他的粉丝时，需要往两个表里分别增加条目：一个在 follows 表，另一个在 followedBy 表。考虑到 HBase 不支持跨表或跨行事务，写入这些条目的客户端应用必须保证两行都被写入。但是故障总会发生，如果需要在客户端实现事务逻辑，客户端应用会变得很复杂。理想情况下，底层数据库系统应该帮你处理这种事情，但是数据规模不同设计不同，在分布式系统领域这个问题至今还没有得到解决。

4.4　行键设计策略

　　到现在为止，你在设计流程中准备好了两张表来存储关系信息。可以看到一种现象，整个过程中行键一直在调整。

提示　在设计 HBase 表时，行键是唯一最重要的事情。应该基于预期的访问模式来为行键建模。

　　行键决定了访问 HBase 表时可以得到的性能。这个结论根植于两个事实：region 基于行键为一个区间的行提供服务，并且负责区间内每一行；HFile 在硬盘上存储有序的行。这两个因素是相互关联的。当 region 刷写留在内存里的行时生成了 HFile，这些行已经排过序，也会有序地刷写到硬盘上。HBase 表的有序特性和底层存储格式可以让你根据如何设计行键以及把什么放入列限定符来推理其性能表现。为了恢复对 HFile 的记忆，请看图 4-13，这是第 2 章学习过的 HFile。

```
"TheRealMT", "info", "email",    1329088321289, "samuel@clemens.org"
"TheRealMT", "info", "name",     1329088321289, "Mark Twain"
"TheRealMT", "info", "password", 1329088818321, "abc123"
"TheRealMT", "info", "password", 1329088321289, "Langhorne"
```

users表里的info列族对应的HFile

图 4-13　HFile 的概念性结构

　　关系型数据库可以在多个列上建立索引，但 HBase 只能在键上建立索引，访问数据的唯一办法是使用行键。如果不知道想访问的数据的行键，就必须扫描相当多的行，就算不是整张表。设计行键有各种技巧，而且可以针对不同访问模式进行优化，我们接下来研究一下。

4.5 IO 考虑

HBase 表的有序特性对你的应用系统来说是个重要的特性。例如，上一节当我们查找推帖流表时，它的有序特性使你能够快速扫描一小组行而得到最新推帖。但是当你往 HBase 表里写入一堆时间序列数据时同样的有序特性会起负面作用（记得热点问题吧？）。如果使用时间戳做行键，你总是写到负责这个时间戳所在范围的一个 region 上。实际上，你总是在写入表的尾部，因为时间戳天然是单调增长的。这不仅使整个集群受限于单个 region 能够处理的吞吐量，而且让你承担单个机器过载而同时集群里其他机器闲置的风险。下面谈到的技巧是针对你关心的访问模式对设计行键进行优化。

4.5.1 为写优化

当往 HBase 表写入大量数据时，你希望在 RegionServer 上分散负载来进行优化。这并不难，但是你可能不得不在读模式优化上付出代价。比如，时间序列数据的例子，如果你的数据直接使用时间戳做行键，在写入时在单个 region 上会遇到热点问题。

许多使用场景下，并不需要基于单个时间戳访问数据。你可能要运行一个作业在一个时间区间上做聚合计算，如果对时间延迟不敏感，可以考虑跨多个 region 做并行扫描来完成任务。但问题是，应该如何把数据分散在多个 region 上呢？有几个选项可以考虑，答案取决于你想让行键包含什么信息。

1. 散列

如果你愿意在行键里放弃时间戳信息（每次你做什么事情都要扫描全表，或者每次要读数据时你都知道精确的键，这些情况下也是可行的），使用原始数据的散列值作为行键是一种可能的解决方案：

```
hash("TheRealMT") -> random byte[]
```

每次当你需要访问以这个散列值为键的行时，需要精确知道"TheRealMT"。

时间序列数据一般不这样处理。当你访问数据时，可能记住了一个时间范围，但不大可能知道精确的时间戳。但是有些情况下，像之前创建的 twits 表或关系表，你知道用户 ID，所以能够计算散列值从而找到正确的行。为了得到一种跨所

有 region 的、优秀的分布策略，你可以使用 MD5、SHA-1 或者其他提供随机分布的
散列函数。

> **碰撞**
>
> 　　散列算法有一个非零碰撞概率。有些算法比其他算法高。当用于大型数据集时需要小心，
> 要尽量使用低碰撞概率的散列算法。例如，在这方面 SHA-1 优于 MD5，某些情况下 SHA-1
> 可能是个更好的选择，即使性能上有些许损失。

　　使用散列函数的方式也很重要。本章之前建立的关系表对用户 ID 做 MD5 散列运算，
当查找特定用户的信息时你可以轻松地反算回来。但是注意，你连接的是两个用户 ID
的散列值（MD5(user1) + MD5(user2)），而不是连接两个用户 ID 后再做散列运算
（MD5(user1 + user2)）。这是因为当需要扫描一个指定用户的关系时，你需要传递
起始和停止键给 scanner 对象。如果行键是连接两个用户 ID 后的散列值，上面的要求
就做不到了，因为在这种行键里失去了指定用户 ID 的信息。

2. salting

　　当你思考行键的构成时，salting 是另一种技巧。让我们考虑之前的时间序列数据例
子。假设你在读取时知道时间范围，但不想做全表扫描。对时间戳做散列运算然后把散
列值作为行键的做法需要做全表扫描，这是很低效的，尤其是在你有办法限制扫描范围
的时候。使用散列值作为行键在这里不是办法，但是你可以在时间戳前面加上一个随机
数前缀。

　　例如，你可以先计算时间戳的散列码然后用 RegionServer 的数量取模来生成随
机 salt 数：

```
int salt = new Integer(new Long(timestamp).hashCode()).shortValue() % <number
    of region servers>
```

　　取得 salt 数后，加到时间戳的前面生成行键：

```
byte[] rowkey = Bytes.add(Bytes.toBytes(salt) \
+ Bytes.toBytes("|") + Bytes.toBytes(timestamp));
```

　　现在行键如下所示：

```
0|timestamp1
0|timestamp5
0|timestamp6
1|timestamp2
1|timestamp9
2|timestamp4
2|timestamp8
```

　　你可以想到，这些行将会基于键的第一部分，也就是随机 salt 数，分布在各个 region。

　　0|timestamp1、0|timestamp5 和 0|timestamp6 将进入一个 region，除非发
生 region 拆分（拆分的情况下会分散到两个 region）。1|timestamp2 和 1|timestamp9

进入另一个不同的 region，2|timestamp4 和 2|timestamp8 进入第三个 region。连续时间戳的数据散列进入了多个 region。

但并非一切都是完美的。现在读操作需要把扫描命令分散到所有 region 上来查找相应的行。因为它们不再存储在一起，所以一个短扫描不能解决问题了。这是一种权衡，为了搭建成功的应用你需要做出选择。

4.5.2　为读优化

在设计推帖流表时，你的焦点是为读优化行键。指导思路是把推帖流里最新的推帖存储在一起，以便于它们可以被快速读取，而不用做开销很大的硬盘搜索。这里不仅仅涉及硬盘搜索，而且还涉及数据是否存储在一起，尽量把较少的 HFile 数据块读入内存，来获得要寻找的数据集。因为数据存储在一起，每次读取 HFile 数据块时可以比数据分散存储时得到更多的信息。在推帖流表里，你使用倒序时间戳（Long.MAX_VALUE − 时间戳）然后附加上用户 ID 来构成行键。现在你基于用户 ID 扫描紧邻的 n 行就可以找到用户需要的 n 条最新推帖。这里行键的结构对于读性能很重要。把用户 ID 放在开头有助于你设置扫描，可以轻松定义起始键。接下来我们讨论行键结构这个主题。

4.5.3　基数和行键结构

行键结构至关重要。有效的行键设计不仅要考虑把什么放入行键中，而且要考虑它们在行键里的位置。在前面的例子里，你已经看到两种行键结构是如何影响读性能的情况。

第一种情况是关系表设计，在那里你把关系类型放在两个用户 ID 之间。因为读操作变得没有效率，这种做法效果并不好。这种情况下，即使只需要指定用户的一种关系类型的信息，你也不得不读出（至少从硬盘）两种关系类型的所有信息。把关系类型信息移到行键的前部能够解决这个问题，这种行键允许你只读取需要的数据。

第二种情况是推帖流表，在那里你把倒序时间戳放在键的第二部分，用户 ID 放在第一部分。这支持你基于用户 ID 执行扫描，限制读取的行数。在那里如果改变行键里两部分的次序会导致用户 ID 信息的损失，你必须扫描一个时间范围来得到推帖，但是这个时间范围的返回结果包含这个时间范围里的所有用户的推帖。

为了创建一个简单的示例，我们考虑时间区间 1..10 内的倒序时间戳。系统里有 3 个用户，即 TheRealMT、TheFakeMT 和 Olivia。如果行键把用户 ID 放在第一部分，行键如下所示（按照它们在 HBase 表里的存储顺序）：

```
Olivia1
Olivia2
Olivia5
Olivia7
Olivia9
TheFakeMT2
TheFakeMT3
TheFakeMT4
TheFakeMT5
TheFakeMT6
TheRealMT1
TheRealMT2
TheRealMT5
TheRealMT8
```

但是，如果你调换键的顺序，把倒序时间戳放在第一部分，行键排序变为：

```
1Olivia
1TheRealMT
2Olivia
2TheFakeMT
2TheRealMT
3TheFakeMT
4TheFakeMT
5Olivia
5TheFakeMT
5TheRealMT
6TheFakeMT
7Olivia
8TheRealMT
9Olivia
```

因为你不能再指定用户 ID 作为扫描器的起始键，获取任何用户的最新 n 条推帖现在都需要扫描整个时间范围。

现在回顾一下时间序列数据的例子，在那里你增加了一个 salt 数作为时间戳的前缀来构成行键。这样做可以在写入时把负载分布到多个 region 上。当查找特定时间区间的数据时，你只需要基于所有 salt 数扫描多个区间（salt 数的数量取决于 RegionServer 的数量）。这是一个利用信息的位置来获得跨 region 分布的经典例子。

提示　信息在行键里的位置和选择放入什么信息同等重要。

到现在为止，我们研究了 HBase 表设计的几个概念。你可能已经觉得信心百倍，准备开始搭建自己的应用系统了。或许你更想试试用关系型数据库表建模的知识作为镜子审视一下刚刚学到的知识。下一节会对这方面有所帮助。

4.6　从关系型到非关系型

为了搭建应用系统，你可能使用过关系型数据库系统，并且涉及模式设计。如果不是这样，并且你没有关系型数据库背景知识，请跳过本节。在进一步讨论之前，我们需要强调以下观点：从关系型数据库知识映射到 HBase 没有捷径，它们是不同的思考方式。

如果你发现自己正在从关系型数据库模式迁移到 HBase，我们第一个建议是不要迁移（除非绝对必须）。就像我们说过的，关系型数据库和 HBase 是不同的系统，它们拥有不同的设计特性，可以影响到应用系统的设计。从关系型数据库到 HBase 的草率迁移是一个陷阱。最好的结局是，你创建了一套复杂的 HBase 表来实现关系型模式里很简单的东西。最坏的结局是，你失去了浸淫在关系型系统中重要而巧妙的 ACID 保证。一旦一个应用系统是利用了关系型数据库提供的 ACID 保证搭建起来的，你最好另起炉灶，重新思考你的表，想想它们如何实现同样的功能。

迄今为止从关系型系统映射到非关系型系统并不是一个受到很多关注的主题。曾经有值得注意的研究生毕业论文[①]研究过这个主题。在这里我们打算做一些类比，尽量让学习过程简单一些。本节我们将把关系型数据库建模概念映射到 HBase 表建模所学习的东西上去。这些概念不一定是一对一的映射关系，这些概念正在发展，它们是在越来越多的人接受 NoSQL 系统的过程中被定义出来的。

4.6.1 一些基本概念

关系型数据库建模包括 3 个主要概念。

- 实体（entity）——映射到表（table）。
- 属性（attribute）——映射到列（column）。
- 联系（relationship）——映射到外键（foreign-key）。

这 3 个概念对应到 HBase 有些复杂。

1. 实体

表映射到表。这可能是从关系型数据库到 HBase 世界的最显而易见的映射。在关系型数据库和 HBase 中，实体的容器（container）是表，表中每行代表实体的一个实例。用户表中每行代表一个用户。这不是一个铁的规则，但这是一个好的起点。HBase 迫使你向规范化靠拢，因此关系型数据库中构成完整表的许多东西最终成为 HBase 中的某些东西。很快你就会明白我们的意思。

2. 属性

为了把属性映射到 HBase，必须区分两种（至少）属性类型。

- 识别属性（identifying attribute）——这种属性可以唯一地精确识别出实体的一个实例（也就是一行）。关系型表里，这种属性构成表的主键（primary key）。HBase 中，这种属性成为行键（rowkey）的一部分，如在本章前面看到的，这

---

① Ian Thomas Varley 的"No Relation: The Mixed Blessing of Non-Relational Databases"。

是设计 HBase 表时需要正确处理的最重要的事情。

一个实体经常是由多个属性识别出来的。这一点正好映射到关系型数据库里的复合键（compound keys）概念：例如，当你定义联系时。在 HBase 世界里，识别属性组成行键，如你在 `follows` 表的高表版本中看到的。把产生联系的用户的用户 ID 拼接起来构成行键。HBase 没有复合键的概念，所以两个识别属性都放进行键中。

使用定长值会让事情更轻松。变长值意味着你需要分隔符和在客户端代码中计算出构成键的可分解属性的拆解逻辑。定长还会让推导起始键和停止键变得更容易一些。就像在 `follows` 表所做的，获得定长值的一种办法是对单个属性进行散列运算。

注意　常见做法是使用多个属性，把它们作为行键的一部分，行键是字节数组 `byte[]`。记住，HBase 不关心数据类型。

- 非识别属性（non-identifying attribute）——非识别属性更容易映射。在 HBase 中它们基本映射到列限定符。对于本书前面建立的 `users` 表而言，非识别属性是诸如密码和电子邮件地址这些东西。这些属性不需要唯一性保证。

如本章前面解释的，HBase 中每个键值对拥有全套坐标：行键、列族、列限定符和时间版本。如果你的关系型数据库表有宽行（数十或数百列），可能不希望把每一列在 HBase 中也存储为一列（尤其是在大部分操作是一次处理一整行的情况下）。相反，你会把一行中的所有值序列化成单个二进制数据，存储为单个单元的值。这样硬盘占用会少很多，但是这种做法有负面影响：原来行中各列的值现在是不透明的，不能使用 HBase 表提供的坐标体系直接定位到原来的列。当存储空间（硬盘和网络 IO）更为重要并且访问模式总是读取整行时，这种做法是合理的。

3. 联系

逻辑关系模型使用两种主要联系：一对多和多对多。在关系型数据库中，把前者直接建模为外键（foreign key）（无论是数据库显式实现为约束，还是隐式实现为查询里的联结），把后者建模为连接表（junction table）（一种附加表，其中每行代表两个主表之间的一个联系实例）。在 HBase 中没有这些联系的直接映射，经常归结为数据反规范化处理。

需要注意的第一件事情是，HBase 没有内建的联结（join）或约束（constrain），几乎不使用显式联系。你很容易把一对多性质的数据放进 HBase 表里：一张表存储用户，另一张表存储他们的推帖。但只是前表行里的某些部分和后表行键的某些部分正好有关联。HBase 不知道这种联系，所以需要你的应用来处理这种联系（如果有的话）。如同前面提到的，如果某个作业打算返回你关注的所有用户的所有推帖，在 HBase 中你不能使用一个联结或子查询做到这一点。在 SQL 里，可以这样做：

```
SELECT * FROM twit WHERE user_id IN
(SELECT user_id from followees WHERE follower = me)
ORDER BY date DESC limit 10;
```

相反，在 HBase 中，你需要在系统外面写代码，先遍历所有被关注用户，然后对每个用户分别执行 HBase 查表操作来找到他们的最新推帖（或者如同前面介绍的，采用反规范化处理思路，为每个粉丝建立推帖副本）。

就像你看到的，除了通过外部应用实现的隐式联系外，在 HBase 中没有办法真正联结不同数据记录。至少到现在还没有办法！

4.6.2 嵌套实体

HBase 一个引人瞩目的特别之处在于，列（也叫做列限定符）不需要在设计时预先定义。它们可以是任何东西。在之前例子中，`follows` 表的早期版本里每个用户有一行，每个被关注对象有一列（先是用整数计数器作为列限定符，然后是用被关注用户名字作为列限定符）。这代表了在一个父实体或主实体的行里嵌套另一个实体的能力（见图 4-14），注意这还远不是一个灵活的模式行（flexible schema row）。

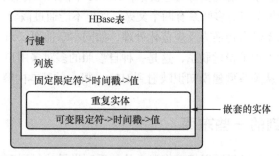

图 4-14 HBase 表里的嵌套实体

嵌套的实体是从关系型映射到非关系型的又一个工具：如果你的表以父子、主从或其他严格的一对多联系存在，在 HBase 中就可以用一个单行来建模。行键相当于父实体。嵌套的值将包含子实体，在这里每个子实体得到一个包含识别属性的列限定符，以及包含其他非识别属性的值（例如，拼接在一起）。子实体的记录存储为单个列（见图 4-15）。

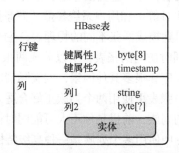

图 4-15 HBase 表可以包含常规列，也可以包含嵌套实体

在这种模式下有一个附加的好处，因为在 HBase 中行是事务保护的边界，所以你在父子记录上可以得到事务保护。因此你可以执行 check 和 put 操作，一般来说可以确保你的所有修改被封装在一起，要么一起提交要么一起失败。由于 HBase 列的设计方式，你可以运用 HBase 的灵活性写入嵌套实体。但 HBase 不一定能够存储嵌套的实体。

当然这种技术有一些局限性。第一，这种技术只能嵌套一层：嵌套实体自身不能再有嵌套实体。你仍然可以在一个父实体下有多个不同的嵌套子实体，用识别属性作为列限定符。

第二，如同本章前面学习的，与访问另一张表的一行相比，在一行里访问在嵌套列限定符下存储的单个值效率不高。

但是，有一些没有选择的场景，在这种场景中这种模式设计是恰当的。如果你得到子实体的唯一方法是通过父实体，并且你希望在一个父实体的所有子实体上有事务级保护，这种技术是最正确的选择。

至于多对多联系，情况变得有些复杂。HBase 不能帮助你做优化的联结或者类似的事情；而且因为每个多对多联系有两个父亲，你也不能通过嵌套一个实体的做法处理这种联系。这种联系经常转换为反规范化处理，如同本章前面 follows 表的例子里所做的。你反规范化处理了粉丝联系，这是一种自参照的多对多用户联系。

上述这些是从关系型建模知识映射到 HBase 概念的基本内容。

4.6.3　没有映射到的一些东西

到现在为止，你已经可以把一堆概念从关系型世界映射到 HBase。但我们还没有谈到列族。它在关系型世界里没有对应的概念！在 HBase 中列族在一行里包含不相干的许多列，它在物理上高效存储并且自动处理。关系型数据库不做这样的事情，除非你使用了像 Vertica 那样的列式数据库或者是商业关系型数据库的专用分析特性。

1. 列族

可以把列族理解为建模了另一种之前没有提到的联系：一对一联系，在这种联系中你有两张拥有相同主键的表，每个主键在每张表里有 0 或 1 个行。一个例子是用户个人信息（电子邮件地址、生日等）和用户系统参数（背景颜色、字体大小等）。在关系型数据库里通常把这些信息建模成两张不同的物理表，主要考虑是 SQL 语句几乎总是命中这张或那张表，很少同时访问两张表，所以分成两张表性能更好。（这在很大程度上取决于你在使用什么数据库和很多其他因素，但实际情况的确如此。）

而在 HBase 中，在一张表里使用两个列族正好合适。同样，之前讨论的嵌套实体联系可以轻松划分成不同的列族，前提是你不太可能同时访问两个列族。

一般来说，在 HBase 中使用多个列族是一种高级特性，只有当你确定知道这样做的代价时，你才应该使用多个列族。

2.（没有）索引

从关系型迁移到 HBase 的另一个常见问题是：索引怎么办？在关系型数据库中，很容易声明索引并且由数据库引擎自动维护，这种能力是关系型系统提供的最有吸引力且最有用的功能之一。在 HBase 中却找不到索引。直到现在，问题的答案是：很不幸，HBase 没有索引。

你可以通过反规范化处理数据和写入多张表来获得这个特性的一些近似方法，但是别搞错：当你选择 HBase 时，显然你在放弃一个温暖舒适的世界，在那里一个简单的 CREATE INDEX 语句就可以解决重大的性能问题。在 HBase 中，你不得不预先解决所有这些问题，在模式设计里考虑这些访问模式。

3．时间版本

在关系型数据库和非关系型数据库之间还有最后一个有趣的不同：时间维度。在关系型模式里，如果把时间戳显式存储在某个地方，许多情况下这可以归类为在 HBase 单元中使用的时间戳。注意，关系型系统时间戳只是数据类型 long，因此如果你需要的不仅仅是 64 位 long 类型的 UNIX 时代的时间戳，可以试试 HBase 的时间戳（UNIX 时间戳可能不适合在原子弹模拟中存储时间粒度）。

更大的好处是，你的应用系统现在可以考虑放弃在表里存储数据值历史版本的做法（在一种叫做历史表的关系型模式里，通常使用和主表相同的主键外加一个时间戳，来保存基于时间的行的副本）：欢呼吧！你可以扔掉那种愚蠢的做法了，代之以一个 HBase 实体，只需要在列族元数据里设定合理保存的时间版本数量就可以了。这种情况在 HBase 里大大得到简化。关系模型的原始架构设计里没有把时间看做关系模型的一个特殊维度，但是让我们在 HBase 中面对它：时间是一个维度。

我们希望你带着多年学习关系型数据库设计的知识转向 HBase 时感觉良好。如果你理解逻辑建模的基本原理，并且知道在 HBase 中可用的模式维度，你就有机会保持自己的设计意图。

4.7　列族高级配置

HBase 有几个高级特性，在设计表时可以使用。这些特性不一定联系到模式或行键设计，但是它们定义了表的行为的某些方面。本节我们会讨论这些配置参数，以及可以如何使用它们。

4.7.1　可配置的数据块大小

HFile 数据块大小可以在列族层次设置。这个数据块不同于之前谈到的 HDFS 数据块。其默认值是 65 536 字节，即 64 KB。数据块索引存储每个 HFile 数据块的起始键。

数据块大小配置会影响数据块索引的大小。数据块越小，索引越大，因而占用的内存空间越大。同时，因为加载进内存的数据块更小，随机查找性能更好。但是如果你需要更好的顺序扫描性能，那么一次能够加载更多 HFile 数据进入内存则更为合理，这意味着数据块大小应该设置为更大的值。相应地索引变小，你将在随机读性能上付出代价。

你可以在表实例化时设置数据块大小，如下所示：

```
hbase(main):002:0> create 'mytable',
{NAME => 'colfam1', BLOCKSIZE => '65536'}
```

4.7.2　数据块缓存

把数据放进读缓存，但工作负载却经常不能从中获得性能提升。例如，如果一张表或表里的列族只被顺序扫描访问或者很少被访问，你不会介意 Get 或 Scan 花费时间是否有点儿长。在这种情况下，你可以选择关闭那些列族的缓存。如果只是执行很多顺序扫描，你会多次倒腾缓存，并且可能会滥用缓存把应该放进缓存获得性能提升的数据给排挤出去。关闭缓存不仅可以避免上述情况发生，而且可以让出更多缓存给其他表和同一表的其他列族使用。

数据块缓存默认是打开的。你可以在新建表或者更改表时关闭它：

```
hbase(main):002:0> create 'mytable',
{NAME => 'colfam1', BLOCKCACHE => 'false'}
```

4.7.3　激进缓存

你可以选择一些列族，赋予它们在数据块缓存里有更高的优先级（LRU 缓存）。如果你预期一个列族比另一个列族的随机读更多，这个特性迟早用得上。这个配置也是在表实例化时设定：

```
hbase(main):002:0> create 'mytable',
{NAME => 'colfam1', IN_MEMORY => 'true'}
```

IN_MEMORY 参数的默认值是 false。因为 HBase 除了在数据块缓存里保存这个列族相比其他列族更激进之外并不提供额外的保证，所以该参数在实践中设置为 true 不会变化太大。

4.7.4　布隆过滤器

数据块索引提供了一种有效的方法，在访问一个特定的行时用来查找应该读取的 HFile 的数据块。但是它的效用很有限。HFile 数据块的默认大小是 64 KB，这个大小不能调整太多。

如果要查找一个短行，只在整个数据块的起始行键上建立索引是无法给你细粒度的索引信息的。例如，如果你的行占用 100 字节存储空间，一个 64 KB 的数据块包含(64×1024)/100 = 655.53 = ～700 行，而你只能把起始行放在索引位上。你要查找的行可能落在特定数据块的区间里，但也不是肯定在那个数据块上。这有多种可能的情况，或者该行在表里不存在，或者该行在另一个 HFile 里，甚至在 MemStore 里。在这些情况下，从硬盘读取数据块会带来 IO 开销，也会滥用数据块缓存。这会影响性能，尤其是当你面对一个巨大的数据集并且有很多并发读用户时。

布隆过滤器允许对存储在每个数据块的数据做一个反向测试。当某行被请求时，先检查布隆过滤器，看看该行是否不在这个数据块中。布隆过滤器要么确定回答该行不在，要么回答它不知道。这就是为什么称它是反向测试。布隆过滤器也可以应用到行中的单元上。当访问某列限定符时先使用同样的反向测试。

布隆过滤器也不是没有代价的。存储这个额外的索引层会占用额外的空间。布隆过滤器随着它们索引的对象数据增长而增长，所以行级布隆过滤器比列限定符级布隆过滤器占用空间要少。当空间不是问题时，它们可以帮助你"榨干"系统的性能潜力。

你可以在列族上启用布隆过滤器，如下所示：

```
hbase(main):007:0> create 'mytable',
{NAME => 'colfam1', BLOOMFILTER => 'ROWCOL'}
```

BLOOMFILTER 参数的默认值是 NONE。一个行级布隆过滤器用 ROW 启动，列限定符级布隆过滤器用 ROWCOL 启动。行级布隆过滤器在数据块里检查特定行键是否不存在，列限定符级布隆过滤器检查行和列限定符组合是否不存在。ROWCOL 布隆过滤器的开销高于 ROW 布隆过滤器。

4.7.5 生存时间（TTL）

应用系统经常需要从数据库里删除老数据。因为数据库很难超过某种规模，所以传统上数据库内置了许多灵活的处理办法。例如，在 TwitBase 里你不想删除用户在使用应用系统期间生成的任何推帖。这些都是用户生成的数据，将来某一天执行一些高级分析时可能有用。但是并不需要保持所有推帖都能实时访问。所以，早于某个时间的推帖可以归档存放到平面文件里。

HBase 可以让你在数秒内在列族级设置一个 TTL。早于指定 TTL 值的数据在下一次大合并时会被删除。如果你在同一单元上有多个时间版本，早于设定 TTL 的版本会被删除。你可以禁用 TTL，或者通过设置其值为 INT.MAX_VALUE (2147483647)让它永远启用（这是默认值）。你可以在建表时设置 TTL，如下所示：

```
hbase(main):002:0> create 'mytable', {NAME => 'colfam1', TTL => '18000'}
```

该命令在 colfam1 列族上设置 TTL 为 18 000 秒，即 5 小时。colfam1 中超过 5 小时的数据将会在下一次大合并时被删除。

4.7.6　压缩

　　HFile 可以被压缩并存放在 HDFS 上。这有助于节省硬盘 IO，但是读写数据时压缩和解压缩会抬高 CPU 利用率。压缩是表定义的一部分，可以在建表或模式改变时设定。我们推荐你启用表的压缩，除非你确定不会从压缩中受益。只有在数据不能被压缩或者因为某种原因服务器的 CPU 利用率有限制要求的情况下，有可能会禁用压缩特性。

　　HBase 可以使用多种压缩编码，包括 LZO、Snappy 和 GZIP。LZO 和 Snappy 是其中最流行的两种。Snappy 在 2011 年由 Google 发布，发布不久，Hadoop 和 HBase 项目就开始提供支持。在此之前，选择的是 LZO 编码。Hadoop 使用的 LZO 原生库受 GPLv2 版权控制，不能放在 Hadoop 和 HBase 的任何发行版里，必须单独安装。但是，Snappy 拥有 BSD 许可（BSD-licensed），所以更容易与 Hadoop 和 HBase 发行版捆绑在一起。LZO 和 Snappy 的压缩比例和压缩/解压缩速度差不多。

　　建表时，你可以在列族上启用压缩，如下所示：

```
hbase(main):002:0> create 'mytable',
{NAME => 'colfam1', COMPRESSION => 'SNAPPY'}
```

　　注意，数据只在硬盘上是压缩的，在内存里（MemStore 或 BlockCache）或通过网络传输时是没有压缩的。

　　改变压缩编码的做法不应该经常发生，但是如果的确需要改变某个列族的压缩编码，直接做就可以。你需要更改表定义，设定新的压缩编码。此后合并时，生成的 HFile 全部会采用新编码压缩。这个过程不需要创建新表和复制数据。但你要确保，直到改变编码后，所有旧的 HFile 被合并后才能从集群中删除旧的编码函数库。

4.7.7　单元时间版本

　　在默认情况下 HBase 每个单元维护 3 个时间版本。这个属性是可以设置的。如果只需要一个版本，推荐你在设置表时只维护一个版本。这样系统就不会保留你更新的单元的多个时间版本了。时间版本也是在列族级设置的，可以在表实例化时设定：

```
hbase(main):002:0> create 'mytable', {NAME => 'colfam1', VERSIONS => 1}
```

　　你可以在同一个 create 语句里为列族指定多个属性，如下所示：

```
hbase(main):002:0> create 'mytable',
                   {NAME => 'colfam1', VERSIONS => 1, TTL => '18000'}
```

　　你也可以指定列族存储的最少时间版本数，如下所示：

```
hbase(main):002:0> create 'mytable', {NAME => 'colfam1', VERSIONS => 5,
                                      MIN_VERSIONS => '1'}
```

在列族上同时设定 TTL 迟早也是有用的。如果当前存储的所有时间版本都早于 TTL，那么至少 MIN_VERSION 个最新版本会保留下来。这样确保在你做查询时所有数据早于 TTL 时还有结果返回。

4.8 过滤数据

到现在为止，你已了解到 HBase 拥有灵活的逻辑模式和简单的磁盘布局，它们允许应用系统的计算工作更接近硬盘和网络，并在这个层次上进行优化。设计有效的模式是使用 HBase 的一个方面，你已经掌握了一堆概念用来做到这一点。你可以设计行键，让访问的数据在硬盘上也存放在一起，以便读写操作时可以节省硬盘寻道时间。在读取数据时，你经常需要基于某种标准进行操作，你可以进一步优化数据访问。过滤器就是在这种情况下使用的一种强大的功能。

我们还没有谈到过滤器的真实使用场景，一般来说，调整表设计就可以优化访问模式的。但是，有时你已经把表设计调整得尽可能好了，也尽可能针对不同访问模式做了优化。当你仍然需要减少返回客户端的数据时，这就是考虑使用过滤器的时候了。有时过滤器也被称为下推判断器（push-down predicate），支持你把数据过滤标准从客户端下推到服务器（见图 4-16）。这些过滤逻辑在读操作时使用，对返回给客户端的数据有影响。这样可以通过减少网络传输的数据来节省网络 IO。但是数据仍然需要从硬盘读进 RegionServer，过滤器只是在 RegionServer 里发挥作用。因为你有可能在 HBase 表里存储了大量数据，所以网络 IO 的节省是有重要意义的，并且先读出全部数据送到客户端再过滤出有用的数据，这种做法开销很大。

HBase 提供了一个 API，你可以用它来实现定制过滤器。多个过滤器也可以捆绑在一起使用。可以在读过程最开始的地方，基于行键进行过滤处理。此后，也可以基于 HFile 读出的 KeyValues 进行过滤处理。过滤器必须实现 HBase JAR 包中的 Filter 接口，或者扩展一个实现了该接口的抽象类。我们推荐扩展 FilterBase 抽象类，这样你就不需要写样板代码。扩展其他类（如 CompareFilter 类）也是一个选择，同样可以正常工作。当读取一行时该接口有下面几个方法，可以在多个地方调用（顺序如图 4-17 所示）。它们总是按照下面描述的顺序来执行。

（1）这个方法第一个被调用，基于行键执行过滤：

```
boolean filterRowKey(byte[] buffer, int offset, int length)
```

基于这里的逻辑，如果行需要被过滤掉（不出现在发送结果集合里）返回 true；否则，如果需要发送给客户端则返回 false。

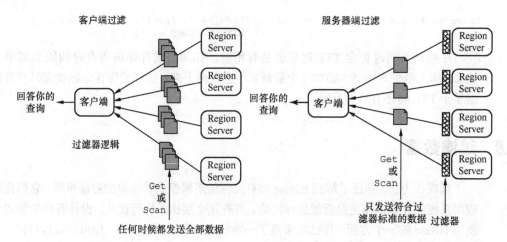

图 4-16　在客户端完成数据过滤，即从 RegionServer 把数据读取到客户端，在客户端使用过滤器
　　　　逻辑处理数据；或者在服务器端完成数据过滤，即把过滤逻辑下推到 RegionServer，因
　　　　此减少了在网络上传输到客户端的数据量。实质上过滤器可以节省网络 IO 的开销，
　　　　有时甚至是硬盘 IO 的开销

　　（2）如果该行没有在上一步被过滤掉，接着调用这个方法处理当前行的每个
　　　　KeyValue 对象：

```
ReturnCode filterKeyValue(KeyValue v)
```

　　　　这个方法返回一个 ReturnCode，这是在 Filter 接口中定义的一个枚举（enum）
类型。返回的 ReturnCode 用于判断该 KeyValue 对象将要发生什么。
　　　　（3）在第 2 步过滤 KeyValues 对象后，接着是这个方法：

```
void filterRow(List<KeyValue> kvs)
```

　　　　这个方法被传入成功通过过滤的 KeyValue 对象列表。倘若这个方法访问到这个列
表，此时你可以在列表里的元素上执行任何转换或运算。
　　　　（4）如果你选择过滤掉某些行，此时这个方法再一次提供了这么做的机会：

```
boolean filterRow()
```

　　　　返回 true 将过滤掉正在计算的行。
　　　　（5）可以在过滤器里构建逻辑来提早停止一次扫描。你可以把该逻辑放进这个
　　　　方法：

```
boolean filterAllRemaining()
```

　　　　当扫描很多行，在行键、列限定符或单元值里查找指定东西时，一旦找到目标，
你就不再关心剩下的行了。此时使用这个方法很方便。这是过滤流程中最后调用的

方法。

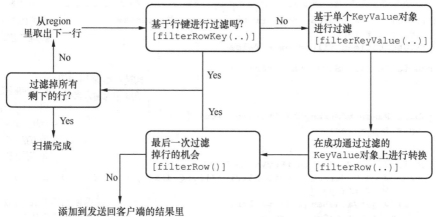

图 4-17　过滤流程的各个步骤。扫描器对象扫描某个范围里的每行都会执行这个流程

另一个有用的方法是 reset()。它会重置过滤器，在被应用到整行后由服务器调用。

注意　这个 API 很强大，但是我们不觉得应该在应用系统里大量使用。许多情况下，如果模式
　　　设计改变了，使用过滤器的需求也会改变。

4.8.1　实现一个过滤器

在一直搭建的 TwitBase 里，随着应用系统变得成熟和获得更多用户，你意识到，
对于新用户，使用的密码长度策略不足以保证密码安全，需要实施一种新的密码策略，
虽然很简单：现在 TwitBase 要求所有用户的密码长度至少大于 4 个字符。这个新策略
新老用户同样适用。为了对老用户实施这个密码策略，你需要检查用户的整个列表，
检查他们的密码长度。如果密码长度少于 4 个字符，密码将会失效，你将会发送通知
给用户，告知他们新的密码策略，并且告知他们需要采取的行动：重置为至少 6 个字
符长的密码。

你可以使用一个检查单元值长度的定制过滤器来实现这一点。这个过滤器可以被应
用到一次扫描里（或是一个 MapReduce 作业），其输出只包括需要给其发送密码更改通
知的用户。其输出内容包括用户名、用户 ID 和电子邮件地址。你可以执行一次扫描来
实现它，也可以轻易把扫描转换为一个 MapReduce 作业。

你需要构建的过滤器只关心密码的单元值，不关心其他，这个过滤逻辑适合采用
filterKeyValue(..) 方法，使用该方法检查密码的列。如果密码长度低于最小要求，
该行被收入到结果集合里；否则该行被过滤掉。该行的收入/过滤操作由 filterRow()
方法完成，如代码清单 4-1 所示。

代码清单 4-1　实现一个定制过滤器来检查密码长度

```
public class PasswordStrengthFilter extends FilterBase {          扩展 FilterBase 抽
  private int len;                                                象类的定制过滤器
  private boolean filterRow = false;

  public PasswordStrengthFilter() {
    super();                                            构造函数采用密码
  }                                                     长度作为输入参数      检查密码长度:如果密
  public PasswordStrengthFilter(int len) {                                   码长度大于最小要求
    this.len = len;                                                          长度,该行被过滤掉,
  }                                                                          该方法把 filterRow
  public ReturnCode filterKeyValue(KeyValue v) {                             布尔变量设置为 true
    if (Bytes.toString(v.getQualifier()).equals(Bytes.toString(UsersDAO.
        PASS_COL))) {
      if(v.getValueLength() >= len)                     在返回给客户端的数
        this.filterRow = true;                          据集里排除密码列
      return ReturnCode.SKIP;
    }
    return ReturnCode.INCLUDE;
  }                                                     告知该行是否
  public boolean filterRow() {                          要被过滤掉
    return this.filterRow;
  }                                                     在过滤器被应用到给定
  public void reset() {                                 行后,重置过滤器的状态
    this.filterRow = false;
  }
  // Other methods that need implementation. See source code.
}
```

　　为了安装定制过滤器,必须先把它们编译为 JAR 包,然后放入 HBase 的类路径,以便在 RegionServer 启动时加载它们。对于一个运行中的系统,不得不重启集群。你刚编写的定制过滤器在 GitHub 项目里可以得到,在 HBaseIA.TwitBase.filters 包里,名字是 PasswordStrengthFilter。为了编译该 JAR,在项目的顶级目录下,执行下面命令:

```
mvn install
cp target/twitbase-1.0.0.jar /my/folder/
```

　　现在,编辑 $HBASE_HOME/conf 目录下的 hbase-env.sh 文件,把创建的 JAR 的路径放进类路径变量里。

```
export HBASE_CLASSPATH=/my/folder/twitbase-1.0.0.jar
```

重启 HBase 进程。

　　这个过滤器可以在一次扫描里使用,如下所示:

```
HTable t = new HTable(UsersDAO.TABLE_NAME);
Scan scan = new Scan();
scan.addColumn(UsersDAO.INFO_FAM, UsersDAO.PASS_COL);
scan.addColumn(UsersDAO.INFO_FAM, UsersDAO.NAME_COL);
scan.addColumn(UsersDAO.INFO_FAM, UsersDAO.EMAIL_COL);
Filter f = new PasswordStrengthFilter(4);
scan.setFilter(f);
```

这种用法会过滤掉所有密码长度大于等于 4 个字符的行，返回密码不符合最小长度要求的用户的名字和电子邮件。因为密码字段的 KeyValue 对象在过滤器里被排除了，它不会被返回。

这段代码在同一项目的 PasswordStrengthFilterExample 类里可以得到。为了运行这段代码，要执行下面的命令：

```
java -cp target/twitbase-1.0.0.jar \
HBaseIA.TwitBase.filters.PasswordStrengthFilterExample
```

4.8.2　预装过滤器

HBase 随机预装了很多过滤器，所以你可能不用自己去实现。为了获取预装过滤器的完整列表，我们建议你看看 javadocs。这里我们介绍一些较为常用的过滤器。

1.　行过滤器

行过滤器（RowFilter）是一种预装的比较过滤器，支持基于行键过滤数据。你可以执行精确匹配、子字符串匹配或正则表达式匹配，过滤掉不匹配的数据。为了实例化 RowFilter，需要提供比较操作符和希望比较的值。其构造函数如下所示：

```
public RowFilter(CompareOp rowCompareOp,
                WritableByteArrayComparable rowComparator)
```

比较操作符在 CompareOp 里指定，这是一个在 CompareFilter 抽象类里定义的enum 类型，可以选择下面的值。

- LESS——检查是否小于比较器里的值。
- LESS_OR_EQUAL——检查是否小于或等于比较器里的值。
- EQUAL——检查是否等于比较器里的值。
- NOT_EQUAL——检查是否不等于比较器里的值。
- GREATER_OR_EQUAL——检查是否大于或等于比较器里的值。
- GREATER——检查是否大于比较器里的值。
- NO_OP——默认返回 false，因此过滤掉所有东西。

比较器需要扩展 WritableByteArrayComparable 抽象类。可用的预装比较器类型有以下几种。

- BinaryComparator——使用 Bytes.compareTo()方法比较。

- BinaryPrefixComparator——使用 Bytes.compareTo() 方法，从左开始执行基于前缀的字节级比较。
- NullComparator——检查给定值是否为空。
- BitComparator——执行按位比较。
- RegexStringComparator——把传递的值与比较器实例化时提供的正则表达式比较。
- SubstringComparator——执行 contains() 方法，检查传递的值是否包含比较器提供的子字符串。

下面是如何使用行过滤器的一些例子：

```
                                              使用正则表达式比较行键
Filter myFilter = new RowFilter(CompareFilter.CompareOp.EQUAL,
                    new RegexStringComparator(".*foo"));          检查行键是
                                                                 否包含给定
Filter myFilter = new RowFilter(CompareFilter.CompareOp.EQUAL,   的子字符串
                    new SubstringComparator("foo"));

Filter myFilter = new RowFilter(CompareFilter.CompareOp.GREATER_OR_EQUAL,
                    new BinaryComparator("row10"));
                                              检查行键是否大于提供的值
```

2. 前缀过滤器

这是 RowFilter 的一种特例。它基于行键的前缀值进行过滤。它相当于给扫描构造函数 Scan(byte[] startRow, byte[] stopRow) 提供了一个停止键，只是你不需要自己计算停止键（stopRow）。如果考虑到字节数组的溢出问题，有时正确计算停止键还是有些复杂的，所以这个过滤器是有价值的。前缀过滤器（PrefixFilter）还没有智能到能直接跳到第一个匹配的起始键（startRow），所以务必提供起始键。但它计算停止键时足够智能，一旦发现不匹配前缀的第一个行键就会停止扫描。

使用前缀过滤器，如下所示：

```
                                              只返回以字母 a 开头的行
String prefix = "a";
Scan scan = new Scan(prefix.getBytes());
scan.setFilter(new PrefixFilter(prefix.getBytes()));
```

3. 限定符过滤器

限定符过滤器（QualifierFilter）是一种类似于行过滤器（RowFilter）的比较过滤器，不同之处是它用来匹配列限定符而不是行键。它使用与行过滤器相同的比较运算符和比较器类型。还有一个匹配列族名的过滤器，但它不像限定符过滤器这么有趣。而且，你可以把 scan 或 get 运算限制到特定列族。

使用限定符过滤器，如下所示：

> 返回列限定符小于等于colqual20
> 的 KeyValue 对象

```
Filter myFilter = new QualifierFilter(CompareFilter.CompareOp.LESS_OR_EQUAL,
              new BinaryComparator(Bytes.toBytes("colqual20")));
```

与 scan 类似，你可以在 Get 对象上应用任何过滤器，但是不是所有过滤器都是合理的。

例如，基于行键过滤 Get 是没有意义的。但是，你可以在 Get 里使用限定符过滤器过滤出需要返回的列。

4. 值过滤器

值过滤器（ValueFilter）提供了与行过滤器或限定符过滤器一样的功能，只是针对的是单元值。使用这个过滤器可以过滤掉不符合设定标准的所有单元：

> 过滤掉单元值不是以 foo 开
> 头的列

```
Filter myFilter = new ValueFilter(CompareFilter.CompareOp.EQUAL,
              new BinaryPrefixComparator(Bytes.toBytes("foo")));
```

5. 时间戳过滤器

时间戳过滤器（TimestampsFilter）允许针对返回给客户端的时间版本进行更细粒度的控制。你可以提供一个应该返回的时间戳的列表，只有与时间戳匹配的单元才可以返回。

当做多行扫描或者单行检索时，如果你需要一个时间区间，可以在 Get 或 Scan 对象上使用 setTimeRange(..) 方法来实现这一点。另一方面，这种过滤器可以让你指定应该匹配的时间戳列表：

```
List<Long> timestamps = new ArrayList<Long>();
timestamps.add(100L);
timestamps.add(200L);
timestamps.add(300L);
Filter myFilter = new TimestampsFilter(timestamps);
```

> 只返回时间戳为 100、200
> 和 300 的单元

6. 过滤器列表

组合使用多个过滤器经常是很有用的。假设你想得到匹配某个正则表达式的所有行，但是你只对包含特定单词的单元感兴趣。这种情况下，你可以使用 FilterList（过滤器列表）对象组合多个过滤器，然后传递给扫描器。FilterList 类也实现了 Filter 接口，它可以用来创建组合多个过滤器的过滤逻辑。

你可以用两种模式配置过滤器列表，即 MUST_PASS_ALL 或 MUST_PASS_ONE。顾名思义，这两种模式分别意味着：成功通过所有过滤器则出现在最终结果列表里，或者只要成功通过一个过滤器则出现在最终结果列表里。

创建过滤器列表

```
List<Filter> myList = new ArrayList<Filter>();
myList.add(myTimestampFilter);
myList.add(myRowFilter);
FilterList myFilterList =
new FilterList(FilterList.Operator.MUST_PASS_ALL, myList);
myFilterList.addFilter(myQualiFilter);
```

实例化过滤器列表，并配置模式

把非原始列表成员的过滤器添加到过滤器列表里

这些过滤器按照 List 对象给出它们的顺序执行。所以，基于使用的列表对象的类型或者用特定顺序把过滤器插入列表，你可以进行更精密的控制。

Filtering API 是很强大的，它提供了一些特性，支持你优化硬盘寻道时间。这不仅节省网络 IO 而且节省硬盘 IO。如果想了解这个特性的用法，参见 ColumnPrefixFilter，这也是 HBase 的一个随机预装的过滤器。

4.9　小结

本章讨论了很多内容，我们很高兴你学完了，希望你一路上学到了一些东西。HBase 在很多方面提供了数据管理的一种新方式。无论在系统的功能方面还是在使用系统的最佳实践方面都是如此。运气好的话，你的视野已经在本章被拓宽了，你知道了在设计 HBase 表时需要考虑的因素，以及在你决定是否使用关系型系统时需要作出的权衡。我们总结一下本章的要点。

模式设计的出发点是问题，而不是关系。在为 HBase 做设计时，需要思考的是如何为一个问题有效地找到答案，而不是这个实体模型是否纯正。因为分布式事务妨碍了并发处理能力并且分布式联结受到网络 IO 的限制，你必须做出取舍。在 4.1.1 节里我们从不会问："为了高效存储数据应该如何建模？"相反，我们专注于有效回答查询问题。

模式设计永远不会结束。你必须先在纸上设计一些东西，然后放到一些场景下运行，看看什么地方会出问题。让你的模式逐步完善。反规范化处理的办法既是强大的朋友也是可怕的敌人。在读响应时间和写复杂性之间总有取舍。先使用一种假定的设计回答尽可能多的问题，然后再调整它来支持读写两种新访问模式。你的用户会感谢你的。

数据规模是第一本质性的因素。当在 HBase 或其他分布式系统上做构建时，合理分布工作负载总是一个需要解决的问题。设计这些系统是用来处理散布在整个集群上的巨大流量的。在集群中单一成员上的流量聚集（或称为热点）是灾难。因此，你必须在脑海里一直记住要均衡分布负载。HBase 有能力把均衡分布负载设计到模式里。请明智地运用这种能力。

　　每个维度都是一个提升性能的机会。HBase 在物理数据模型的多个维度上有多种索引。每个索引直接摆在你面前。这是便于控制的，但更是一个挑战。如果你没弄明白如何让系统性能表现最好，先退回去，看看是否有某一个索引你还没有用好。掌握 HBase 的内部工作机制之所以重要，很大一部分原因就是领会这些提升性能的机会。

　　记住，设计行键是你能做的唯一最重要的决定。请充分利用数据逻辑模型的灵活性。扫描操作（Scan）是你的朋友，但是你需要明智地使用它们，以正确的访问模式使用它们。并且记住，所有其他办法都失败的时候，你总是能求助于定制过滤器。

　　现在你掌握了在设计 HBase 表时需要的技巧，接下来的两章会讨论扩展 HBase，来增加一些你在应用系统里可能需要的有趣的功能。第 7 章和第 8 章将致力于研究如何使用 HBase 解决真实世界里的问题，你将学着练习使用本章讨论的一些技术。

第 5 章　使用协处理器扩展 HBase

本章涵盖的内容
- 协处理器以及如何有效使用协处理器
- 协处理器的类型：observer 和 endpoint
- 如何在你的集群中配置以及验证协处理器的安装

　　HBase 作为一个在线系统，你看到的关于它的一切都聚焦在数据访问上。在第 2 章介绍的 5 个命令专门用于读写数据。对于 HBase 集群，最消耗计算资源的操作发生在使用服务器端过滤器扫描（Scan）结果的时候。即便如此，这种计算还是专门针对数据访问的。你可以使用定制过滤器把应用逻辑推到集群上，但是过滤器被局限在单行的内容上。为了在 HBase 里执行数据上的计算，你被迫依靠 Hadoop MapReduce 或者依靠客户端代码来读取、修改和写回数据到 HBase。

　　HBase 协处理器作为 HBase 0.92.0 版本的一个特性增加引入到数据操作工具集里。随着协处理器的引入，我们可以把任意计算逻辑（arbitrary computation）推到托管数据的 HBase 节点上。这种代码跨所有 RegionServer 并行运行。这个特性把 HBase 集群从水平扩展存储系统转变为高效的、分布式的数据存储和数据处理系统。

警告　协处理器是 HBase 的一个全新特性，还没有在生产部署中测试过。它们和 HBase 内部机制的整合是非常侵略性的。可以把它们等同看做 Linux 内核模块或者关系型数据库里用 C 实现的存储过程。编写一个正确无误的 observer 协处理器是很复杂的，并且这样的协处理器在大规模运行时非常难于调试。这不像客户端的错误，一个出错的协处理器会让你的集群宕机。HBase 社区仍然在寻找如何有效使用协处理器的方法。[①]建议谨慎使用。

本章中，我们将介绍协处理器的两种类型，并且展示每种协处理器如何使用的例子。我们希望这能开阔你的思路，以便你在自己的应用系统里可以用到协处理器。天知道：也许将来发表博客帖子来介绍权威的协处理器例子的那个人就是你！请让你的例子比单词计数（WordCount）例子更有趣一些吧。

> **更多来自 Google 的灵感**
>
> 和 Hadoop 生态系统的其他大部分产品一样，协处理器也是因为 Google 而在开源社区中出现。HBase 协处理器的思路来源于 2009 年一次对话中展示的 2 张幻灯片 。对于许多水平扩展的、低延迟的运算，协处理器作为关键因素被引用到。这些运算包括机器翻译、全文检索和可扩展的元数据管理。

5.1 两种协处理器

协处理器有两种：observer 和 endpoint。每一种协处理器服务于不同的目标，并且按照自己的 API 来实现。observer 允许集群在正常的客户端操作过程中可以有不同的行为表现。endpoint 允许你扩展集群的能力，对客户端应用开放新的运算命令。

5.1.1 observer 协处理器

为了理解 observer 协处理器，先来了解一个请求的生命周期是有帮助的。一个请求从客户端开始，创建一个请求对象，在 HTableInterface 实现上调用合适的方法。例如，创建一个 Put 实例，调用 put()方法。HBase 客户端基于行键定位到应该接收该 Put 的 RegionServer，发起 RPC 调用。RegionServer 收到 Put，把它转交给合适的 region。该 region 处理这一请求，然后构造一个返回给客户端的回应。这个过程如图 5-1 所示。

observer 位于客户端和 HBase 之间，在这个过程发生时修改数据访问。你可以在每个 Get 命令后运行一个 observer，修改返回给客户端的结果。或者你可以在一个 Put 命令后运行一个 observer，在客户端写入 HBase 的数据存入硬盘之前执行操作。你可以把 observer 协处理器想象成关系型数据库里的触发器（trigger）或者面向方面编程（aspect-oriented programming）里的建议（advice）。多个 observer 可以同时被登记，它们按照优先级次序执行。CoprocessorHost 类代表 region 管理 observer 的登记和执行。一个 RegionServer 拦截一个 Put 命令的过程如图 5-2 所示。

---

① 这个 HBase 博客有一个关于协处理器的精彩概述，并且周期性地追加关于当前和未来工作的新的细节：Mingjie Lai, Eugene Koontz, and Andrew Purtell, "Coprocessor Introduction"。

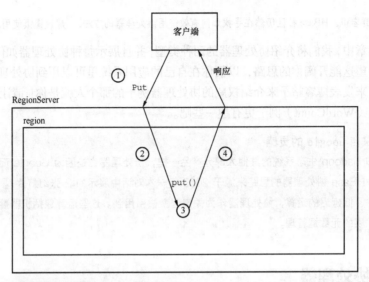

1 客户端发出Put请求。
2 该请求被分派到合适的RegionServer和region。
3 该region接收到put(),进行处理,并构造一个返回响应。
4 最终结果返回给客户端。

图 5-1 一个请求的生命周期。客户端发出的 Put 请求被分派,直接导致在某个 region 上调用 put()

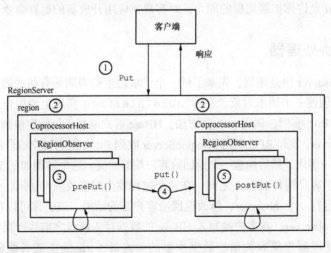

1 客户端发出Put请求。
2 该请求被分派给合适的RegionServer和region。
3 CoprocessorHost拦截该请求,然后在该表上登记的每个RegionObserver上调用prePut()。
4 如果没有被prePut()拦截,该请求继续送到region,然后进行正常处理。
5 region产生的结果再次被CoprocessorHost拦截。这次在每个登记的RegionObserver上调用postPut()。
6 假如没有postPut()拦截该响应,最终结果被返回给客户端。

图 5-2 自然情况下的 RegionObserver。region 不是直接调用 put(),而是一个接一个地调
用所有登记的 RegionObserver 上的 prePut() 和 postPut()。每次调用都有机会在
把响应返回给客户端之前修改或者中断这次运算

一句警告

请记住，协处理器运行在和 RegionServer 相同的进程空间里。这意味着协处理器的代码拥有服务器上 HBase 用户进程的全部权限，也意味着出错的协处理器有潜在可能使进程崩溃。此时此刻并没有隔离保证。你可以通过跟踪 JIRA 单子来关注解决这个潜在问题的工作。

从 HBase 0.92 版本开始，有以下 3 种 observer 可用。

- RegionObserver——这种 observer 钩在数据访问和操作阶段。所有标准的数据操作命令都可以被 pre-hooks 和 post-hooks 拦截。它也对 region 内部操作开放 pre-hooks 和 post-hooks，例如，刷写 MemStore 和拆分 region。RegionObserver 运行在 region 上，因此同一个 RegionServer 上可以运行多个 RegionObserver。可以通过模式更新或者配置 `hbase.coprocessor.region.classes` 属性来登记 RegionObserver。
- WALObserver——预写日志（write-ahead log）也支持 observer 协处理器。唯一可用的钩子是 pre-WAL 和 post-WAL 写事件。和 RegionObserver 不同，WALObserver 运行在 RegionServer 的环境里。可以通过模式更新或者配置 `hbase.coprocessor.wal.classes` 属性来登记 WALObserver。
- MasterObserver——为了钩住 DDL 事件，如表创建或模式修改，HBase 提供了 MasterObserver。例如，当主表被删除时你可以使用 `postDeleteTable()` 钩子来删除辅助索引。这种 observer 运行在 Master 节点上。可以通过配置 `hbase.coprocessor.master.classes` 属性登记 MasterObserver。

5.1.2　endpoint 协处理器

endpoint 是 HBase 的一种通用扩展。当 endpoint 安装在集群上时，它扩展了 HBase RPC 协议，对客户端应用开放了新方法。就像 observer 一样，endpoint 在 RegionServer 上执行，紧挨着你的数据。

endpoint 协处理器类似于其他数据库引擎中的存储过程。从客户端看，调用一个 endpoint 协处理器类似于调用其他 HBase 命令，只是其功能建立在定义协处理器的定制代码上。通常先创建请求对象，然后把它传给 `HtableInterface` 在集群上执行，最后收集结果。可以按照你编写的任意 Java 代码做任何事情。

最基本的是，endpoint 可以用来实现分散聚合算法（scatter-gather algorithm）。HBase 随机附带了一个聚合示例：实现求和和求平均数这样的简单聚合计算的一个 endpoint。`AggregateImplementation` 实例在托管数据的节点上计算得到部分结果，然后 `AggregationClient` 在客户端进程里计算得到最终结果。一个实际使用的聚合计算的例子如图 5-3 所示。

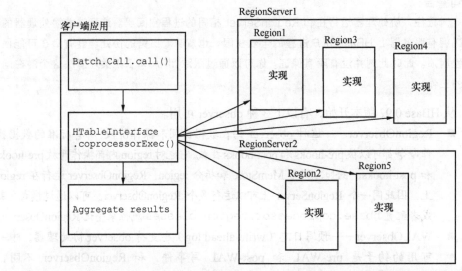

图 5-3　一个实际使用的 **endpoint** 协处理器。所有 **region** 部署了客户端使用的接口的一个实现。
　　　　Batch.Call 的实例封装方法调用，coprocessorExec() 方法处理分布式调用。在
　　　　每个请求完成以后，结果被返回给客户端，进行聚合处理

　　我们将展示给你如何实现这两种协处理器，以及演示在 HBase 安装中如何让这两种
实现生效。

5.2　实现一个 observer

　　你可以使用协处理器作为 TwitBase 的一个部分。回忆一下在上一章创建的
follows 关系表。我们不再手工维护 followedBy 表里的辅助索引，而是编写一个
observer 来维护这种关系。

5.2.1　修改模式

　　为了完成这个目标，你可以实现一个 RegionObserver，并且覆盖它的 postPut()
方法。在 postPut() 里，唯一有关的内容是客户端发送的 Put 实例。这意味着你需要
对上一章定义的 follows 和 followedBy 模式稍加修改。为什么呢？先让我们研究
一下 follows 和 followedBy 表的实体图，如图 5-4 所示。

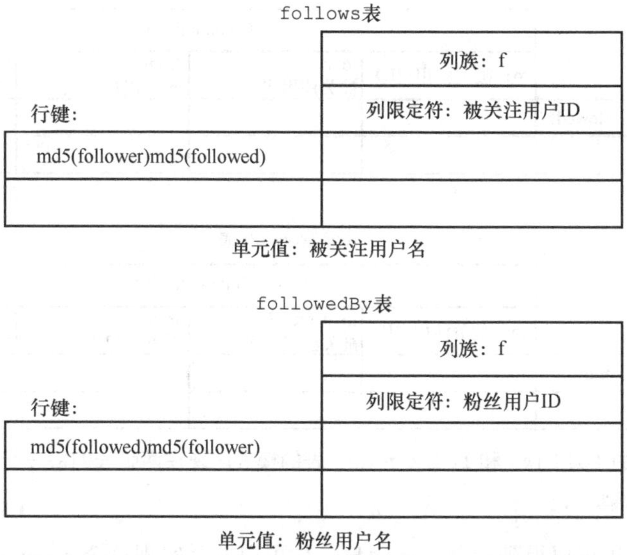

follows表

	列族: f
行键:	列限定符: 被关注用户ID
md5(follower)md5(followed)	

单元值: 被关注用户名

followedBy表

	列族: f
行键:	列限定符: 粉丝用户ID
md5(followed)md5(follower)	

单元值: 粉丝用户名

图 5-4 优化了存储空间和 IO 效率的 follows 和 followedBy 表的模式。follows 表存储了根据关注关系建立索引的一半关系实体,followedBy 表存储了根据被关注关系建立索引的另一半关系实体

使用者自慎

本例展示给你如何使用协处理器维护辅助索引。实战中,考虑到吞吐量因素我们不建议使用这种方式。更新辅助索引可能需要和托管在不同 RegionServer 上的 region 通信,这种通信会产生额外的网络压力,会影响集群性能。

也就是说,如果你的应用系统不需要最大化吞吐量,这种做法是一种卸下索引维护工作的简单、聪明的办法。在本例这样的情况下,你可以通过异步处理 postPut 操作,把它从关键的写过程中移开的处理办法来减少客户端延迟。然后你可以使用 MapReduce 作业来周期性地重建索引,捕获被忽视的记录。

往 follows 表里写入新纪录需要单元{id_followed:name_followed}。这是 observer 可以得到的包含在 Put 实例里的唯一信息。而往 followedBy 表里写入新纪录则需要单元{id_follower:name_follower}。observer 得不到关系的这个部分。为了实现这个 observer,写数据到 follows 表的单个 Put 实例必须包含完整的关系信息。

因为写入 follows 表的 Put 现在必须包含完整的关系实体,你可以把同样的关系实体存储到 followedBy 表里。这样两张表的每一行都存储了一个完整的关系实体。更新后的实体图如图 5-5 所示。

follows表

	Column family:f			
行键：	to：被关注用户ID	to_name: 被关注用户名	from: 粉丝用户ID	from_name: 粉丝用户名
md5(follower)md5(followed)				

followedBy表

	Column family:f			
行键：	to：被关注用户ID	to_name: 被关注用户名	from: 粉丝用户ID	from_name: 粉丝用户名
md5(followed)md5(follower)				

图 5-5 更新后的 follows 和 followedBy 表的模式。现在两张表的每一行都存储了一个完整的关系实体

在 Put 里可以得到全部关系信息，你可以着手实现这个 observer。

5.2.2 从 HBase 开始

你可以实现自己的 FollowsObserver 来维护这些关系。这样做需要扩展 BaseRegionObserver 类和覆盖 postPut()方法：

```
public class FollowsObserver extends BaseRegionObserver {

  @Override
  public void postPut(
    final ObserverContext<RegionCoprocessorEnvironment> e,
    final Put put,
    final WALEdit edit,
    final boolean writeToWAL)
  throws IOException {
  ... // implementation
  }
}
```

这个 FollowsObserver 跟踪 follows 表上的 Put，等待新的关注关系条目出现。当发现新条目时，它会构建这个关系的倒序并写回到 followedBy 表里。第一步是检测 Put 请求的内容是否正确。如下所示，检查进来的 Put 请求里使用的列族名：

```
if (!put.getFamilyMap().containsKey("follows"))
  return;
```

因为通过 HBase 的配置文件 hbase-site.xml 安装的协处理器被应用到所有的表上，所以这种检查是必需的。为了你的目标，你只需要在 follows 表上操作。下面的检查确认你不是在其他表上操作。通过检查 RegionCoprocessorEnvironment 对象，找出 observer 正在哪张表上执行。该对象保存了到 HRegion 的引用和有关的 HregionInfo：

```
byte[] table
  = e.getEnvironment().getRegion().getRegionInfo().getTableName();
if (!Bytes.equals(table, Bytes.toBytes("follows")))
  return;
```

> **尽早、尽快退出！**
>
> 如果这不是你感兴趣的 Put，务必马上返回。协处理器作为数据流的一部分在执行。这里花费的时间就是客户端等待响应的时间。

如果检测结果满足正确的条件，就该干活儿了。第二步是从进来的 Put 命令里取出相关组成部分。你将使用这些组成部分作为参数来创建倒序关系。为此，进入 Put 实例，使用 Put.get(byte[] family, byte[] qualifier)方法取出需要的参数。该方法返回匹配请求参数的一个 KeyValue 列表。因为 Put 只包含单元的一个时间版本，所以你知道第一个 KeyValue 是你感兴趣的：

```
KeyValue kv = put.get(Bytes.toBytes('f'), Bytes.toBytes("from")).get(0);
String from = Bytes.toString(kv.getValue());
kv = put.get(Bytes.toBytes('f'), Bytes.toBytes("to")).get(0);
String to = Bytes.toString(kv.getValue());
```

最后一步是把新关系写回到 HBase。你可以复用连接信息，在和初始相同的表上执行操作。记住，新行很可能托管在不同的 RegionServer 上，所以经常需要跨网络操作：

```
RelationsDAO relations = new RelationsDAO(pool);              倒序关系
relations.addFollowedBy(to, from);                        ◁
```

通常你不要像这里这样把客户端和服务器代码混合在一起。在这里你复用 RelationsDAO 来专注于增加一个被关注关系而不是构造一个 Put。

> **看起来好似递归**
>
> 本例中，你启动了一个新 HBase 客户端并访问集群——从集群内部访问！也就是说，follows 表上的一个客户端 Put 启动了其他表上的一个客户端 Put。一个草率实现的 observer 可能在其他表上启动另外一个客户端 Put，等等。这样的代码会给一个完全无辜的 HBase 集群带来大麻烦。本例中，通过检查关系的方向核实了基本情况。你在实现自己的 observer 时请留意这些细节。

使用 RelationsDAO 写回到 HBase 需要一个 HTablePool 实例。通过钩入协处理器的生命周期，你可以使用一个实例变量来管理该 HTablePool 实例。start()和 stop()方法为此而提供，尽管它们的文档很少：

```
@Override
public void start(CoprocessorEnvironment env) throws IOException {
  pool = new HTablePool(env.getConfiguration(), Integer.MAX_VALUE);
}

@Override
public void stop(CoprocessorEnvironment env) throws IOException {
  pool.close();
}
```

完整的 FollowsObserver 如代码清单 5-1 所示。

代码清单 5-1 FollowsObserver

```
package HBaseIA.TwitBase.coprocessors;         省略导入
// …                                              部分

public class FollowsObserver extends BaseRegionObserver {

  private HTablePool pool = null;

  @Override
  public void start(CoprocessorEnvironment env) throws IOException {
    pool = new HTablePool(env.getConfiguration(), Integer.MAX_VALUE);
  }

  @Override
  public void stop(CoprocessorEnvironment env) throws IOException {
    pool.close();
  }

  @Override
  public void postPut(
    final ObserverContext<RegionCoprocessorEnvironment> e,
    final Put put,
    final WALEdit edit,
    final boolean writeToWAL)
  throws IOException {
  byte[] table
    = e.getEnvironment().getRegion().getRegionInfo().getTableName();
  if (!Bytes.equals(table, FOLLOWS_TABLE_NAME))       这不是你
    return;                                             寻找的表

  KeyValue kv = put.get(RELATION_FAM, FROM).get(0);
  String from = Bytes.toString(kv.getValue());
  kv = put.get(RELATION_FAM, TO).get(0);
  String to = Bytes.toString(kv.getValue());

  RelationsDAO relations = new RelationsDAO(pool);
  relations.addFollowedBy(to, from);                   倒序关系
  }
}
```

5.2.3 安装 observer

该测试一下 FollowsObserver 了。安装 observer 协处理器有两种方法：变更表模式或者通过 hbase-site.xml 文件里的配置项。和配置文件安装方法不同，通过模式变更的安装方法可以不用重启 HBase，但还是需要让表临时下线。

让我们先来试试模式变更的安装方法。为了安装 FollowsObserver，你需要把它打包到 JAR 文件。按照之前的同样方式处理如下：

```
$ mvn package
...
[INFO] -------------------------------------------------------------
[INFO] BUILD SUCCESS
[INFO] -------------------------------------------------------------
...
```

现在打开 HBase Shell，并安装 observer：

```
$ hbase shell
HBase Shell; enter 'help<RETURN>' for list of supported commands.
Type "exit<RETURN>" to leave the HBase Shell
Version 0.92.0, r1231986, Mon Jan 16 13:16:35 UTC 2012

hbase(main):001:0> disable 'follows'
0 row(s) in 7.0560 seconds

hbase(main):002:0> alter 'follows', METHOD => 'table_att',
'coprocessor'=>'file:///Users/ndimiduk/repos/hbaseia-
twitbase/target/twitbase-1.0.0.jar
|HBaseIA.TwitBase.coprocessors.FollowsObserver|1001|'
Updating all regions with the new schema...
1/1 regions updated.
Done.
0 row(s) in 1.0770 seconds

hbase(main):003:0> enable 'follows'
0 row(s) in 2.0760 seconds
```

关闭该表会让它的所有 region 下线。这样可以使进程的类路径（classpath）得以更新，这是安装过程所需要的。alter 命令更新表模式，让它知道新的协处理器。这种在线安装方式只适用于 observer 协处理器。coprocessor 属性参数用 | 字符分隔。第一个参数是包含该协处理器实现的 JAR 包的路径，第二个参数是该协处理器实现的类，第三个参数是该协处理器的优先级。当你加载多个协处理器时，它们按照优先次序执行。对于任何给定的调用，前面的协处理器有机会中断执行链条，阻止后面的协处理器的执行。最后的参数，本例中被省略掉的，是传递给该协处理器实现的构造函数的一个参数列表。

如果一切正常，可以在 HBase Shell 中描述（describe）一下 follows 表，确认出现了新协处理器：

```
hbase(main):004:0> describe 'follows'
DESCRIPTION                                       ENABLED
{NAME => 'follows', coprocessor$1 => 'file:///U true
 sers/ndimiduk/repos/hbaseia-twitbase/target/twi
 tbase-1.0.0.jar|HBaseIA.TwitBase.coprocessors.F
 ollowsObserver|1001|', FAMILIES => [{NAME => 'f
 ', BLOOMFILTER => 'NONE', REPLICATION_SCOPE =>
 '0', VERSIONS => '1', COMPRESSION => 'NONE', MI
 N_VERSIONS => '0', TTL => '2147483647', BLOCKSI
 ZE => '65536', IN_MEMORY => 'false', BLOCKCACHE
  => 'true'}]}
1 row(s) in 0.0330 seconds
```

　　下一次当你往 `follows` 表里增加新记录时，FollowsObserver 协处理器会起作用，为你更新倒序索引。新插入一个关系来验证一下：

```
$ java -cp target/twitbase-1.0.0.jar \
  HBaseIA.TwitBase.RelationsTool follows TheRealMT SirDoyle
Successfully added relationship
$ java -cp target/twitbase-1.0.0.jar \
  HBaseIA.TwitBase.RelationsTool list follows TheRealMT
<Relation: TheRealMT -> SirDoyle>
$ java -cp target/twitbase-1.0.0.jar \
  HBaseIA.TwitBase.RelationsTool list followedBy SirDoyle
<Relation: SirDoyle <- TheRealMT>
```

> **吹毛求疵！**
>
> 　　在往一张表模式里安装协处理器时，请小心。协处理器的品质直到运行时才能得到验证。HBase 不会发现任何错误，如多余的空格或者无效的 JAR 路径。直到下一次客户端操作而 observer 不能工作时你才会知道安装失败。我们建议在假定一切就绪之前你应该实际测试一下协处理器的部署。

　　本例中，你是从本地文件系统上的路径安装协处理器 JAR 包的。如果你的集群使用像 Chef 或者 Puppet 这样的工具来管理，这种安装可能很简单。HBase 也可以从 HDFS 加载 JAR 包。实践中，使用 HDFS 部署模式比复制应用 JAR 包到每个节点要容易得多。

5.2.4　其他安装选项

　　observer 协处理器也可以通过配置文件方式进行安装。这种安装方式需要在 HBase 类路径里可以找到 observer 类。本例中，observer 在所有表上登记，所以你必须小心，只在预期环境里执行拦截操作。配置文件安装方式是 MasterObserver 协处理器登记实例的主要方式。

> **小秘密**
>
> 　　当你在 HBase Shell 里描述一张表时，通过 hbase-site.xml 文件登记的协处理器不会像前面的例子那样显示出来。验证这种 observer 是否已登记的唯一办法是使用它，最好通过某种自动的部署后测试操作。不要说我们没有提醒你。

　　如果你需要登记两个 MasterObserver 协处理器，你可以通过在 hbase-site.xml 文件里添加下面属性来实现：

```
<property>
  <name>hbase.coprocessor.master.classes</name>
  <value>foo.TableCreationObserver,foo.RegionMoverObserver</value>
</property>
```

这段配置信息把 `TableCreationObserver` 类登记为 observer 最高优先级,接下来是 `RegionMoverObserver`。

5.3　实现一个 endpoint

跟踪使用 TwitBase 的人们之间的关系,对于维持他们的社会网络是很重要的。我们希望人们之间这种数字世界的连通性可以促进真实世界里人们之间的关系。但实际上,跟踪这些关系的最适当的原因可能是想看看你的粉丝是否比其他人更多。比如,一个 TwitBase 用户想准确知道他现在有多少粉丝。这种情况下,让用户等着完成一次 MapReduce 作业是不能接受的。甚至在一次标准扫描中所有数据在网络上传输的压力也是不能接受的。你将使用 endpoint 协处理器为 TwitBase 建立这种特性。

对于一个个人用户,你可以使用扫描来实现所需的粉丝计数功能。这样做是非常简单的。先定义扫描范围,然后对结果进行计数:

```
final byte[] startKey = Md5Utils.md5sum(user);          ◁──── 构造起始键
final byte[] endKey = Arrays.copyOf(startKey, startKey.length);   ……
endKey[endKey.length-1]++;                    ◁──── ……和结束键
Scan scan = new Scan(startKey, endKey);
scan.setMaxVersions(1);        ◁──── 限制返回的
                                    KeyValue
long sum = 0;
ResultScanner rs = followed.getScanner(scan);
for(Result r : rs) {
  sum++;              ◁──── 统计结果
}
```

这种扫描方式工作得很好。为什么你要让这件事情变得更复杂呢? 可能是毫秒必争吧。这种扫描可能是你使用应用系统的关键途径。每个返回的结果 (`Result`) 在网络上占用数个字节——即使你省略了所有数据,你仍然需要传输行键。通过把这种扫描实现为 endpoint,可以把所有数据留在 HBase 节点上。在网络上传输的唯一数据就是加总后的值。

5.3.1　为 endpoint 定义接口

为了把粉丝计数器实现为一个 endpoint,可以从一个新接口开始。该接口建立扩展 RPC 协议的合约,并且它在客户端和服务器两边必须匹配。

```
public interface RelationCountProtocol extends CoprocessorProtocol {
  public long followedByCount(String userId) throws IOException;
}
```

这里定义了 `RelationCountProtocol`,它开放了一个 `followedByCount()` 方法。这是在客户端和服务器上面编写代码的基石。让我们从服务器开始。

5.3.2　实现 endpoint 服务器

在 region 里创建一个扫描器不同于客户端 API 的做法。这种扫描在执行扫描的机器上读取数据，这和通过客户端 API 执行的扫描不同。这种对象称为 InternalScanner。InternalScanner 和客户端 API 里的 Scanner 在概念上是相同的。区别在于它们驻留在 RegionServer 上，并且直接访问存储和缓存层。记住，实现 endpoint 就是直接在 RegionServer 上编程。

如下所示，创建一个 InternalScanner 实例：

```
byte[] startkey = Md5Utils.md5sum(userId);
Scan scan = new Scan(startkey);
scan.setFilter(new PrefixFilter(startkey));
scan.addColumn(Bytes.toBytes('f'), Bytes.toBytes("from"));
scan.setMaxVersions(1);

RegionCoprocessorEnvironment env
  = (RegionCoprocessorEnvironment)getEnvironment();
InternalScanner scanner = env.getRegion().getScanner(scan);
```

运行协处理器的 region 有特定的 InternalScanner。可以通过调用环境提供的 getRegion()辅助方法得到那个 region。该环境可以通过 BaseEndpointCoprocessor 类里的 getEnvironment()方法得到。在这种情况下，你使用的是本地缓存，而不是跨网络复制数据。这样速度快得多，但是这种接口还是有些不同。如下所示，读取扫描结果：

```
long sum = 0;
List<KeyValue> results = new ArrayList<KeyValue>();
boolean hasMore = false;
do {
  hasMore = scanner.next(results);
  sum += results.size();
  results.clear();
} while (hasMore);
scanner.close();
return sum;
```

> **do-while 循环，不是 while 循环**
>
> 遗憾的是，InternalScanner 没有实现常见的 java.util.Iterator 接口。为了确保你接收到所有的结果，使用了这里看到的 do-while 循环，而不是标准的 while 循环。另一种处理方式是在循环里复制下面逻辑：一旦读到第一页，再使用通常的 while 循环形式。这种循环形式在 C 程序里更为常见。

InternalScanner 返回的 results 结果是原始的 KeyValue 对象。这和客户端 API 里的扫描器有明显的不同。客户端 API 里的扫描器返回代表整行的 Result 实例。而 `InternalScanner` 遍历对应单个单元的 `KeyValue` 实例。通过谨慎地限制扫描返回的数据，你可以保证一个 `KeyValue` 能够代表预期结果集里的一行。它也限制了必须从硬盘读出的数据量。

把这些放在一起，完整的 `RelationCountImpl` 如代码清单 5-2 所示。

代码清单 5-2　RelationCountImpl.java：实现 endpoint 的服务器部分

```
package HBaseIA.TwitBase.coprocessors;               省略导
//…                                                  入部分

public class RelationCountImpl
  extends BaseEndpointCoprocessor implements RelationCountProtocol {

  @Override
  public long followedByCount(String userId) throws IOException {
    byte[] startkey = Md5Utils.md5sum(userId);
    Scan scan = new Scan(startkey);
    scan.setFilter(new PrefixFilter(startkey));
    scan.addColumn(RELATION_FAM, FROM);
    scan.setMaxVersions(1);

    RegionCoprocessorEnvironment env
      = (RegionCoprocessorEnvironment)getEnvironment();       打开本地
    InternalScanner scanner = env.getRegion().getScanner(scan);   扫描器

    long sum = 0;
    List<KeyValue> results = new ArrayList<KeyValue>();
    boolean hasMore = false;
    do {
      hasMore = scanner.next(results);                  遍历扫
      sum += results.size();                            描结果
      results.clear();
    } while (hasMore);            不要忘了在两次循
    scanner.close();             环之间清空本地结
    return sum;                  果缓存
  }
}
```

5.3.3　实现 endpoint 客户端

随着定制 endpoint 的服务器部分完成，该构建它的客户端部分了。你可以把这部分代码放进之前建立的 `RelationsDAO` 里。服务器部分需要传入 `userId` 来进行查询，根据接口的定义这是很清楚的。但是这张表仍然需要知道行键的范围，协处理器会基于这个范围被调用。这个范围会被转换成需要调用协处理器的一组 region，这个范围在客户端被计算出来。在转换得到这组 region 后，这部分代码就和客户端的扫描器范围计算是相同的了：

构造起始键 ……

```
final byte[] startKey = Md5Utils.md5sum(userId);
final byte[] endKey = Arrays.copyOf(startKey, startKey.length);
endKey[endKey.length-1]++;
```

……和结束键

有趣的地方在于聚合结果。执行 endpoint 是一个三部曲。第一步是定义 Call 对象。这个实例完成调用特定 endpoint 的工作，RelationCountProtocol 的细节完全被包含在里面。你可以定义一个匿名的内联 Call 实例：

```
Batch.Call<RelationCountProtocol, Long> callable =
  new Batch.Call<RelationCountProtocol, Long>() {
    @Override
    public Long call(RelationCountProtocol instance)
        throws IOException {
      return instance.followedByCount(userId);
    }
};
```

第二步是调用 endpoint。这可以从 HTableInterface 直接调用：

```
HTableInterface followers = pool.getTable(TABLE_NAME);
Map<byte[], Long> results =
  followers.coprocessorExec(
    RelationCountProtocol.class,
    startKey,
    endKey,
    callable);
```

当客户端代码执行 coprocessorExec() 方法时，HBase 客户端基于起始键（startKey）和结束键（endKey）把调用发送给合适的 RegionServer。在这种情况下，按照 region 的分配情况拆分扫描范围，只把调用发送给相关的节点。

执行 endpoint 的最后一步是聚合结果。客户端从每个被调用的 RegionServer 上接收响应信息，并且加总结果。如下所示，基于<region 名字，值>的数据对执行循环，并加总结果：

```
long sum = 0;
for(Map.Entry<byte[], Long> e : results.entrySet()) {
  sum += e.getValue().longValue();
}
```

这样你就有了一个简单的分散聚合计算方法。对于本例而言，由于使用的数据量很少，客户端扫描和在 endpoint 里实现的扫描执行速度差不多快。但是客户端扫描消耗的网络 IO 会随着扫描的行数增长而线性增长。当扫描被推到 endpoint 上时，你不必把扫描结果返回给客户端（只返回计算处理后的值），从而节省了网络 IO。另一件事情是，endpoint 协处理器在所有包含相关行的 region 上并行执行。而客户端扫描很可能是一个单线程扫描。把它变成多线程和跨 region 分布会带来管理分布式应用系统的复杂性，我们前面讨论过这一点。

从长期来看,把扫描下推到带有 endpoint 的 RegionServer 会带来一些部署的复杂性,但是其执行速度比传统的客户端扫描要快得多。

完整的客户端代码如代码清单 5-3 所示。

代码清单 5-3　endpoint 的客户端部分;从 RelationsDAO.java 里节选的片段

```
public long followedByCount (final String userId) throws Throwable {
  HTableInterface followed = pool.getTable(FOLLOWED_TABLE_NAME);        构造起始
                                                                        键……
  final byte[] startKey = Md5Utils.md5sum(userId);
  final byte[] endKey = Arrays.copyOf(startKey, startKey.length);       ……和
  endKey[endKey.length-1]++;                                            结束键

  Batch.Call<RelationCountProtocol, Long> callable =
    new Batch.Call<RelationCountProtocol, Long>() {
      @Override
      public Long call(RelationCountProtocol instance)                  第 1 步:定义
          throws IOException {                                          Call 实例
        return instance.followedByCount(userId);
      }
  };
  Map<byte[], Long> results =
    followed.coprocessorExec(                                           第 2 步:调用
      RelationCountProtocol.class,                                      endpoint
      startKey,
      endKey,
      callable);

  long sum = 0;
  for(Map.Entry<byte[], Long> e : results.entrySet()) {
    sum += e.getValue().longValue();
  }                                                                     第 3 步:聚合来自各个
  return sum;                                                           RegionServer 的结果
}
```

5.3.4　部署 endpoint 服务器

现在服务器部分准备好了,让我们开始部署它。endpoint 和 observer 的例子不同,它必须通过配置文件进行部署。你必须编辑两个文件,它们都在 $HBASE_HOME/conf 目录下可以找到。第一个是 hbase-site.xml。在 hbase.coprocessor.region. classes 属性里增加 RelationCountImpl:

```
<property>
  <name>hbase.coprocessor.region.classes</name>
  <value>HBaseIA.TwitBase.coprocessors.RelationCountImpl</value>
</property>
```

你还需要确保 HBase 能够发现这个新类。这意味着也要更新 hbase-env.sh 文件。在

HBase 类路径里增加你的应用 JAR 包：

```
export HBASE_CLASSPATH=/path/to/hbaseia-twitbase/target/twitbase-1.0.0.jar
```

5.3.5　试运行

能够正常工作吗？让我们试试看。先是重建代码，然后重启 HBase，以便新的配置信息生效。你已经存储了一个关系，再添加一个。你只需要定义一个方向的关系，你的 observer 已经被登记过，它会自动更新倒序关系的索引：

```
$ java -cp target/twitbase-1.0.0.jar \
  HBaseIA.TwitBase.RelationsTool follows GrandpaD SirDoyle
Successfully added relationship
```

现在验证这些关系是否准备就绪，试试你的 endpoint：

```
$ java -cp target/twitbase-1.0.0.jar \
  HBaseIA.TwitBase.RelationsTool list followedBy SirDoyle
<Relation: SirDoyle <- TheRealMT>
<Relation: SirDoyle <- GrandpaD>
$ java -cp target/twitbase-1.0.0.jar \
  HBaseIA.TwitBase.RelationsTool followedByCoproc SirDoyle
SirDoyle has 2 followers.
```

工作正常！不仅你的 observer 更新了关注关系的倒序关系，而且你能在创建记录的时间里快速得到粉丝数量。

5.4　小结

协处理器 API 为 HBase 提供了强大的扩展能力。observer 可以让你对数据处理过程进行精细的控制。endpoint 允许你在 HBase 里建立定制的 API。HBase 的协处理器特性还比较新，用户仍然在摸索如何使用这个特性。它们也不是用来取代精心设计的表模式。不过，协处理器是工具箱中一个灵活的工具，可以帮助你摆脱困境。探索协处理器强大威力的唯一方法是搭建一个应用系统！

第 6 章　其他的 HBase 客户端选择

本章涵盖的内容
- 创建 HBase Shell 脚本
- 使用 JRuby 进行 Shell 编程
- 使用 asynchbase
- 使用 REST 网关
- 使用 Thrift 网关

　　到目前为止，我们介绍的所有与 HBase 的交互都聚焦在使用 Java 客户端 API 和随 HBase 附带的函数库。Java 是 Hadoop 产品家族 DNA 的核心部分，不可轻易分开。Hadoop 是用 Java 编写的，HBase 是用 Java 编写的，原生的 HBase 客户端也是用 Java 编写的。这里有一个问题：你可能不用 Java。你可能不喜欢 JVM，但你仍然想使用 HBase。怎么办呢？ HBase 给你提供了其他不使用 Java 的客户端选择（基于 JVM 的和不基于 JVM 的）。

　　在本章中你会看到如何使用其他方式访问 HBase。每一节将介绍一种客户端，并演示一个使用这种客户端的小型的、功能齐全的应用。每个小应用使用不同类型的客户端与 HBase 通信。每一节采用同样的结构：先介绍内容，然后安装必要的支撑库，一步一步搭建应用，最后总结结果。每个应用彼此独立，所以你可以直接跳到你觉得有用的章节。本章没有介绍新的理论或者 HBase 的内部工作机制，只是介绍了基于非 Java 和非 JVM 语言使用 HBase 的简单诀窍。

　　本章从研究其他在线访问 HBase 的方式开始。首先你会看到如何通过 UNIX Shell 脚本从外部访问 HBase；接下来你会看到如何使用 JRuby 接口，HBase Shell 就是在 JRuby

上实现的；此后你将研究 asynchbase，它是专门为异步访问设计的另一种 Java 客户端库；最后按照承诺你会抛开 Java 和 JVM，探索 HBase 的 REST 和 Thrift 网关，在这里将分别使用 Curl 和 Python 语言。

6.1　在 UNIX 里使用 HBase Shell 脚本

对 HBase 编程的最简单办法是使用 HBase Shell 脚本。在前面的章节中已经简单介绍了如何使用 Shell。现在你可以使用那些知识来创建一个有用的工具。每种数据库安装都需要维护它的模式，HBase 也不例外。

在关系型世界里，模式迁移的管理是个头疼的问题。泛泛地说，这种头疼来自于两个方面。第一个是模式和应用的紧耦合关系。如果你打算为一个已有实体增加一个新属性，通常意味着在表里某个地方增加一个新列。当你做一个新产品时，尤其是在一个新公司里，快速迭代的方式对于应用的成功来说至关重要。但是，在使用关系型数据库时，增加一个新列需要改变模式。随着时间过去，你的数据库模式变成了初始设计加上每次增量变化的总和。主流关系型系统不适合管理这些变化，因此这些变化变成了软件工程的工作。一些关系型数据库随机附带了强大的工具来管理这些问题，但是很多数据库没有提供这种工具。这又给我们带来了第二个头疼的问题。

这些变化经常采用称作迁移（migration）的 SQL 脚本形式。因为每个脚本建立在上一个脚本的基础上，所以它们需要按顺序执行。对于一个长期的、成功的、数据驱动的应用系统，通常你会找到一个包含数十甚至数百个这种脚本文件的模式文件夹。每个脚本文件的名字以标志它在迁移序列里位次的数字开头。还有更复杂一些的迁移管理，但是它们根本上都是按照正确顺序执行这些迁移脚本的工具。

HBase 也有需要管理的模式。第一个问题对 HBase 来说是个小问题。在一个列族里，列不需要预先定义。在这种情况下，应用系统可以一点一点地改变，而不需要改变 HBase 模式。但是，如果增加一个新列族，或者改变已有列族的属性，或者增加一张新表，HBase 还是需要改变模式的。你可以为每次模式迁移创建一个定制的应用，但是这是很糟糕的做法。相反，你可以通过 HBase Shell 脚本编程来复制关系型系统使用的模式迁移管理计划。本节将介绍如何创建这些脚本。

你可以在 TwitBase 项目源代码里找到本节使用的完整的 init_twitbase.sh 脚本，参见 https://github.com/hbaseinaction/twitbase/blob/master/bin/init_twitbase.sh。

6.1.1　准备 HBase Shell

HBase Shell 作为 HBase 默认安装的一部分随机预装。它通过 $HBASE_HOME/bin/hbase 脚本来启动。根据你安装 HBase 的方式，这个脚本还可能在你的 $PATH 变量路径里。如同在第 1 章中看到的，启动 Shell 如下所示：

```
$ $HBASE_HOME/bin/hbase shell
```

你会进入 Shell 应用，并收到一条欢迎辞：

```
HBase Shell; enter 'help<RETURN>' for list of supported commands.
Type "exit<RETURN>" to leave the HBase Shell
Version 0.92.1, r1298924, Fri Mar  9 16:58:34 UTC 2012

hbase(main):001:0>
```

现在你已经核实了 Shell 应用，可以开始处理脚本编程了。

6.1.2　使用 UNIX Shell 脚本创建表模式

在前面学习 HBase 时，你还处在开发 TwitBase 应用系统的开始阶段。你为 TwitBase 做的第一件事情是使用 HBase Shell 创建一张 `users` 表。随着 TwitBase 扩展，你的模式也扩展了。不久又出现了 `Twits` 表和 `Followers` 表。这些表的所有管理代码都积累在 `InitTables` 类里。因为 Java 有些啰唆，并且需要为每次模式迁移创建一个定制的应用，对于模式管理而言 Java 不是一种方便的语言。让我们用 HBase Shell 命令重新构思这些代码。

在 `InitTables` 里创建表的代码的主体对于每张表而言看起来大部分是相同的：

```
System.out.println("Creating Twits table...");
HTableDescriptor desc = new HTableDescriptor(TwitsDAO.TABLE_NAME);
HColumnDescriptor c = new HColumnDescriptor(TwitsDAO.INFO_FAM);
c.setMaxVersions(1);
desc.addFamily(c);
admin.createTable(desc);
System.out.println("Twits table created.");
```

你可以使用 Shell 达到同样的效果：

```
hbase(main):001:0> create 'twits', {NAME => 't', VERSIONS => 1}
0 row(s) in 1.0500 seconds
```

> **关于 JRuby 的一点解释**
>
> 　　如果你熟悉 Ruby 编程语言，`create` 命令看起来特别像是一个函数调用。这就是函数调用。HBase Shell 是用 JRuby 实现的。本章后面我们会了解更多与 JRuby 的这种联系。

5 行 Java 代码被缩短为一行 Shell 命令？看起来不错。现在你可以取出 HBase Shell 命令，把它封装到一个 UNIX Shell 脚本里。注意，如果 `hbase` 命令不在你的 `$PATH` 变量路径里，命令行 `exec hbase shell` 可能会有些许不同。处理这件事情的最终脚本如代码清单 6-1 所示。

```
#!/bin/sh

exec $HBASE_HOME/bin/hbase shell <<EOF
create 'twits', {NAME => 't', VERSIONS => 1}
EOF
```

把其他表添加到脚本里很容易：

```
exec $HBASE_HOME/bin/hbase shell <<EOF
create 'twits', {NAME => 't', VERSIONS => 1}
create 'users', {NAME => 'info'}
create 'followes', {NAME => 'f', VERSIONS => 1}
create 'followedBy', {NAME => 'f', VERSIONS => 1}
EOF
```

至此，你已经把表和列族名字都从 Java 里转移出来了。在命令行上覆盖这些名字现在更容易了：

```
#!/bin/sh

TWITS_TABLE=${TWITS_TABLE-'twits'}
TWITS_FAM=${TWITS_FAM-'t'}

exec $HBASE_HOME/bin/hbase shell <<EOF
create '$TWITS_TABLE', {NAME => '$TWITS_FAM', VERSIONS => 1}
create 'users', {NAME => 'info'}
create 'followes', {NAME => 'f', VERSIONS => 1}
create 'followedBy', {NAME => 'f', VERSIONS => 1}
EOF
```

如果进一步更新脚本代码，从一个配置文件里读出那些常量，你就可以把整个模式定义从 Java 代码里移出来了。现在你可以在同一个 HBase 集群上轻松地测试基于不同表的 TwitBase 的不同版本。这种灵活性会大大简化把 TwitBase 推向生产系统的过程。完整的脚本如代码清单 6-1 所示。

代码清单 6-1　取代 InitTables.java 的 UNIX Shell 脚本

```
#!/bin/sh

HBASE_CLI="$HBASE_HOME/bin/hbase"                      ◄─── 找到 hbase
                                                           命令的位置
test -n "$HBASE_HOME" || {
  echo >&2 'HBASE_HOME not set. using hbase on $PATH'
  HBASE_CLI=$(which hbase)
}
                                                      ◄─── 确定表和列
TWITS_TABLE=${TWITS_TABLE-'twits'}                         族的名字
TWITS_FAM=${TWITS_FAM-'t'}
USERS_TABLE=${USERS_TABLE-'users'}
USERS_FAM=${USERS_FAM-'info'}
FOLLOWS_TABLE=${FOLLOWS_TABLE-'follows'}
FOLLOWS_FAM=${FOLLOWS_FAM-'f'}
FOLLOWEDBY_TABLE=${FOLLOWED_TABLE-'followedBy'}
FOLLOWEDBY_FAM=${FOLLOWED_FAM-'f'}
                                                      ◄─── 运行 Shell
exec "$HBASE_CLI" shell <<EOF                              命令
```

```
create '$TWITS_TABLE',
  {NAME => '$TWITS_FAM', VERSIONS => 1}

create '$USERS_TABLE',
  {NAME => '$USERS_FAM'}

create '$FOLLOWS_TABLE',
  {NAME => '$FOLLOWS_FAM', VERSIONS => 1}

create '$FOLLOWEDBY_TABLE',
  {NAME => '$FOLLOWEDBY_FAM', VERSIONS => 1}
EOF
```

这是一个入门，教你如何使用 HBase Shell 来创建让 HBase 部署中的管理任务变得轻松的脚本。HBase Shell 不是作为 HBase 的主要访问方式来使用的，这意味着不会基于 HBase Shell 搭建整个应用系统。HBase Shell 自身是一个在 JRuby 上创建的应用，接下来我们学习一下 JRuby。

6.2 使用 JRuby 进行 HBase Shell 编程

HBase Shell 提供了一个方便的交互环境，足以满足许多简单的管理任务。但是，对于更复杂的操作，它变得冗长乏味。如同我们在上一节提到的，HBase Shell 是用 JRuby[①] 实现的。其背后是一个很好的库，它把 HBase 客户端开放给了 JRuby。你可以在自己的脚本里使用这个库在 HBase 上创建更复杂的自动化操作。本例中，你将创建一个工具来访问 TwitBase 的 users 表，类似于你用 Java 编写的 UsersTool。这会让你体会从 JRuby 访问 HBase 的感受。

通过 JRuby 接口进行 HBase 编程从复杂性来说比 Shell 编程更进一步。如果你发现自己在编写复杂的 Shell 脚本，JRuby 应用可能是更好的方式。如果因为某种原因你需要使用 Ruby 的 C 实现而不是 JRuby（Ruby 的 Java 实现），你应该研究一下 Thrift。我们在本章后面会演示通过 Python 使用 Thrift，通过 Ruby 使用 Thrift 也是类似的。

你可以在 TwitBase 项目源代码里找到本节使用的完整的 TwitBase.jrb 脚本，参见 https://github.com/hbaseinaction/twitbase/blob/master/bin/TwitBase.jrb。

6.2.1 准备 HBase Shell

启动 JRuby 应用的最简单方式是通过已有的 HBase Shell。如果你还没有这样做，请按照上一节开始时的指导找到 Shell 命令的位置。

一旦找到 hbase 命令，你就可以把它作为自己脚本的解释器。因为 hbase 命令处理导入必需的库和实例化你需要的类，这是特别有用的。首先我们创建一个脚本来列出所有的表。这个脚本叫做 TwitBase.jrb：

---

① JRuby 是在 JVM 上实现的 Ruby 编程语言。更多内容参见 http://jruby.org/。

```
def list_tables()
  @hbase.admin(@formatter).list.each do |t|
    puts t
  end
end

list_tables
exit
```

变量 @hbase 和 @formatter 是 Shell 为你创建的两个实例。它们是你要使用的
JRuby API 的一部分。现在测试一下这段脚本：

```
$ $HBASE_HOME/bin/hbase shell ./TwitBase.jrb
followers
twits
users
```

一切就绪，让我们开始处理 TwitBase。

6.2.2   访问 TwitBase 的 users 表

为 Shell 编写代码的一个好处是很容易检验代码。启动 Shell，研究一下这种 API。
扫描 users 表需要该表的一个句柄和一个扫描器。先从获取句柄开始：

```
$ hbase shell
...
hbase(main):001:0> users_table = @hbase.table('users', @formatter)
=> #<Hbase::Table:0x57cae5b7 @table=...>>
```

下面为这张表创建一个扫描器。使用常规的散列来指定扫描器的选项。扫描器构造
函数在该散列里寻找几个指定的键，包括"STARTROW"、"STOPROW"和"COLUMNS"，
然后扫描所有用户，只返回他们的用户名、名字和电子邮件地址：

```
hbase(main):002:0> scan = {"COLUMNS" => ['info:user', 'info:name',
'info:email']}
=> {"COLUMNS"=>["info:user", "info:name", "info:email"]}
hbase(main):003:0> users_table.scan(scan)
=> {"GrandpaD"=>
    {"info:email"=>"timestamp=1338961216314, value=fyodor@brothers.net",
     "info:name"=>"timestamp=1338961216314, value=Fyodor Dostoyevsky",
     "info:user"=>"timestamp=1338961216314, value=GrandpaD"},
   "HMS_Surprise"=>
    {"info:email"=>"timestamp=1338961187869, value=aubrey@sea.com",
     "info:name"=>"timestamp=1338961187869, value=Patrick O'Brian",
     "info:user"=>"timestamp=1338961187869, value=HMS_Surprise"},
   "SirDoyle"=>
    {"info:email"=>"timestamp=1338961221470,
value=art@TheQueensMen.co.uk",
     "info:name"=>"timestamp=1338961221470, value=Sir Arthur Conan Doyle",
     "info:user"=>"timestamp=1338961221470, value=SirDoyle"},
   "TheRealMT"=>
    {"info:email"=>"timestamp=1338961231471, value=samuel@clemens.org",
     "info:name"=>"timestamp=1338961231471, value=Mark Twain",
     "info:user"=>"timestamp=1338961231471, value=TheRealMT"}}
```

现在你需要遍历扫描器生成的键值对。是开始创建这个脚本的时候了。

这个 API 里有一个稍微偏离主题的地方，`scan()` 的数据块版本把每个列浓缩进了 `"column=..., timestamp=..., value=..."` 格式的字符串里。需要从字符串里解析出你感兴趣的数据（限定符名字和值），然后积累到结果里：

```
scan = {"COLUMNS" => ['info:user', 'info:name', 'info:email']}
results = {}
users_table.scan(scan) do |row,col|
  unless results[row]
    results[row] = {}
  end                                              ← 解析 KeyValue
  m = /^.*info:(.*), t.*value=(.*)$/.match(col)       结果
  results[row][m[1]] = m[2] if m
end
```

使用正则表达式从扫描结果里只抽取出列限定符和单元值，然后把这些数据积累存放到结果散列里，最后一步是对结果进行格式化输出：

```
results.each do |row,vals|
  puts "<User %s, %s, %s>" % [vals['user'], vals['name'], vals['email']]
end
```

现在你有了完成这个例子需要的所有代码。把它们封装到 `main()` 函数，然后发布！最终的 `TwitBase.jrb` 脚本如代码清单 6-2 所示。

代码清单 6-2　TwitBase.jrb：进行 HBase Shell 编程

```
def list_users()
  users_table = @hbase.table('users', @formatter)        连接到表
  scan = {"COLUMNS" => ['info:user', 'info:name', 'info:email']}   扫描感兴
  results = {}                                                      趣的列
  users_table.scan(scan) do |row,col|                      ←
    results[row] ||= {}
    m = /^.*info:(.*), t.*value=(.*)$/.match(col)          ← 解析 KeyValue
    results[row][m[1]] = m[2] if m                           结果
  end

  results.each do |row,vals|                                              ←
    puts "<User %s, %s, %s>" % [vals['user'], vals['name'], vals['email']]
  end                                                              打印输出
end                                                               用户行
def main(args)
  if args.length == 0 || args[0] == 'help'
    puts <<EOM
TwitBase.jrb action ...
  help - print this message and exit
  list - list all installed users.
EOM
    exit
  end

  if args[0] == 'list'
```

```
        list_users
    end
    exit
end

main(ARGV)
```

脚本完成以后，把它设置成可执行文件，试运行一下：

```
$ chmod a+x TwitBase.jrb
$ ./TwitBase.jrb list
<User GrandpaD, Fyodor Dostoyevsky, fyodor@brothers.net>
<User HMS_Surprise, Patrick O'Brian, aubrey@sea.com>
<User SirDoyle, Sir Arthur Conan Doyle, art@TheQueensMen.co.uk>
<User TheRealMT, Mark Twain, samuel@clemens.org>
```

　　这就是全部内容了。使用 JRuby 接口进行编程是在 HBase 上搭建原型系统或者自动化处理常用任务的一种简易方式。它建立在前面章节使用的相同的 HBase Java 客户端上。对于接下来的应用示例，我们将完全抛开 JVM。HBase 提供了 REST 接口，我们将在命令行上使用 Curl 演示这种接口。

6.3　通过 REST 访问 HBase

　　阻止人们体验 HBase 的因素之一是它和 Java 的紧密关系。对于愿意使用 HBase 但是不想在应用系统里使用 Java 的人来说，还有几种其他的选择。无论你是在研究 HBase 还是希望把 HBase 集群直接交给应用开发人员，REST 接口可能都是个合适的选择。对于外行[①]来说，REST 是和网络上的对象进行交互的惯例。HBase 预装了 REST 服务，你可以用其来访问 HBase，不需要 Java。

　　REST 服务作为一个独立的进程运行，使用我们前面研究过的同样的客户端 API 与 HBase 通信。它可以运行在任何能够与 HBase 通信的机器上。这意味着你可以启动一组 REST 服务机器来服务于你的 HBase 集群。这种扫描器 API 是有状态的，它需要资源分配信息，只有收到请求的 REST 机器才拥有这种信息。这意味着使用扫描器的客户端在使用那个扫描时总是需要返回到同一台 REST 主机。一个 REST 接口部署的网络拓扑大致如图 6-1 所示。

> **还有其他选择吗？真的吗？**
>
> 　　你拒绝使用 Java，也拒绝使用 REST？你真是无可救药了！别担心，HBase 还有一个解决方案——Thrift。实践中，REST 服务很少用于关键应用系统。相反，你可以使用 Thrift 服务。下一节全面介绍 Thrift：一个 Python 应用通过 Thrift 与 HBase 通信。

---

① 如果你从来没有用过 REST，这里有一个很好的介绍资料：Stefan Tilkov, "A Brief Introduction to REST"。

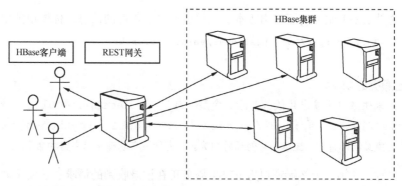

图 6-1 REST 网关部署。所有客户端活动像漏斗一样从这个网关通过，大大制约了客户端的吞吐量。一组 REST 网关机器可以减缓这种局限性。但是一组机器带来了新的限制，迫使客户端只能使用 API 中无状态的部分

REST 服务还支持很多种响应格式，由 Content-Type 请求控制。所有端点支持 XML、JSON 和 Protobufs。许多状态和管理端点还支持纯文本。可以使用的合适的首部值是 text/plain、text/xml、application/json、application/x-protobuf 和 application/octet-stream。

6.3.1 启动 HBase REST 服务

先从启动 REST 服务开始。你需要安装 HBase 并进行正确配置。使用与启动 Shell 一样的 hbase 基本命令，把该服务运行为一个活动进程。

```
$ hbase rest
...
usage: bin/hbase rest start [-p <arg>] [-ro]
 -p,--port <arg>     Port to bind to [default: 8080]
 -ro,--readonly      Respond only to GET HTTP method requests [default:
                     false]
```

启动 REST 服务，监听端口 9999，如下所示：

```
$ hbase rest start -p 9999
...
INFO mortbay.log: jetty-6.1.26
INFO mortbay.log: Started SocketConnector@0.0.0.0:9999
```

打开一个新终端并发出一个简单的 curl 命令来验证 REST 服务启动和运行了。现在所有人都在使用 JSON，所以你也试试。我们甚至擅自为你的环境整理了输出信息。

```
$ curl -H "Accept: application/json" http://localhost:9999/version
{
    "JVM": "Apple Inc. 1.6.0_31-20.6-b01-415",
    "Jersey": "1.4",
    "OS": "Mac OS X 10.7.4 x86_64",
    "REST": "0.0.2",
    "Server": "jetty/6.1.26"
}
```

这是 REST 服务的短输出版本。如果需要底层集群的信息，你要单独申请：

```
$ curl -H ... http://localhost:9999/version/cluster
"0.92.1"
```

输出漂亮的 JSON

用来生成这个输出片段的实际命令是`curl -H "Accept:application/json" http://localhost:9999/version 2>/dev/null | python-mjson.tool`。我们会继续粉饰首部和显示美化处理后的输出，即使没有明确展示完整的命令。

注意，在第一个终端窗口里 REST 服务正在记录收到的请求。这便于调试。

把 REST 服务运行为后台守护进程几乎一样简单。根据你的安装，hbase-daemon.sh 脚本可能不在$PATH 变量路径里。如果不在，转向 HBase 安装目录，HBASE_HOME/bin。一旦找到这个脚本，启动后台守护进程如下：

```
$ hbase-daemon.sh start rest -p 9999
starting rest, logging to logs/hbase-hbase-rest-ubuntu.out
```

再一次，验证 REST 服务正在正常运行。这次请求列出所有表：

```
$ curl -H ... http://localhost:9999/
{
    "table": [
        {
            "name": "followers"
        },
        {
            "name": "twits"
        },
        {
            "name": "users"
        }
    ]
}
```

现在你可以试试了。是通过 HTTP 访问 HBase 的时候了。

6.3.2　访问 TwitBase 的 `users` 表

REST 服务已经启动了，可以访问 HBase 了。希望查出 Mark Twain 的密码吗？你只需要用他的行键和列就可以得到这个数据。想想 HBase 的逻辑数据模型——映射的映射，很容易猜出 REST URI 是什么样子。构造这个请求：

```
$ curl -H ... http://localhost:9999/users/TheRealMT/info:password
{
    "Row": [
        {
```

```
        "Cell": [
            {
                "$": "YWJjMTIz",
                "column": "aW5mbzpwYXNzd29yZA==",
                "timestamp": 1338701491422
            }
        ],
        "key": "VGhlUmVhbE1U"
    }
  ]
}
```

　　你要从一张表的一行里取出一个单元，这就是你接收到的数据。单元（Cell）对象有 3 个字段。列（column）和时间戳（timestamp）是不需要解释的，$ 是单元的值。

穿着 JSON 外衣的 XML

　　这种输出格式是真正的 JSON。因为生成这种输出格式和生成 XML 都使用相同的库和规则，它只在几个关键地方和符合语言习惯的 JSON 有点儿区别。$ 字段是这种实现细节的一个例子。在写入新值时会遇到另一个例子：属性的顺序问题。

　　遇到疑问时，请检查源代码。用来从 REST 服务取出数据的类都是有据可查的，它们清楚地描述了它们期望生成和使用的模式。

　　行键、列和值是 HBase 的全部数据，所以它们以 Base64 编码字符串形式返回。因为你把密码存储为简单的字符串，你可以使用 base64 实用库解码数据得到值：

```
$ echo "YWJjMTIz" | base64 --decode
abc123
```

　　让我们给 Mark 设置一个高级点儿的密码。写入数据的最简单方式是发送原始字节。这次你将指定 Content-Type 首部来标记你是如何发送数据的。本例中你要写入的值是一个 ASCII 码字符串，所以并不复杂：

```
$ curl -XPUT \
  -H "Content-Type: application/octet-stream" \
  http://localhost:9999/users/TheRealMT/info:password \
  -d '70N@rI NO 70t0R0'
```

　　为了继续使用 JSON，你还需要在发送数据前对数据进行 Base64 编码。先从编码新值开始。确保在 echo 命令后加上 -n 选项，否则你会在新密码的尾部无意中加上一个换行符：

```
$ echo -n "70N@rI NO 70t0R0" | base64
NzBOQHJJIE4wIDcwdDBSMA==
```

　　现在发送消息体。这是一个遇到属性顺序问题的例子。确保在单元（Cell）对象映射里最后一行放入 $。不要忘了指定 Content-Type 首部来标志你在发送 JSON。完整的命令如下：

```
$ curl -XPUT \
 -H "Content-Type: application/json" \
 http://localhost:9999/users/TheRealMT/info:password \
 -d '{
   "Row": [
     {
       "Cell": [
         {
           "column": "aW5mbzpwYXNzd29yZA==",
           "$": "NzBOQHJJIE4wIDcwdDBSMA=="
         }
       ],
       "key": "VGhlUmVhbE1U"
     }
   ]
}'
```

REST 服务日志会确认收到数据。相应的日志行（截短过的）看起来如同下面这样：

```
rest.RowResource: PUT http://localhost:9999/users/TheRealMT/info:password
rest.RowResource: PUT {"totalColumns":1...[{... "vlen":16}]...}
```

REST 服务也开放了一个简单的列出表的功能。送到该表的 GET 命令会得到整个表的清单。相同的端点还开放了使用一个 * 做前缀匹配的基本过滤器扫描。为了查找所有以字符 T 开头的用户名字，可以使用下面的命令：

```
$ curl -H ... http://localhost:9999/users/T*
{
    "Row": [
        {
            "Cell": [
                ...
            ],
            "key": "VGhlUmVhbE1U"
        },
        ...
    ]
}
```

对于一个更细粒度的扫描，你可以在服务器上实例化一个扫描器，让它逐页扫描结果。例如，创建一个扫描器查找用户名小于 I 的所有用户，一次翻页一个单元。REST 服务会返回带着扫描器实例 URI 的 HTTP 201 Created 响应代码。在 curl 上使用 -v 选项可以看到这个响应代码：

```
$ echo -n "A" | base64
QQ==

$ echo -n "I" | base64
SQ==

$ curl -v -XPUT \
 -H "Content-Type: application/json" \
 http://localhost:9999/users/scanner \
```

```
  -d '{
    "startRow": "QQ==",
    "endRow": "SQ==",
    "batch": 1
}'
...
< HTTP/1.1 201 Created
< Location: http://localhost:9999/users/scanner/133887004656926fc5b01
< Content-Length: 0
...
```

使用响应信息里的位置（location）来逐页扫描结果，如下所示：

```
$ curl -H ... http://localhost:9999/users/scanner/133887004656926fc5b01
{
    "Row": [
        {
            "Cell": [
                {
                    "$": "ZnlvZG9yQGJyb3RoZXJzLm5ldA==",
                    "column": "aW5mbzplbWFpbA==",
                    "timestamp": 1338867440053
                }
            ],
            "key": "R3JhbmRwYYUQ="
        }
    ]
}
```

重复调用这个 URI 会逐页返回连续的扫描结果。一旦行清单到头，下一次调用扫描器实例会返回 HTTP 204 No Content 响应代码。

以上是使用 HBase REST 网关的要点。如果需要做的不仅仅是对 HBase 集群进行研究，而是大规模线上应用，你需要使用 Thrift 网关。下一节将研究 Thrift。

6.4　通过 Python 使用 HBase Thrift 网关

如果你不用 Java，最常见的访问 HBase 的方法是通过 Thrift[①]。Thrift 是一种语言和一套生成代码的工具。Thrift 有一种描述对象和服务的接口定义语言（Interface Definition Language）。它提供了一种网络协议，使用这些对象和服务定义的进程之间基于这种网络协议彼此进行通信。Thrift 根据你描述的界面定义语言生成你喜欢的语言的代码。使用这种代码，你可以编写应用，通过 Thrift 提供的通用语言与其他应用系统进行通信。

HBase 随机预装了描述服务层和对象集合的 Thrift IDL。HBase 也提供了实现接口的服务。本节你将生成 Thrift 客户端库来访问 HBase。你将使用客户端库通过 Python 访问 HBase，这种方式完全脱离了 Java 和 JVM。因为 Python 的语法对于新手和老手来说

---

① Thrift 项目最初出自于 Facebook，现在是一个 Apache 项目。

都很容易掌握，所以我们选择使用 Python。你可以通过其他语言使用同样的方式来访问 HBase。写到这里的时候，Thrift 已经支持 14 种不同的语言。

这个 API 有些不同

在某种程度上，由于 Thrift 想支持如此多种语言的野心，它的 IDL 相当简单。它缺乏在许多语言里常见的特性，如对象继承。因此使用 HBase Thrift 接口和使用我们已经研究过的 Java 客户端 API 有些不同。

让 Thrift API 更接近于 Java 的工作[1]已经开始，但还只是在进行中。HBase 0.94 里有一个早期版本，但是它缺乏一些重要特性，像过滤器和使用 endpoint 协处理器[2]。在这个工作被完成时，我们这里研究的 Thrift API 将会停用。

使用 Thrift API 的好处在于对于所有语言都是相同的。无论你使用 PHP、Perl 还是 C#，接口总是一样的。增加到 Thrift API 的补充的 HBase 特性支持在哪里都可以用。

但 Thrift 接口也不是没有限制。尤其是，它面临和 REST 接口一样的吞吐量挑战。所有客户端连接就像漏斗一样通过和 HBase 集群通信的单台机器。因为 Thrift 客户端在会话持续期间为一个实例打开一个连接，所以使用 Thrift 接口比使用 REST 轻松一些。但是，一部分 API 是有状态的，所以断开连接的客户端在打开一个新连接时会丢失被分配资源的访问信息。一个 Thrift 接口部署的网络拓扑如图 6-2 所示。

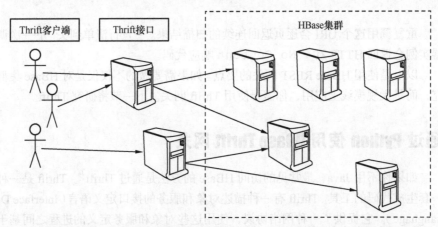

图 6-2　Thrift 接口部署。所有客户端像漏斗一样通过接口，大大制约了客户端吞吐量。因为 Thrift 协议是基于会话的，使用 Thrift 接口比 REST 轻松一些。

---

[1] 更多细节参见 JIRA 单子 "Thrift server to match the new Java API"：https://issues.apache.org/jira/browse/HBASE-1744。

[2] 你可以使用 endpoint 协处理器，但是你必须为每个你想开放的 endpoint 修改 Hbase.thrift 文件。更多细节参见 "Make Endpoint Coprocessors Available from Thrift"，https://issues.apache.org/jira/browse/HBASE-5600。

本练习使用 Python 语言，所以让我们从创建一个 Python 项目开始，到生成一个 HBase 客户端库结束。该项目的最终代码可以在 GitHub 里得到，参见 https://github.com/ hbaseinaction/twitbase.py。

6.4.1 生成 Python 语言的 HBase Thrift 客户端库

为了建立 Thrift 客户端库，你需要安装 Thrift。但是 Thrift 还没有打包，所以你必须基于源代码编译它。因为 Thrift 可以通过 Homebrew[①]得到，所以在 Mac 机器上这一步就很简单：

```
$ brew install thrift
...
==> Summary
/usr/local/Cellar/thrift/0.8.0: 75 files, 5.4M, built in 2.4 minutes
```

那些运行其他平台的机器需要手工建立 Thrift。可以查看 Thrift 需求[②]文档来了解针对你的平台的细节。

完成以后，验证你的 Thrift 已经启动并且工作正常：

```
$ thrift -version
Thrift version 0.8.0
```

你希望不用下载 HBase 源代码就可以读完这本书，对吗？很抱歉，会让你失望的。如果你需要 Thrift 客户端，就必须下载 HBase 的源代码：

```
$ wget http://www.apache.org/dist/hbase/hbase-0.92.1/hbase-0.92.1.tar.gz
...
Saving to: `hbase-0.92.1.tar.gz'
$ tar xzf hbase-0.92.1.tar.gz
```

在下载 HBase 源代码和安装 Thrift 后，你需要关注一个文件，即 src/ main/resources/org/ apache/hadoop/hbase/thrift/Hbase.thrift。这就是描述 HBase 服务 API 和有关对象的 IDL 文件。请快速浏览一下这个文件——Thrift IDL 是很容易读懂的。现在你准备好了用来生成 Python 客户端的所有东西。

先给自己创建一个项目目录，然后生成 HBase 客户端：

```
$ mkdir twitbase.py
$ cd twitbase.py
$ thrift -gen py ../hbase-0.92.1/src/main/resources/org/apache/hadoop/hbase/
    thrift/Hbase.thrift
$ mv gen-py/* .
$ rm -r gen-py/
```

你创建了一个叫做 twitbase.py 的项目，然后生成了 HBase Python 库。Thrift 在一个

---

① Homebrew 是 "The missing package manager for OS X"，更多细节参见 http://mxcl.github.com/homebrew/。
② Apache Thrift 需求参见 http://thrift.apache.org/docs/install/。

叫做 gen-py 的子目录里生成它的代码。把这些文件移动到你的项目里，你可以轻松把代码导入到应用里。看看生成了什么文件：

```
$ find .
./__init__.py
./hbase
./hbase/__init__.py
./hbase/constants.py
./hbase/Hbase-remote
./hbase/Hbase.py
./hbase/ttypes.py
```

你还需要安装 Thrift Python 库。这些是通过 Python 使用的所有 Thrift 服务的核心组件，所以你可以全局性安装它们：

```
$ sudo easy_install thrift==0.8.0
Searching for thrift==0.8.0
Best match: thrift 0.8.0
...
Finished processing dependencies for thrift
```

另外，这个库也是你编译的源代码的一部分。你可以像处理 HBase 客户端那样把这些文件复制到你的项目里。在 twitbase.py 目录下，你可以复制这些文件，如下所示：

```
$ mkdir thrift
$ cp -r ../thrift-0.8.0/lib/py/src/* ./thrift/
```

验证一切按照预期那样工作。先启动 Python，然后导入 Thrift 和 HBase 库。没有输出信息意味着一切正常：

```
$ python
Python 2.7.1 (r271:86832, Jul 31 2011, 19:30:53)
...
>>> import thrift
>>> import hbase
```

确保在 twitbase.py 目录下运行这些命令，否则 import 语句会失败。当客户端库准备好以后，让我们开启服务器组件。

6.4.2 启动 HBase Thrift 服务

Thrift 服务器组件已经随 HBase 预装了，所以它没有涉及客户端库所需的安装过程。可以使用 hbase 命令，如同启动 Shell 一样启动 Thrift 服务：

```
$ hbase thrift
...
usage: Thrift [-b <arg>] [-c] [-f] [-h] [-hsha | -nonblocking |
        -threadpool]  [-p <arg>]
 -b,--bind <arg>    Address to bind the Thrift server to. Not supported by
                    the Nonblocking and HsHa server [default: 0.0.0.0]
 -c,--compact       Use the compact protocol
```

```
-f,--framed          Use framed transport
-h,--help            Print help information
-hsha                Use the THsHaServer. This implies the framed transport.
-nonblocking         Use the TNonblockingServer. This implies the framed
                     transport.
-p,--port <arg>      Port to bind to [default: 9090]
-threadpool          Use the TThreadPoolServer. This is the default.
```

先确定 HBase 已经启动，并且正在运行，再启动 Thrift 服务。默认设置应该可以正常工作：

```
$ hbase thrift start
...
ThriftServer: starting HBase ThreadPool Thrift server on /0.0.0.0:9090
```

在客户端和服务器都准备好以后，该测试它们了。在 twitbase.py 项目目录下打开一个终端窗口，再一次启动 Python：

```
$ python
Python 2.7.1 (r271:86832, Jul 31 2011, 19:30:53)
...
>>> from thrift.transport import TSocket
>>> from thrift.protocol import TBinaryProtocol
>>> from hbase import Hbase
>>> transport = TSocket.TSocket('localhost', 9090)
>>> protocol = TBinaryProtocol.TBinaryProtocol(transport)
>>> client = Hbase.Client(protocol)
>>> transport.open()
>>> client.getTableNames()
['followers', 'twits', 'users']
```

走到这里花了一些时间，但是一切正常工作！现在可以开始处理正事儿了。

6.4.3 扫描 TwitBase **users** 表

在开始编写代码之前，让我们对解释器多做些研究，来感受一下这种 API。你对扫描 users 表有兴趣，所以让我们从扫描器开始看。查看 Hbase.py 里的 Hbase.IFace 类，看起来其中 scannerOpen() 是最简单的方法。该方法返回在 Thrift 服务器上调用的扫描器 ID。让我们测试一下：

```
>>> columns = ['info:user','info:name','info:email']
>>> scanner = client.scannerOpen('users', '', columns)
>>> scanner
14
```

在这里，你申请在 users 表上运行一个全表扫描器，只需要返回 info 列族的 3 个限定符。当前返回的扫描器 ID 是 14。让我们取出第一行，看看读取了什么内容：

```
>>> row = client.scannerGet(scanner)
>>> row
[TRowResult(
  columns={'info:email': TCell(timestamp=1338530917411,
```

```
                              value='samuel@clemens.org'),
        'info:name': TCell(timestamp=1338530917411,
                              value='Mark Twain'),
        'info:user': TCell(timestamp=1338530917411,
                              value='TheRealMT')},
  row='TheRealMT')]
```

　　scannerGet() 返回一个只有一行（TRowResult）的列表。该行有一个 columns 字段，该字段是从列限定符到 TCell 实例的字典。

　　现在你知道自己在做什么了吧，让我们创建一个类来封装所有细节。把这个辅助类命名为 TwitBaseConn，提供一个构造函数来隐藏所有 Thrift 连接细节。还有，确保关闭（close()）所有打开（open()）的东西：

```
class TwitBaseConn(object):
    def __init__(self, host="localhost", port=9090):
        transport = TSocket.TSocket(host, port)
        self.transport = TTransport.TBufferedTransport(transport)
        self.protocol = TBinaryProtocol.TBinaryProtocol(self.transport)
        self.client = Hbase.Client(self.protocol)
        self.transport.open()

    def close(self):
        self.transport.close()
```

　　这定义了一个连接本地运行的 Thrift 服务的默认构造函数。它还在网络层上增加了额外一层，在缓冲区里封装了套接字（socket）。现在增加一个方法来处理从 users 表里扫描行：

```
def scan_users(self):
    columns = ['info:user','info:name','info:email']
    scanner = self.client.scannerOpen('users', '', columns)
    row = self.client.scannerGet(scanner)
    while row:
        yield row[0]
        row = self.client.scannerGet(scanner)
    self.client.scannerClose(scanner)
```

　　这部分代码执行读取行和关闭扫描器等任务。但是这些行的内容处理需要使用很多 Thrift 库的细节，所以让我们增加另一个方法来取出你要的数据：

```
def _user_from_row(self, row):
    user = {}
    for col,cell in row.columns.items():
        user[col[5:]] = cell.value
    return "<User: {user}, {name}, {email}>".format(**user)
```

　　这个方法循环遍历 TCell，并且根据其内容创建一个字符串。让我们修改 scan_users() 来调用这个方法而不只是返回原始的行：

```
def scan_users(self):
    columns = ['info:user','info:name','info:email']
    scanner = self.client.scannerOpen('users', '', columns)
```

```
    row = self.client.scannerGet(scanner)
    while row:
        yield self._user_from_row(row[0])
        row = self.client.scannerGet(scanner)
    self.client.scannerClose(scanner)
```

很好！剩下的事情就是把它打包进 main() 函数，然后启动运行。最终的 TwitBase.py 脚本如代码清单 6-3 所示。

代码清单 6-3　TwitBase.py：使用 Python 通过 Thrift 连接到 TwitBase

```python
#! /usr/bin/env python

import sys

from thrift.transport import TSocket, TTransport
from thrift.protocol import TBinaryProtocol

from hbase import Hbase
from hbase.ttypes import *

usage = """TwitBase.py action ...
  help - print this messsage and exit
  list - list all installed users."""

class TwitBaseConn(object):
    def __init__(self, host="localhost", port=9090):
        transport = TSocket.TSocket(host, port)
        self.transport = TTransport.TBufferedTransport(transport)
        self.protocol = TBinaryProtocol.TBinaryProtocol(self.transport)
        self.client = Hbase.Client(self.protocol)
        self.transport.open()

    def close(self):
        self.transport.close()

    def _user_from_row(self, row):
        user = {}
        for col,cell in row.columns.items():
            user[col[5:]] = cell.value
        return "<User: {user}, {name}, {email}>".format(**user)

    def scan_users(self):
        columns = ['info:user','info:name','info:email']
        scanner = self.client.scannerOpen('users', '', columns)
        row = self.client.scannerGet(scanner)
        while row:
            yield self._user_from_row(row[0])
            row = self.client.scannerGet(scanner)
        self.client.scannerClose(scanner)

def main(args=None):
    if args is None:
        args = sys.argv[1:]

    if len(args) == 0 or 'help' == args[0]:
        print usage
```

```
        raise SystemExit()

    twitBase = TwitBaseConn()

    if args[0] == 'list':
        for user in twitBase.scan_users():
            print user

    twitBase.close()

if __name__ == '__main__':
    main()
```

　　main()函数超级简单。它的任务是打开连接，调用扫描，输出结果，然后再关闭连接。使用 Python，不需要编译。但你的确需要把文件变成可执行文件，只是一行命令而已：

```
$ chmod a+x TwitBase.py
```

　　现在你可以试试：

```
$ ./TwitBase.py list
<User: TheRealMT, Mark Twain, samuel@clemens.org>
<User: GrandpaD, Fyodor Dostoyevsky, fyodor@brothers.net>
<User: SirDoyle, Sir Arthur Conan Doyle, art@TheQueensMen.co.uk>
<User: HMS_Surprise, Patrick O'Brian, aubrey@sea.com>
```

　　干得漂亮！你已经准备好了，可以开始用 Python 来创建 HBase 应用了。接下来，我们将研究一种全新的 Java 语言客户端——asynchbase。

6.5　asynchbase：另外一种 HBase Java 客户端

　　HBase 原生 Java 客户端是完全同步的。当你的应用通过 HTableInterface 访问 HBase 时，在 HBase 响应请求时每个动作都会短时间阻塞你的应用线程。这种行为常常不能令人满意。一些应用不想在服务器上等待响应，希望继续执行路径。事实上，在服务器上的同步等待对于许多面向用户的应用系统是很不利的。

　　asynchbase[1]是另一种 HBase 客户端，也是用 Java 编写的。它是完全异步的，这意味着它不会阻塞调用应用的线程。它优先考虑线程安全，并且它的客户端 API 是为多线程应用的用途而设计的。把 asynchbase 和原生 HBase 客户端比较来看，asynchbase 的发起人致力于让客户端性能最大化并维护一组性能基准[2]。

---

① 了解更多关于 asynchbase 的信息，参见 https://github.com/stumbleupon/asynchbase。

② 性能基准（包括重演操作指南和结果）可以在这个 HBase JIRA 单子的附件里获得："Asynchbase PerformanceEvaluation," https://issues.apache.org/jira/browse/HBASE-5539。

asynchbase 在叫做 async[1]的异步库上创建。它效仿了 Python Twisted[2]库的异步处理组件。async 允许你通过针对异步运算的链式连续动作（chaining successive action）建立并行数据处理管道。对这些项目核心概念的解释超出了本节的范围。我们提供给你一些基本原理，如果你要认真使用 asynchbase，建议你自己研究有关项目和概念。异步编程相对比较少见，可能不大直观易懂。当设计一种需要在后端处理海量数据的面向用户的应用系统时，它是一种不同的思考方式，但也是一种重要的编程方式。

asynchbase 的主要有名的部署是 OpenTSDB，后面章节会详细介绍这个应用。asynchbase 和 OpenTSDB 都是由同一个用户社区编写和维护的。这个社区和广大的 HBase 社区比较起来小得多。和任何开源项目一样，当采用一个还没有达到临界用户数量的项目时建议谨慎一些。即便如此，asynchbase 的人气正在上升。

考虑选择 asynchbase 的另一个重要的理由是多版本支持。HBase 发行版采用"大版本.小版本.补丁"形式的版本号来标记。本书使用 HBase 版本 0.92.x，或者说是大版本 0，小版本 92，和一个未特别指定的补丁。当使用原生 HBase 客户端时，客户端的大版本和小版本[3]必须和集群的大版本和小版本相匹配。你可以使用一个 0.90.3 的客户端访问任何 0.90.x 的集群；但是它不能和一个 0.92.x 的集群兼容。另一方面，asynchbase 客户端支持自从 0.20.4（在 2010 年年中发布）以来的所有 HBase 版本。这意味着你的客户端代码和集群部署完全解耦。当考虑到客户端代码不能像集群一样频繁升级时，这是一个巨大的好处。

本例中将使用 asynchbase 客户端创建另一种访问 TwitBase 的 `users` 表的客户端。该项目的最终代码可以在 GitHub 上得到，参见 https://github.com/hbaseinaction/twitbase-async。

6.5.1 创建一个 asynchbase 项目

开始你需要创建一个新的 Java 工程。最简单的创建项目的方法是使用 Maven 原型。Maven 原型是预先建立好的、提供基本 Maven 项目素材的项目模板。对于这个项目我们使用最简单的 `quickstart` 原型。你可以跟着来创建这个项目。

可以使用 `archetype:generate` 命令创建项目结构：

```
$ mvn archetype:generate \
  -DarchetypeGroupId=org.apache.maven.archetypes \
  -DarchetypeArtifactId=maven-archetype-quickstart \
  -DgroupId=HBaseIA \
  -DartifactId=twitbase-async \
  -Dversion=1.0.0
```

---

① Async 使用 Java 提供异步事件处理：https://github.com/stumbleupon/async。
② Twisted 提供了 `Deferred` 对象，用来建立非阻塞事件处理程序链。
③ 在 Apache 版本管理指南里大概介绍了这种版本体系：http://mng.bz/6uvM。

在 Maven 下载了所有缺失的依赖项后，它会提示你确认参数。点击回车，让它继续。这会在当前目录下创建一个叫做 twitbase-async 的目录。该目录下有一个基本的 "hello world" 命令行应用。

下面要做的事情是把 asynchbase 添加到该项目里作为一个依赖项。在项目顶层目录里有一个叫做 pom.xml 的文件在管理这个 Maven 项目。编辑生成的 pom.xml，给 <dependencies>属性块增加几个新的<dependency>条目：

```
<dependencies>
  <dependency>
    <groupId>org.hbase</groupId>
    <artifactId>asynchbase</artifactId>
    <version>1.3.1</version>
  </dependency>
  <dependency>
    <groupId>org.slf4j</groupId>
    <artifactId>slf4j-api</artifactId>
    <version>1.6.6</version>
  </dependency>
  <dependency>
    <groupId>org.slf4j</groupId>
    <artifactId>slf4j-simple</artifactId>
    <version>1.6.6</version>
  </dependency>
  ...
</dependencies>
```

让我们也把 maven-assembly-plugin 添加到 pom.xml 文件。这会让你可以创建一个包含该项目所有依赖项的 JAR 包，简化 AsyncTwitBase 应用启动。添加一个新的 <build>属性块到<project>：

```
<project ...>
  ...
  <build>
    <plugins>
      <plugin>
        <artifactId>maven-assembly-plugin</artifactId>
        <version>2.3</version>
        <executions>
          <execution>
            <id>jar-with-dependencies</id>
            <phase>package</phase>
            <goals>
              <goal>single</goal>
            </goals>
            <configuration>
              <descriptorRefs>
                <descriptorRef>jar-with-dependencies</descriptorRef>
              </descriptorRefs>
              <appendAssemblyId>false</appendAssemblyId>
```

```
              </configuration>
            </execution>
          </executions>
        </plugin>
      </plugins>
    </build>
</project>
```

现在该确认一切是否正常工作了。继续往前推进，用下面的命令编译和运行应用。你应该看到下面的输出信息：

```
$ mvn package
[INFO] Scanning for projects...
[INFO]
[INFO] ------------------------------------------------------------
[INFO] Building twitbase-async 1.0.0
[INFO] ------------------------------------------------------------
...
[INFO] ------------------------------------------------------------
[INFO] BUILD SUCCESS
[INFO] ------------------------------------------------------------
[INFO] Total time: 12.191s

$ java -cp target/twitbase-async-1.0.0.jar HBaseIA.App
Hello World!
```

现在你的项目准备好了，可以开始使用 asynchbase 了。

6.5.2　改变 TwitBase 的密码策略

让我们创建一个为系统里所有用户生成随机密码的应用。如果你的 TwitBase 部署经历过一次安全入侵，你就会用到这种应用。你打算让应用扫描 users 表里的所有用户，获取用户密码，并且基于旧密码生成一个新密码。你也打算让应用通知受到安全入侵的用户，通知他们如何重新取回他们的账户。你可以使用 async 的 Deferred 对象和 Callback 对象通过链式连续操作完成上述工作。Callback 链的工作流如图 6-3 所示。

在一个 Deferred 实例上加上 Callback 实例把连续的步骤链式连接在一起。可以使用 Deferred 类提供的 addCallback 方法组来做到这一点。也可以增加 Callback 来处理错误情况，如同你在步骤 4b 中看到的。Errback 是和用在 Twisted Python 库里的专有名词一致的术语，async 负责调用这些 Errback。调用这个关联的 Deferred 实例上的 join() 方法可以得到 Callback 链的最终结果。如果该 Deferred 实例完成了处理任务，调用 join(long timeout) 方法会立即返回一个结果。如果该 Deferred 实例的 Callback 链仍在处理过程中，当前线程会阻塞，直到该 Deferred 实例完成任务或者超时（timeout）失效（以毫秒为单位）。

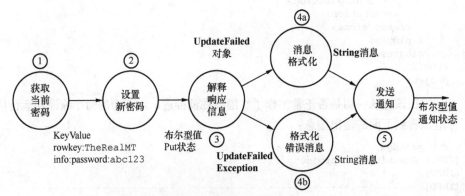

1 扫描 users 表的全部行。每个用户生成一个 KeyValue。
2 基于旧密码计算生成一个新密码，并给 HBase 发送一个 Put。
3 解释 Put 响应信息，要么成功要么失败。
4 根据响应信息的结果格式化一条消息。
5 发送通知消息，然后返回 true。

图 6-3　使用 Callback 建立数据处理管道。每一步得到上一步的输出信息，处理该信息，然后发送给下一步，直到生成最终结果

　　带着新收获的关于 async 数据处理管道的认识和建立管道的大致思路，让我们开始创建这种管道。

　　1. 异步的 HBase 客户端

　　asynchbase 的主入口是 HBaseClient 类。它负责管理与 HBase 集群的交互。它的责任类似于原生客户端的 HTablePool 和 HTableInterface 的联合体。

　　你的应用只需要一个 HBaseClient 实例。与 HTableInterface 很像，你需要在使用结束后确保关闭它。如果使用原生客户端，你会这么做：

```
HTablePool pool = new HTablePool(...);
HTableInterface myTable = pool.getTable("myTable");
// application code
myTable.close();
pool.closeTablePool("myTable");
```

　　在 asynchbase 里，你应该这样做：

```
final HBaseClient client = new HBaseClient("localhost");
// application code
client.shutdown().joinUninterruptibly();
```

　　这段代码创建了一个访问本机（localhost）管理的 HBase 的 HBaseClient 实例。然后关闭这个实例，并且阻塞当前线程，直到 shutdown() 方法完成。在这里必须等待 shutdown() 完成，以确保所有等待的 RPC 请求被完成并且该线程池在应用退出前被正确处理了。shutdown() 返回 Deferred 类的一个实例，这个 Deferred 实例代表了在另一个线程上执行的操作。通过调用该 Deferred 实例上的 join 方法组来实

现等待。因为你要确保在结束时客户端资源被清理干净，所以在这里调用 joinUninterruptibly()方法。注意，如果在调用 joinUninterruptibly()实现的等待过程中你的线程被中断，它仍然会被标记为被中断。

你将使用这个客户端实例来创建一个扫描器（Scanner）。这个 asynchbase Scanner 的使用方法类似于你已经熟悉的 ResultsScanner。如下所示，在 users 表上创建一个 Scanner，并且把它的输出结果限定在 info:password 列：

```
final Scanner scanner = client.newScanner("users");
scanner.setFamily("info");
scanner.setQualifier("password");
```

使用这个 Scanner 实例，通过调用 nextRows()方法遍历表里的行。就像这个库里其他的异步操作一样，nextRows()返回一个 Deferred 实例。和原生扫描器类似，你可以给 nextRows()传递一个数字来要求每页返回指定数量的结果。为了强调这个应用异步的特点，让我们把扫描结果限定为每页一行。

在真正的应用系统里不要这样做！

把扫描器限定为每次请求输出一行会大大降低应用的性能，我们这样做的唯一原因是把触发故障情况的机会放到最大。本节后面你会明白我们的意思。

每个返回行包含它的单元列表。这些单元用 KeyValue 类的实例来代表。为了遍历返回行的页面，你需要循环遍历一组 KeyValue 实例列表，如下所示：

```
ArrayList<ArrayList<KeyValue>> rows = null;
while ((rows = scanner.nextRows(1).joinUninterruptibly()) != null) {
  for (ArrayList<KeyValue> row : rows) {
    // ...
  }
}
```

和调用 shutdown()方法一样，这段代码阻塞了当前线程，直到得到所有扫描结果。倘若你的兴趣在于保持行的次序，那么异步扫描这些行没有多大意义。通过联结每个 Deferred 实例，你把扫描结果提取到 rows 变量里。解析这些扫描结果的做法类似于在原生客户端里使用 KeyValue 对象的做法。这是状态图的第 1 步，如图 6-4 所示。

图 6-4　第 1 步是扫描 users 表里的所有行。每个用户生成一个 KeyValue 实例

代码如下所示：

```
KeyValue kv = row.get(0);                                    获取当前
byte[] expected = kv.value();                                密码
String userId = new String(kv.key());                        获取用户 ID

PutRequest put = new PutRequest(
  "users".getBytes(), kv.key(), kv.family(),                 基于旧密码存
  kv.qualifier(), mkNewPassword(expected));                  储新密码
```

该扫描器被限定为只返回 info:password 列，所以你知道每个结果行只有一个 KeyValue 实例。你得到这个 KeyValue 实例，取出和你有关的数据。对于这个例子，旧密码用来做新密码的输入参数，所以把旧密码传递给 mkNewPassword() 方法。然后创建一个新的 Put 实例，在这里 asynchbase 调用了一个 PutRequest 实例，用来更新用户的密码。最后一步是构建一个 Callback 链，并且把它附加到 PutRequest 调用上。

到现在为止你已经实现了图 6-3 里的第 1 步的全部和第 2 步的大部分。在你开始链接 Callback 之前，让我们编写几个方法来帮助你观察运行中的异步应用。

2. 开发一个异步应用

异步应用的开发和调试是很复杂的，所以你要为成功运行做点儿准备。第一件事情是输出带有关联线程的调试语句。为此，你将使用日志库 SLF4J，这是被 asynchbase 使用的同一个日志库。如下所示，实现你需要的日志：

```
static final Logger LOG = LoggerFactory.getLogger(AsyncUsersTool.class);
```

为了有助于研究这段代码的异步特点，有必要介绍一下系统的模拟延迟。latency() 方法会强迫线程睡眠来不时地推迟处理任务：

```
static void latency() throws Exception {
  if (System.currentTimeMillis() % 2 == 0) {
    LOG.info("a thread is napping...");
    Thread.sleep(1000);
  }
}
```

你还可以偶尔调用 entropy() 方法引入临时故障来完成同样的模拟延迟：

```
static boolean entropy(Boolean val) {
  if (System.currentTimeMillis() % 3 == 0) {
    LOG.info("entropy strikes!");
    return false;
  }
  return (val == null) ? Boolean.TRUE : val;
}
```

你将在每个 Callback 的开始和结束时调用 latency() 来延缓一下处理。在第 2 步产生的结果上调用 entropy()，以便你可以练习第 4b 步提供的错误处理逻辑。现在该为剩下的步骤实现 Callback 了。

3. 使用 CALLBACK 的链式连续动作

数据处理管道里的第 3 步是解释送往 HBase 的 PutRequest 生成的响应。这一步如图 6-5 所示。

图 6-5　第 3 步是解释 Put 响应，要么成功要么失败。

你可以通过实现 async 的 Callback 接口做到这一点。该实现从 HBase 响应里接收到一个布尔型值（Boolean），然后生成一个 UpdateResult 实例，这是一个专门针对你的应用的对象。UpdateResult 类很简单，只是一个数据包：

```
static final class UpdateResult {
  public String userId;
  public boolean success;
}
```

当 PutRequest 失败或者 entropy() 出现时，第 3 步还会抛出一个 UpdateFailedException 异常。async 负责寻找异常（Exception），要么是 Deferred 和 Callback 实例抛出来的，要么是 Deferred 和 Callback 实例返回的，来触发错误处理 callback 链。因为你自己实现异常，所以你可以在异常里打包一些内容。看起来像下面这样：

```
static final class UpdateFailedException extends Exception {
  public UpdateResult result;

  public UpdateFailedException(UpdateResult r) {
    this.result = r;
  }
}
```

现在你可以实现 Callback 来处理第 3 步。这个类的职责是把异步响应转换为应用专用的数据类型。你可以称它为 InterpretResponse。它有一个构造函数来传递用户 ID；这样在收到响应时你可以知道自己正在处理哪个用户。这段代码的关键部分在 UpdateResult call(Boolean response) 方法里。该方法在启动和停止时调用 latency()。它也从 HBase 接收到响应（response），然后传入 entropy()。这样做纯粹是为了好理解。真正的工作在于接收响应（response），

然后要么构造一个 `UpdateResult` 实例要么抛一个 `UpdateFailedException` 异常。无论哪种情况，都没有太多可做的。在真正的工作代码里，你可以假想这里会执行任意复杂的操作：

```
static final class InterpretResponse
    implements Callback<UpdateResult, Boolean> {

  private String userId;

  InterpretResponse(String userId) {
    this.userId = userId;
  }

  public UpdateResult call(Boolean response) throws Exception {
    latency();

    UpdateResult r = new UpdateResult();
    r.userId = this.userId;
    r.success = entropy(response);
    if (!r.success)
      throw new UpdateFailedException(r);

    latency();
    return r;
  }
}
```

`InterpretResponse` 是本例中最复杂的 `Callback`，所以如果到现在你仍然跟得上，就应该不会有问题了。这个 `Callback` 要么成功执行转换，要么检测到错误并抛异常。无论哪种情况，下一步调用哪个 `Callback` 的决定留给了 async。当考虑这些数据处理管道时这是一个很重要的概念。链中每一步彼此之间一无所知。请注意，`InterpretResponse` 的类型签名实现了 `Callback<UpdateResult, Boolean>`。这些泛型符合 `call()` 方法的签名。连接第 3 步和第 4 步的唯一的东西是它们之间以类型签名形式的约定。

至于下一步，你首先实现成功转换的情况，即状态图的第 4a 步。为上下文需要，第 4a 步和第 4b 步如图 6-6 所示。

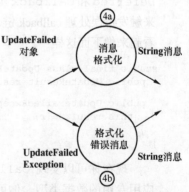

图 6-6　第 4a 步和第 4b 步根据响应的结果生成一条需要发送的消息

这一步得到第 3 步生成的 `UpdateResult`，然后把它转换成一个字符串（`String`）消息，也许通过电子邮件发送给用户，也许在什么地方更新一下日志。因此，由 `Callback<String, UpdateResult>` 实现第 4a 步。在 `ResultToMessage` 上调用它：

```
static final class ResultToMessage
    implements Callback<String, UpdateResult> {

  public String call(UpdateResult r) throws Exception {
    latency();
    String fmt = "password change for user %s successful.";
    latency();
    return String.format(fmt, r.userId);
  }
}
```

你在 call() 方法开始和结束时又调用了 latency()；否则，这里什么有趣的东西都没有了。这个消息的构成很简单，看起来对用户也很合适。也没有什么异常可以抛出，所以你不用为这一步考虑 Errback 链。

第 4b 步定义的 Errback 和第 4a 步中的 Callback 类似。它也被实现为一个 Callback，这次使用 String 和 UpdateFailedException 作为参数。处理方式几乎相同，除了它是从 Exception 接收用户 ID 而不是从 UpdateResult：

```
static final class FailureToMessage
    implements Callback<String, UpdateFailedException> {

  public String call(UpdateFailedException e) throws Exception {
    latency();
    String fmt = "%s, your password is unchanged!";
    latency();
    return String.format(fmt, e.result.userId);
  }
}
```

ResultToMessage 和 FailureToMessage 都生成了一个字符串作为输出。这意味着它们可以在最后第 5 步被链接到同一个 Callback 实例上。第 5 步由 SendMessage 处理，是 Callback< Object, String>的一个实现，如图 6-7 所示。

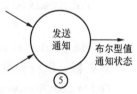

SendMessage 应该要么成功（此时返回 true）要么抛出一个异常 SendMessageFailedException。关于失败异常没有什么特殊的，本例中只是为了明确表明它是应用特有的。SendMessage 看起来像下面这样：

图 6-7 第 5 步发送通知消息

```
static final class SendMessage
    implements Callback<Boolean, String> {

  public Boolean call(String s) throws Exception {
    latency();
    if (entropy(null))
      throw new SendMessageFailedException();
    LOG.info(s);
    latency();
    return Boolean.TRUE;
  }
}
```

再一次，我们使用 latency() 和 entropy() 来让事情变得更有趣。这段代码要么发送消息，要么抛出异常。本例中，没有使用 Errback 链接到数据处理管道，所以这些错误需要在客户端代码里处理。完成数据处理管道实现后，让我们重新回到使用扫描器的代码。

4. 接通数据管道

前面在最后一次看到用户应用时，它正在从扫描器里读取行，并且正在创建 PutRequest 对象来初始化数据处理管道，本质上就是状态图里的第 1 步。最后一件要处理的事情是把这些 Put 送到 HBase，并且把响应传递给 Callback 链，如图 6-8 所示。

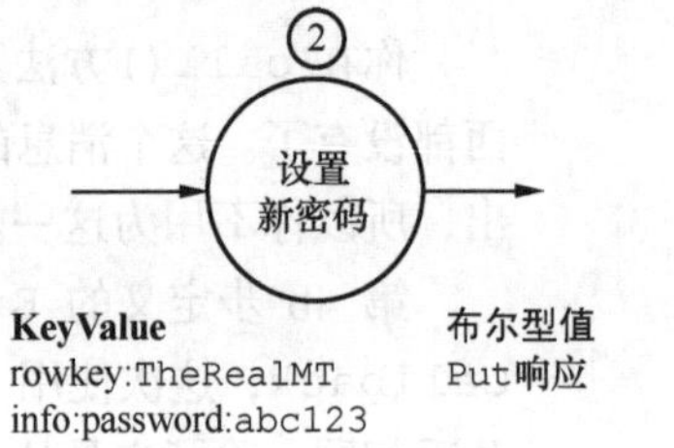

这是你最后用到 Deferred 实例的地方！对于这个例子而言，你可以使用 Deferred<Boolean> HBaseClient.compareAndSet(PutRequest put, byte[] expected) 而不是 put() 来简化 Callback 链的解释。这个方法是 put() 的原子版本。compareAndSet() 返回一个 Deferred 实例，在被 join() 联结后，该实例会返回一个布尔型值（Boolean）。这是链接 Callback 的入口。这个链接如下：

②
设置
新密码

KeyValue　　　　布尔型值
rowkey:TheRealMT　　Put 响应
info:password:abc123

图 6-8　第 2 步根据旧密码生成一个新密码，然后发送一个 **Put** 给 HBase

```
                                              执行第 2 步
Deferred<Boolean> d = client.compareAndSet(put, expected)    附加上第 3 步
  .addCallback(new InterpretResponse(userId))
  .addCallbacks(new ResultToMessage(), new FailureToMessage())    附加上第 4a
  .addCallback(new SendMessage());    附加上第 5 步              步和第 4b 步
```

每个 addCallback() 的连续调用返回相同的 Deferred 实例，但是它的类型会被更新，以符合附加的 Callback 的返回类型。所以，执行第 2 步会返回一个 Deferred<Boolean>，在第 3 步链接 Callback 后它变为 Deferred<UpdateResult>。第 4a 步和第 4b 步的链接使用 addCallbacks() 完成，注意带有一个 s。这一步返回一个 Deferred<String>，这是由成功情况下的返回类型所赋予的类型。async 里的错误情况总是被归类为一个异常，所以这种情况不需要在 Deferred 里定义。第 5 步把它转换成一个 Deferred<Boolean>，这是最终被应用使用的类型。

扫描结果里的每行都有一个对应的 Deferred<Boolean>，你可能想看到它的执行是否被完成。看到每行完整 Callback 链的结果的唯一办法是收集最终的 Deferred<Boolean>实例并 join() 联结它们。这和前面的代码一样，只是多了收集 Deferred<Boolean>实例的记账部分：

```
ArrayList<Deferred<Boolean>> workers
  = new ArrayList<Deferred<Boolean>>();
while ((rows = scanner.nextRows(1).joinUninterruptibly()) != null) {
  for (ArrayList<KeyValue> row : rows) {
    // ...
    Deferred<Boolean> d = ...;
    workers.add(d);
  }
}
```

注意，workers 列表保持了行被生成时的次序。因为在使用定制的 UpdateResult
和 UpdateFailedException 类时你已经小心地了解了必要的内容，对于这个例子这
并不是特别有用。你可以轻易地在这个层次积累状态，例如，创建一个从用户 ID 到
Deferred<Boolean>结果的映射（Map）。因为你在本例中对于特定的结果没有兴趣，
所以你把所有 Deferred 实例联结为一个组。最后一步是调用 join()和累积处理
结果。

```
Deferred<ArrayList<Object>> d = Deferred.group(workers);
try {
  d.join();
} catch (DeferredGroupException e) {
  LOG.info(e.getCause().getMessage());
}
```

你的机器在后台同时执行它们。当你调用 join()时，async 返回给你每个 put 操
作的处理链的结果。如果数据链的任何组件在处理过程中抛出或者返回异常
（Exception）实例，那么它抛出异常让你在这里捕获。这里的 Deferred 封装了所
有单个 Deferred 实例，它把这些异常封装在 DeferredGroupException 里。可以
调用 getCause()打开它，查看底层的错误。

为了圆满完成所有事情，让我们给命令行应用起个有意义的名字。我们把文件
src/main/java/HBaseIA/App.java 重新命名为像 AsyncUsersTool.java 这样的名字，并把它转
移到一个合适的软件包文件路径，然后更新类名字和软件包。最终的 AsyncUsersTool
如代码清单 6-4 所示。

代码清单 6-4　完整的 TwitBase 的 asynchbase 客户端：AsyncUsersTool

```
package HBaseIA.TwitBase;              ┌ 省略导入部分
// ...                          ◄──────┘

  static final byte[] TABLE_NAME   = "users".getBytes();
  static final byte[] INFO_FAM     = "info".getBytes();
  static final byte[] PASSWORD_COL = "password".getBytes();
  static final byte[] EMAIL_COL    = "email".getBytes();

  public static final String usage =
    "usertool action ...\n" +
    " help - print this message and exit.\n" +
```

```
            "  update - update passwords for all installed users.\n";
        static final Object lock = new Object();

        static void println(String msg) {                    ←——   把写操作同步到线
          synchronized (lock) {                                     程的标准输出
            System.out.println(msg);
          }
        }
                                                              ←——   基于旧密码
        static byte[] mkNewPassword(byte[] seed) {                  生成新密码
          // ...
        }

        static void latency() throws Exception {                   给示例应用
          if (System.currentTimeMillis() % 2 == 0) {               增加事件
            println("a thread is napping...");
            Thread.sleep(1000);
          }
        }

      static boolean entropy(Boolean val) {                        给示例应用
        if (System.currentTimeMillis() % 3 == 0) {                 增加事件
          println("entropy strikes!");
          return false;
        }
        return (val == null) ? Boolean.TRUE : val;
      }

      static final class UpdateResult {                       ←——
        public String userId;
        public boolean success;
      }

      static final class UpdateFailedException extends Exception {  ←——
        private static final long serialVersionUID = 1L;
        public UpdateResult result;

        public UpdateFailedException(UpdateResult r) {              应用特有的
          this.result = r;                                         容器和异常
        }
      }

      static final class SendMessageFailedException extends Exception {  ←——
        private static final long serialVersionUID = 1L;

        public SendMessageFailedException() {
          super("Failed to send message!");
        }
      }
                                                              把 Deferred<Boolean>
      static final class InterpretResponse                    转换为 Deferred
          implements Callback<UpdateResult, Boolean> {   ←——  <UpdateResult>

        private String userId;

        InterpretResponse(String userId) {
          this.userId = userId;
        }
```

```
    public UpdateResult call(Boolean response) throws Exception {
      latency();

      UpdateResult r = new UpdateResult();
      r.userId = this.userId;
      r.success = entropy(response);
      if (!r.success)
        throw new UpdateFailedException(r);

      latency();
      return r;
    }

    @Override
    public String toString() {
      return String.format("InterpretResponse<%s>", userId);
    }
  }
  static final class ResultToMessage
      implements Callback<String, UpdateResult> {

    public String call(UpdateResult r) throws Exception {
      latency();
      String fmt = "password change for user %s successful.";
      latency();
      return String.format(fmt, r.userId);
    }

    @Override
    public String toString() {
      return "ResultToMessage";
    }
  }
  static final class FailureToMessage
      implements Callback<String, UpdateFailedException> {

    public String call(UpdateFailedException e) throws Exception {
      latency();
      String fmt = "%s, your password is unchanged!";
      latency();
      return String.format(fmt, e.result.userId);
    }

    @Override
    public String toString() {
      return "FailureToMessage";
    }
  }
  static final class SendMessage
      implements Callback<Boolean, String> {
    public Boolean call(String s) throws Exception {
      latency();
      if (entropy(null))
```

在例外情况时抛出异常；
让 async 处理剩下的事情

把 Deferred
<UpdateResult>转换为
Deferred<String>

把 Deferred<UpdateFailedException>转换为
Deferred<String>

把 Deferred<String>
转换为 Deferred
<Boolean>

```
          throw new SendMessageFailedException();
        println(s);
        latency();
        return Boolean.TRUE;
      }

    @Override
    public String toString() {
      return "SendMessage";
    }
  }

  static List<Deferred<Boolean>> doList(HBaseClient client)
      throws Throwable {
    final Scanner scanner = client.newScanner(TABLE_NAME);
    scanner.setFamily(INFO_FAM);
    scanner.setQualifier(PASSWORD_COL);                           创建扫描器；限定为
                                                                 info:password 列
    ArrayList<ArrayList<KeyValue>> rows = null;
    ArrayList<Deferred<Boolean>> workers
      = new ArrayList<Deferred<Boolean>>();
    while ((rows = scanner.nextRows(1).joinUninterruptibly()) != null) {
      println("received a page of users.");

        for (ArrayList<KeyValue> row : rows) {                   解析单个行；
          KeyValue kv = row.get(0);                              生成 PutRequest
          byte[] expected = kv.value();
          String userId = new String(kv.key());
          PutRequest put = new PutRequest(
              TABLE_NAME, kv.key(), kv.family(),
              kv.qualifier(), mkNewPassword(expected));
          Deferred<Boolean> d = client.compareAndSet(put, expected)   接通
            .addCallback(new InterpretResponse(userId))               Callback
            .addCallbacks(new ResultToMessage(), new FailureToMessage())  链
            .addCallback(new SendMessage());
          workers.add(d);                                        收集生成的
        }                                                        Deferred 实例
      }
      return workers;
    }

  public static void main(String[] args) throws Throwable {
    if (args.length == 0 || "help".equals(args[0])) {
      System.out.println(usage);
      System.exit(0);
    }

    final HBaseClient client = new HBaseClient("localhost");

    if ("update".equals(args[0])) {
      for(Deferred<Boolean> d: doList(client)) {
        try {                                                    调用 join() 连接
          d.join();                                              workers；处理结果
        } catch (SendMessageFailedException e) {
          println(e.getMessage());
        }
      }
```

```
        }
    client.shutdown().joinUninterruptibly();        ◁─┐ 释放连接
    }                                                  └ 资源
}
```

　　最后一步是配置日志记录。你需要如此处理以便能够查看日志信息，尤其是能够查看哪一个线程在执行什么工作。新建一个文件 src/main/resources/simplelogger. properties，包含以下内容：

```
org.slf4j.simplelogger.showdatetime = false
org.slf4j.simplelogger.showShortLogname = true

org.slf4j.simplelogger.log.org.hbase.async = warn
org.slf4j.simplelogger.log.org.apache.zookeeper = warn
org.slf4j.simplelogger.log.org.apache.zookeeper.client = error
```

　　大功告成！让我们试运行一下。

6.5.3　试运行

　　首先确保 HBase 已经运行，并且 users 表的数据已经到位。如有必要，请查阅第 2 章。就像 TwitBase Java 项目一样，编译你的 asynchbase 客户端应用：

```
$ mvn clean package
[INFO] Scanning for projects...
[INFO]
[INFO] ------------------------------------------------------------
[INFO] Building twitbase-async 1.0.0
[INFO] ------------------------------------------------------------
...
[INFO] ------------------------------------------------------------
[INFO] BUILD SUCCESS
[INFO] ------------------------------------------------------------
```

　　现在你可以调用新类来运行该应用：

```
$ java -cp target/twitbase-async-1.0.0.jar \
  HBaseIA.TwitBase.AsyncUsersTool update
196 [main] INFO AsyncUsersTool - received a page of users.
246 [client worker #1-1] INFO AsyncUsersTool - a thread is napping...
1251 [client worker #1-1] INFO AsyncUsersTool - a thread is napping...
2253 [main] INFO AsyncUsersTool - received a page of users.
2255 [main] INFO AsyncUsersTool - received a page of users.
2256 [client worker #1-1] INFO AsyncUsersTool - a thread is napping...
3258 [client worker #1-1] INFO AsyncUsersTool - a thread is napping...
3258 [main] INFO AsyncUsersTool - received a page of users.
4259 [client worker #1-1] INFO AsyncUsersTool - entropy strikes!
4259 [client worker #1-1] INFO AsyncUsersTool - entropy strikes!
4260 [client worker #1-1] INFO AsyncUsersTool -  Bertrand91, your password
is unchanged!
4260 [client worker #1-1] INFO AsyncUsersTool - a thread is napping...
...
```

工作正常！现在你有了一个可运行的基础，可以从这里搭建一套基于 HBase 的异步应用系统。

6.6　小结

部署 HBase 的决定把你束缚在 JVM 上，至少在服务器端是这样。但是这个决定不会限制你的客户端应用的选择。为了管理模式迁移，我们建议使用 HBase Shell 进行脚本编程。如果你的模式迁移特别复杂，或者如果你想创建一个 ActiveRecord[①]风格的迁移工具，毫无疑问，你应该研究一下 JRuby 库，HBase Shell 就是在此基础上创建的。如果你使用 Java，我们建议你认真考虑 asynchbase。异步编程可能是有些挑战，但是你已经开始学习 HBase，所以我们认为你可以应对它。

除了 JVM 之外，你还可以选择 REST 和 Thrift。因为 REST 除了 HTTP 客户端之外不需要什么目标语言，所以很容易上手。在集群上启动 REST 服务也很简单，它甚至能够适当地扩展。尽管 REST 很方便，但 Thrift 可能是更好的选择。Thrift 提供了某种程度上与语言无关的 API 定义，在社区里比 REST 的使用范围更广。像往常一样，这样的客户端选择决定最好是具体情况具体分析。

---

① ActiveRecord 是通常在 Ruby 中使用的数据库抽象库，由于在 Ruby on Rails 开发框架里使用而出名。它定义了一种模式迁移方式，优于我们熟悉的其他工具。

第三部分

应用系统实例

第三部分将转为介绍应用系统实例，让你领略一下真实的 HBase 应用系统是什么样子。第 7 章将深入介绍 OpenTSDB，这是一种基础设施监控应用系统，被设计用来高效存储和查询时间序列数据。在第 8 章中，你将看到 HBase 如何应用于地理空间信息数据。你将学到，当实现多维空间信息查询时，如何改变 HBase 的模式以适应多维空间信息数据。在学习完这一部分之后，你就为从头开始构架自己的分布式、高容错、基于 HBase 的数据系统做好了准备。

第 7 章　通过实例学习 HBase：OpenTSDB

本章涵盖的内容
- 使用 HBase 作为一种在线时间序列数据库
- 时间序列数据的特殊属性
- 为时间序列数据设计 HBase 模式
- 使用复杂行键来存储和查询 HBase

　　本章我们希望让你感受一下基于 HBase 构建的应用系统是什么样子。学习一种技术的时候，还有比直接看看如何使用它来解决一个熟悉的问题更好的办法吗？与其继续使用我们虚构的 TwitBase 示例，还不如直接研究一个已经在使用的应用系统——OpenTSDB。我们的目标是向你演示基于 HBase 的应用系统的样子，所以会介绍得非常详细。

　　基于 HBase 构建应用系统与基于其他数据库有什么不同呢？当设计 HBase 模式时主要关心什么呢？当实现应用系统代码时如何利用这些设计呢？这些是我们在本章贯穿始终将要回答的问题。到本章结束时，你会很好地理解基于 HBase 搭建应用系统需要什么。也许更重要的是，你将深刻理解怎样像一个 HBase 应用系统设计者那样思考问题。

　　开始阶段，我们会给你介绍一些背景知识。你会了解到 OpenTSDB 是什么，以及它解决了什么挑战。然后我们剥去表层，研究应用和数据库模式的设计。随后，你会看到 OpenTSDB 如何运用 HBase。你会看到从 HBase 存储和检索数据时所必需的应用逻辑，以及如何使用这些数据生成提供给用户的信息图表。

7.1　OpenTSDB 概述

OpenTSDB 是什么？下面是直接从该项目主页上取到的一段描述：

OpenTSDB 是一种基于 HBase 来构建的分布式、可扩展的时间序列数据库。

OpenTSDB 可以用来处理一种通用需求：存储、索引和服务从大规模计算机系统（网络设备、操作系统、应用程序）采集来的监控指标数据，并且使这些数据易于访问和可视化。

因为 OpenTSDB 解决了基础设施监控的普遍性问题，所以对于我们这本注重实战的书而言它是一个了不起的项目。如果你部署过生产系统，你会知道基础设施监控的重要性。如果你没有这种经验，也不要担心，我们会告诉你的。OpenTSDB 存储的数据是时间序列（time series）数据，这也是一个有趣的地方。标准关系模型不太适合高效处理时间序列数据的存储和查询。关系型数据库厂商为解决这种问题经常会依靠一些非标准的解决方案，例如，把时间序列数据存储成不透明的"团儿"（blob），然后用专用查询扩展模块进行解析。

团儿（blob）是什么？

本章后面你会学到，时间序列数据拥有清晰的特征。定制的数据结构可以利用这些特性来提供更高效的存储和查询。关系型系统天生不支持这些特殊的存储格式，因此这些数据结构经常被序列化成二进制表示，并且按照一种没有索引的字节数组来存储。然后需要使用定制操作模块来解析这种二进制数据。像这样打包在一起存储的数据通常叫做一个团儿。

OpenTSDB 是 StumbleUpon 公司开发出来的，这家公司使用 HBase 的经验非常丰富。OpenTSDB 是一个使用 HBase 作为后台存储搭建应用系统的了不起的例子。OpenTSDB 是开源的，所以你可以访问全部代码。整个项目使用了不到 1.5 万行 Java 代码，因此可以从整体上对它进行消化吸收。OpenTSDB 根本上是一种在线数据可视化工具。在学习它的模式时，请记住这一点。HBase 中存储的每个数据点在用户需要时必须能够被访问，如图 7-1 所示的图表那样展示出来。

简单地说，这就是 OpenTSDB。下面我们将更仔细地看看 OpenTSDB 被设计用来解决什么挑战以及需要存储的数据种类。此后，我们将思考对于像 OpenTSDB 这样的应用系统，为什么采用 HBase 是个好的选择。现在先让我们了解一下基础架构监控，以便你可以理解这个领域的问题如何诱发了这种数据模式。

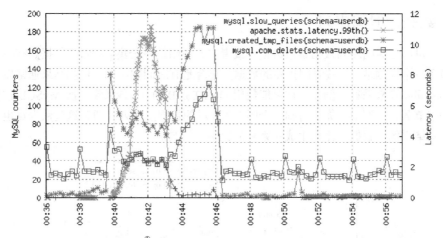

图 7-1　OpenTSDB 图形输出[①]。OpenTSDB 是一种数据可视化工具。基本上它以这样的图形
　　　　深入展示所存储的数据

7.1.1　挑战：基础设施监控

基础设施监控是为了监视所部署的系统而使用的术语。人们部署了大量的软件项目，用来提供在网络上访问的在线系统和服务。问题是，你部署了这些系统，这意味着你有责任维护好这些系统。怎么知道系统是活着还是死了？每小时系统服务了多少个请求？系统每天什么时间流量最大？如果你曾经因为服务终止在半夜收到过短信告警，这说明你已经在使用基础设施监控工具了。

基础设施监控不仅仅是通知和告警。触发半夜告警的事件系列只是这类工具收集的全部数据中的一小部分。相关数据还包括每秒服务请求数、并发活跃用户数、数据库读写、平均响应延迟、进程占用内存等。每一个数据都是一个特定监控指标的时间序列检测结果，只是提供了整体系统运行视图的一部分小快照。在一段时间窗口里把这些检测结果收集起来，你就拥有了一个系统运行的视图。

生成图 7-1 那样的图片需要按照监控指标和时间间隔采集的数据。OpenTSDB 必须能够从大量系统里收集各种监控指标，还要支持对任何监控指标的在线查询。下一节你将看到这个需求如何成为 OpenTSDB 模式设计的重要考虑因素。

时间序列数据在 OpenTSDB 模式设计中扮演了关键角色，所以我们已经多次提到它。让我们熟悉一下这种数据。

---

① 本图形直接取自 OpenTSDB 网站。

7.1.2 数据：时间序列

可以把时间序列数据看做数据点或者二元数组的一个集合。每个数据点有一个时间戳和一个检测结果。按时间排序的数据点集合是有时间顺序的。检测结果通常以有规律的时间间隔来采集。例如，你可能使用 OpenTSDB 每 15 秒采集一次 MySQL 进程发送的字节数。本例中，你会得到一个图 7-2 所示的数据点序列。通常这些数据点也会携带检测结果的元数据，比如生成一系列的完整主机名。

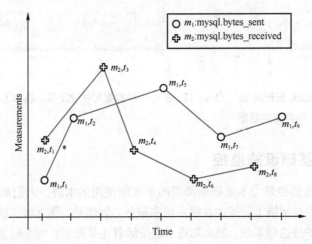

图 7-2 时间序列数据是一个按照时间排序的数据点序列。在这里，相同比例的两个时间序列
　　　　显示在同一个图里。它们的时间间隔不同。当可视化地表示一个时间序列时，X 轴的
　　　　值一般表示时间戳

时间序列数据通常在经济学、金融、自然科学和信号处理中可以看到。通过给检测结果附加一个时间戳，我们可以了解检测结果值随时间发展的变化，也可以了解基于时间的模式形态。例如，某个地方的当前温度每小时测量一次，很自然可以根据前面的点预测将来的点。你可以基于前 5 小时的检测结果来猜测下一小时的温度。

时间序列数据从数据管理角度看颇具挑战性。系统里所有数据点可能共享相同的字段，如日期/时间、位置和检测结果。但是这些字段不同值的两个数据点可能完全无关。如果一个点是纽约的温度而另一个是旧金山的，即使时间戳相同它们可能也是无关的。如何用一种相关的高效的方式存储和排序数据呢？纽约的所有检测结果不应该存储在一起吗？

另一个值得注意的问题在于如何记录这种数据。在计算机科学里，树（tree）是一种用于随机访问的高效的数据结构，但是当以有序方式构造树时必须特别小心。时间序列天生按照时间排序，经常按照这个顺序被存储下来。这可能导致存储结构以最糟糕的方式构建，如图 7-3（b）图所示。

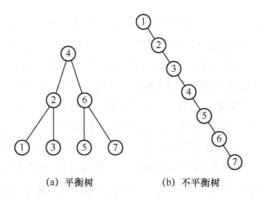

(a) 平衡树　　　　　　　　(b) 不平衡树

图 7-3　平衡树和不平衡树。把数据存进基于数据值自我分类的数据结构时，可能导致最糟糕的数据分布状态

像树一样，这种顺序也会给分布式系统带来严重破坏。HBase 归根结底是一种分布式 B 树。当数据按照时间戳跨节点分区时，新数据拥塞在单个节点上，导致热点（hot spot）问题。随着写入数据的客户端增加，单个节点很容易被压垮。

简而言之，这就是时间序列数据。现在让我们看看 HBase 可以给 OpenTSDB 系统的表带来什么。

7.1.3　存储：HBase

因为 HBase 提供可扩展的数据存储能力，同时支持低延迟查询，它给 OpenTSDB 这样的应用系统提供了极佳的选择。HBase 是一种通用的、具有灵活数据模型的数据存储，它支持 OpenTSDB 设计一种高效的、相对可定制的模式来存储数据。本例中，该模式可以针对时间序列检测结果和它们的附属标签而定制。HBase 提供强一致性，所以 OpenTSDB 生成的报表可以作为实时报表使用。HBase 提供的采集数据视图一直保持最新状态。由于 OpenTSDB 需要支持巨大的数据量，HBase 的水平扩展能力是非常关键的决定因素。

当然也可以考虑使用其他数据库。你可能使用 MySQL 支持 OpenTSDB 这样的系统，但是如果每天采集数百万数据点，1 个月以后那种部署会怎么样呢？6 个月以后呢？你的应用基础设施运行 18 个月以后呢？你如何扩展最初的 MySQL 机器来处理整个数据中心生成的监控数据量呢？假设你已经随着生成数据的增长提高了部署的配置，并且你能够维护集群部署。那么你可以为运维团队提供诊断一次系统中断而需要的即兴查询服务吗？

如果使用传统关系型数据库来部署，所有这一切都是有可能解决的。你会得到一张令人印象深刻的用户案例清单，它们描述了基于这些技术的大量的成功部署。这里存在的问题可以归结为成本和复杂性。扩展一个关系型系统来处理这种数据量需要采用分区策略（partition）。这种方式通常把分区的工作放进应用代码里。应用系统无法从这种分区数据库中查询数据。相反，应用系统必须根据所有主机和所有数据范围的当前信息来辨别哪一个数据库持有查询的数据。另外，数据分区情况下，你失去了关系型系统的一个主要优点：强大的查询语言。分区了的数据散布在彼此不知道的多个机器上，这意味着查询功能被弱化成按值查找。任何复杂一点儿的查询又要回到客户端代码里解决。

HBase 对客户端应用隐藏了分区的细节。由集群分配和管理分区，所以应用代码很幸福地什么都不需要知道。这意味着，在代码里你需要管理的复杂性大大降低。虽然 HBase 不支持像 SQL 那样丰富的查询语言，但你可以通过设计 HBase 模式从而把在线查询的大部分复杂性留在集群上。HBase 协处理器也支持把任意在线查询代码留在托管数据的节点上运行。此外，你拥有强大的 MapReduce 来处理离线查询，这赋予你更多、更丰富的工具来构造报表。现在，我们将重点放在一个具体的例子上。

至此，你应该已经了解 OpenTSDB 的目标，以及那些目标提出的技术挑战。让我们深入细节，学习如何设计一个应用系统来满足这些挑战。

7.2 设计一个 HBase 应用系统

尽管 OpenTSDB 可以选择在关系型数据库上搭建，但是它是一个 HBase 应用系统。那些希望像 HBase 一样具备扩展能力的人们开发了这个数据系统。这不同于我们通常在关系型数据系统中使用的方式。在 OpenTSDB 的模式设计和应用架构里都可以看到这些区别。

本节从研究 OpenTSDB 模式开始。对于许多人来说，这可能是第一次看到不同凡响的 HBase 模式。我们希望这个使用中的实例可以帮助你深入理解如何使用 HBase 数据模型。然后，你会看到如何利用 HBase 的关键特性设计应用系统的模型。

7.2.1 模式设计

OpenTSDB 使用 HBase 提供两个明显的功能。tsdb 表提供时间序列数据的存储和查询支持。tsdb-uid 表维护一个全局唯一值 UID 索引，其中 UID 对应监控指标标签。我们先看看用来生成这两个表的脚本，并且深入研究每一张表的设计和用途。首先，我们来看看代码清单 7-1 所示的脚本。

代码清单 7-1　使用 HBase Shell 脚本创建 OpenTSDB 使用的表

```
#!/bin/sh
# Small script to setup the hbase table used by OpenTSDB.
test -n "$HBASE_HOME" || {                          ◀─── 来自环境变量，
  echo >&2 'The environment variable HBASE_HOME must be set'    不是参数
  exit 1
```

```
}
test -d "$HBASE_HOME" || {
  echo >&2 "No such directory: HBASE_HOME=$HBASE_HOME"
  exit 1
}

TSDB_TABLE=${TSDB_TABLE-'tsdb'}
UID_TABLE=${UID_TABLE-'tsdb-uid'}
COMPRESSION=${COMPRESSION-'LZO'}

exec "$HBASE_HOME/bin/hbase" shell <<EOF
create '$UID_TABLE',
  {NAME => 'id', COMPRESSION => '$COMPRESSION'},
  {NAME => 'name', COMPRESSION => '$COMPRESSION'}

create '$TSDB_TABLE',
  {NAME => 't', COMPRESSION => '$COMPRESSION'}
EOF
```

创建拥有列族 id 和 name 的 tsdb-uid 表

创建拥有列族 t 的 tsdb 表

需要注意的第一件事情是，这个脚本和关系型数据库里包含数据库模式定义语言（Data Definition Language）代码的脚本是多么相似。DDL 术语经常用来区分定义修改模式的代码和执行数据更新的代码。关系型数据库使用 SQL 来修改模式，而 HBase 依靠 API。如你看到的，为此目的访问 API 的最方便的方式是通过 HBase Shell。

1. 声明模式

tsdb-uid 表包含两个列族，即 id 和 name。tsdb 表也定义了一个列族，叫做 t。注意列族名的长度相当短。这是因为 HBase 当前版本中 HFile 存储格式的一个实现细节——名字越短意味着每个 KeyValue 实例存储的数据越少。也请注意，这里没有高级抽象概念。没有表分组（table group）的概念，这一点不像最流行的关系型数据库。在 HBase 中所有表的名字存在于 HBase master 管理的一个通用命名空间里。

现在你看到了在 HBase 里如何创建这两张表，让我们研究一下如何使用它们。

2. tsdb-uid 表

尽管这个表是 tsdb 表的辅助表，但是因为理解该表存在的原因有助于深刻理解整体设计，所以我们先研究它。OpenTSDB 模式设计是为时间序列检测结果和它们附加标签的管理而优化的。我们使用标签（tag）来进一步识别记录在系统里的检测结果。在 OpenTSDB 里，标签包括监控指标（metric）、元数据名字（metadata name）和元数据值（metadata value）。OpenTSDB 使用一个类，即 UniqueId，来管理各种标签，因此 uid 出现在表名中。图 7-2 里的每个监控指标，即 mysql.bytes_sent 和 mysql.bytes_received，在这张表里有自己的唯一 ID（Unique ID, UID）。

tsdb-uid 表用于管理 UID。UID 固定 3 个字节宽，作为 tsdb 表的外键联系使用；更多细节后面再说。注册一个新 UID 会在这个表里添加两行，一行从标签名映射到 UID，另一行从 UID 映射到标签名。例如，注册 mysql.bytes_sent 监控指标会生成一个新 UID，在 UID-name 行里用做行键。该行的 `name` 列族存储标签名。列限定符作为 UID 的一种命名空间使用，识别这个 UID 是一个监控指标（和元数据标签名或值对照）。name-UID 行使用标签名作为行键并在 `id` 列族存储 UID，再一次用标签类型作为列限定符。代码清单 7-2 展示了如何使用 `tsdb` 应用来注册两个新监控指标。

```
hbase@ubuntu:~$ tsdb mkmetric mysql.bytes_sent mysql.bytes_received
metrics mysql.bytes_sent: [0, 0, 1]
metrics mysql.bytes_received: [0, 0, 2]

hbase@ubuntu:~$ hbase shell
hbase(main):001:0> scan 'tsdb-uid', {STARTROW => "\0\0\1"}
ROW                      COLUMN+CELL
 \x00\x00\x01            column=name:metrics, value=mysql.bytes_sent
 \x00\x00\x02            column=name:metrics, value=mysql.bytes_received
 mysql.bytes_received    column=id:metrics,   value=\x00\x00\x02
 mysql.bytes_sent        column=id:metrics,   value=\x00\x00\x01
4 row(s) in 0.0460 seconds
hbase(main):002:0>
```

name-UID 行支持标签名自动补全功能。OpenTSDB 的用户界面支持用户在敲入 UID 名字时自动从这个表里把含有输入字符的数据提示给用户。这个功能是通过限定行键范围的 HBase 行扫描实现的。后面你会看到这段代码是如何工作的。当记录新值时，接收输入数据并把监控指标名字映射到相应 UID 的服务也会用到这些行。

3. tsdb 表

这个表是时间序列数据库的心脏：存储时间序列检测结果和元数据的表。该表设计用来支持按照日期范围和标签进行过滤的数据查询。这可以通过行键的精心设计来实现。该表的行键如图 7-4 所示。请看一看，然后我们会略过它。

监控指标UID （3字节）	部分时间戳 （4字节）	标签1名UID （3字节）	标签1值UID （3字节）	...

图 7-4   OpenTSDB 行键的布局包含 3 字节的监控指标 ID、4 字节的时间戳高序位和各 3 字节的标签名 ID 和标签值 ID，重复其他标签名和标签值

还记得 `tsdb-uid` 表里标签名注册时生成的 UID 吗？它们被用在该表的行键里。OpenTSDB 针对以监控指标为中心的查询进行优化，所以监控指标 UID 排在最开始的位置。HBase 按行键排序来存储行，所以单个监控指标的整个历史数据存储在连续的行里。在同一个监控指标的行里，它们按时间戳排序。行键里的时间戳四舍五入到 60 分钟，所以一个单行存储某一个小时检测结果的数据桶。标签名和值 UID 在行键里位于最后位置。在行键里存储所有这些属性让我们在过滤搜索结果时可以使用它们。很快你会看到那是怎么做的。

现在我们已经研究了行键，让我们再看看检测结果是怎么存储的。注意这个模式只有一个列族 t。这是因为 HBase 要求一张表至少包含一个列族。该表没有使用列族来组织数据，但是，HBase 需要有一个列族。OpenTSDB 使用包含两部分内容的 2 字节（16位）列限定符：前 12 位是四舍五入后的秒数，后面 4 位是位掩码。检测结果存储在单元里，占用 8 字节。列限定符如图 7-5 所示。

低序时间戳 （12位）	掩码 （4位）

图 7-5 列限定符存储时间戳的最终精度和位掩码。掩码的第一位表明单元中的值是整数还是浮点数

举个例子看看。比如说，存储 mysql.bytes_sent 监控指标的检测结果 476，在 ubuntu 主机上，时间是 Sun, 12 Dec 2010 10:02:03 GMT。你把监控指标（metric）UID 部分存储为 0x1，host 标签名为 0x2，ubuntu 标签值为 0x3。其中时间戳按照 UNIX 格式描述为值 1292148123。这个值四舍五入到最近的小时数并且分割成 1292148000 和 123。插入 tsdb 表的行键和单元如图 7-6 所示。同一主机上同一监控指标同一小时内采集的其他检测结果都将存储在该行的其他单元里。

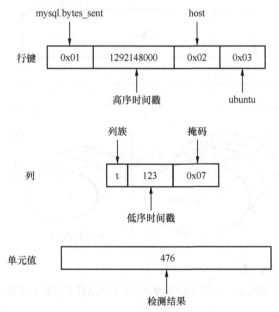

图 7-6 在 **tsdb** 表里存储 1292148123 秒时间戳的 mysql.bytes_sent 监控指标的检测结果 476 的一个示例：行键、列限定符和单元值

我们在 Java 应用里不常看到这种位级别上的考虑，对吧？考虑这种情况大多都是为了性能优化。每行存储多个观测值可以让带过滤器的扫描在一次过滤里滤掉更多的数

据。这也会大大减少基于行键的布隆过滤器需要跟踪的行数。

现在你已经了解了 HBase 模式的设计，让我们学习如何使用与 OpenTSDB 相同的方法搭建一个可靠的、可扩展的应用系统。

7.2.2　应用架构

继续研究 OpenTSDB 时，记住这些 HBase 设计的基础是有帮助的：

- 基于多个节点线性扩展，而不是单个大服务器；
- 自动对数据分区和管理分区；
- 跨分区数据的强一致性；
- 数据服务的高可用性。

高可用能力和线性扩展能力经常是决定选择 HBase 搭建应用系统的主要原因。依靠 HBase 的应用系统经常需要满足这样的要求。让我们看看 OpenTSDB 如何通过架构的选择来满足这些目标。其架构如图 7-7 所示。

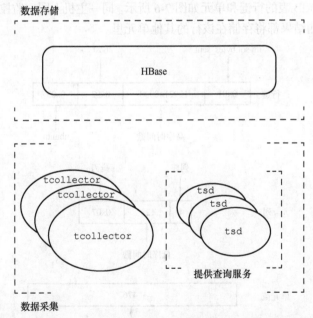

图 7-7　OpenTSDB 架构图：把重点任务分开。3 个重点任务是数据采集、数据存储和提供查询服务

从概念上讲，OpenTSDB 有 3 个任务：数据采集、数据存储和提供查询服务。你可能猜到了，HBase 提供数据存储，可以满足这个需求。OpenTSDB 如何满足其他需求呢？让我们逐个看看，你会看到它们是如何通过 HBase 结合在一起的。

1. 提供查询服务

OpenTSD 有一个处理与 HBase 交互的进程叫做 tsd。它使用简单的 HTTP 接口提供基于 HBase 的查询服务。用户可以要求查询元数据，或者查询显示时间序列数据的图片。所有 tsd 进程都是相同的和无状态的，所以运行多个 tsd 机器就实现了高可用性。到达这些机器的流量可以通过一台负载均衡器进行路由，就像导流任何其他的 HTTP 流量一样。因为服务请求可以被路由到不同的机器上，所以单台机器的中断不会影响客户端。

每个查询是独立的，可以由一个 tsd 进程独立回应。这支持 OpenTSDB 的读取可以实现线性可扩展能力。客户端请求数量的增长可以通过运行更多的 tsd 机器来应对。OpenTSDB 查询的独立特性还有一个附加的好处，即可以通过 tsd 缓存提供查询结果。OpenTSDB 的读过程如图 7-8 所示。

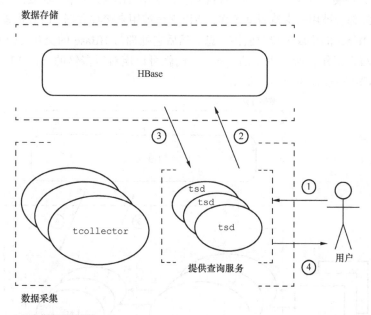

1 用户指定查询参数。
2 tsd 构造过滤器，提交范围扫描请求。
3 HBase 扫描行键范围，发出过滤后的记录，返回结果。
4 tsd 给出时间序列数据。

图 7-8　OpenTSDB 读过程。查询请求被路由到一个可用的 tsd 进程上，该进程查询 HBase 并以适当的格式返回结果

2. 数据采集

可以说，数据采集需要"脚踏实地"。某个进程在某个地方从被监控的主机上收集数据并且存储到 HBase 里。OpenTSDB 把采集的负担放在被监控主机上，从而使得数据

采集可以线性扩展。每台机器本地运行采集检测结果的进程，并且每台机器负责发送数据给 OpenTSDB。往基础设施里增加新主机不会在 OpenTSDB 集群的节点上增加额外的负载。

如果网络连接超时，或者采集服务崩溃，OpenTSDB 如何保证监控信息的提交呢？事实上，实现高可用性并不复杂。在每台被监控主机上运行的 `tcollector` 守护进程通过本地收集检测结果来处理这些问题。该进程一直等待这种网络中断结束，负责确保监控信息发送到 OpenTSDB。它还管理采集脚本，按照合适的时间间隔运行它们，或者当它们崩溃时重启它们。还有一个附加的好处，为 `tcollector` 编写的采集代理可以是简单的 Shell 脚本。

采集器代理并不直接写入 HBase。直接写入的方式需要 `tcollector` 安装附带的 HBase 客户端库以及所有依赖项和配置。这会给 HBase 带来不必要的巨大负担。因为 `tsd` 已经部署被用来支持查询工作，所以它也被用来接收数据。`tsd` 进程使用一种简单的类似 Telnet 的协议来接收监控信息。然后它处理与 HBase 的交互。因为 `tsd` 只负责很少的写入工作，所以少量的 `tsd` 实例就可以应对很多倍的 `tcollector` 代理。OpenTSDB 写过程如图 7-9 所示。

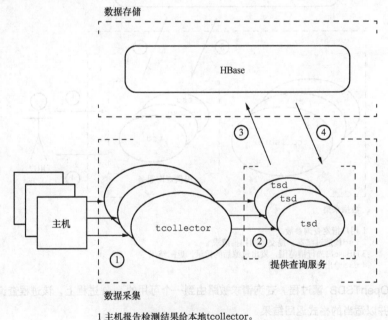

1 主机报告检测结果给本地tcollector。
2 tcollector发送检测结果给远程的tsd。
3 tsd构造记录，并把数据写入HBase。
4 HBase存储数据，并确认写入请求。

图 7-9　OpenTSDB 写过程。被监控主机上的采集脚本报告检测结果给本地的 `tcollector` 进程。然后检测结果被传送给 `tsd` 进程，该进程把监控信息写到 HBase

现在你对 OpenTSDB 有了完整的认识。更为重要的是，你已经看到一个应用系统如何利用 HBase 的优点。这没有什么特别值得惊讶的，尤其是如果你以前曾经开发过高可用系统。但是值得注意的是，当数据存储系统提供这些默认特性时，一个应用系统可以如此简单地实现。下面我们来看一些代码。

7.3　实现一个 HBase 应用系统

准备使用 HBase！请注意 HBase 主页上直接列出的下面这些接口特性。
- 提供易用的 Java API 供客户端访问。
- 支持 Thrift 网关和支持 XML、Protobuf 和二进制数据编码的 RESTful Web 服务。
- 使用服务器端的过滤器查询决定下推数据。

OpenTSDB 的 `tsd` 是用 Java 实现的，但是为了各种访问使用了另一个叫做 `asynchbase`[①]的客户端库，我们在第 6 章深入研究过相同的 asynchbase。为了让讨论尽可能普遍适用，我们先展示访问 HBase 的伪代码，然后展示来自于 OpenTSDB 的代码。如果你知道数据是如何写入的，会更容易理解数据是如何读取的，所以这次我们从写过程开始。

7.3.1　存储数据

如同你在研究 OpenTSDB 模式时看到的，OpenTSDB 把数据存储在两个表里。在把一行插入到 `tsdb` 表之前，需要先生成所有的 UID。让我们从头开始。

1. 创建 UID

把一个检测结果写入 `tsdb` 表之前，必须先把它的标签写入 `tsdb-uid`。在伪代码里，这个过程由 `UniqueId.getOrCreateId()`方法处理，如代码清单 7-3 所示。

代码清单 7-3　往 `tsdb-uid` 表插入一个标签的伪代码

```
class UniqueId:
  MAXID_ROW = 0x0
  ID_FAMILY = toBytes("id")
  NAME_FAMILY = toBytes("name")

  def UniqueId(this, table, kind):
```

为每一种标签创建一个实例

---

① 更多细节参见 https://github.com/stumbleupon/asynchbase。

```
    this.table = table
    this.kind = toBytes(kind)                          ←──── 种类可能是监控指标、
                                                             标签名或标签值
  def getOrCreateId(this, name):
    uid = HBase.get(this.table, toBytes(name),          如果 UID 存在
                    ID_FAMILY, this.kind)               则返回名字对
    if 0x0 != uid:                                      应的 UID
      return uid

    uid = HBase.incrementColumnValue(MAXID_ROW,         否则生成和存储
                                     ID_FAMILY,         新 UID
                                     this.kind)
    HBase.put(this.table, toBytes(uid),                 写入 UID=> name 映射信息
              NAME_FAMILY, this.kind, toBytes(name))
HBase.put(this.table, toBytes(name), ID_FAMILY,         写入 name => UID 映射信息
          this.kind, toBytes(uid))
return uid
```

　　tsd 进程为表里存储的每种 UID 实例化一个 UniqueId 类。本例中，metric（监控指标）、tag name（标签名）和 tag value（标签值）是系统里的 3 种 UID。本地变量 kind 需要在构造函数里被恰当设置，还有变量 table 设置表名，默认值是 tsdb-uid。UniqueId.getOrCreateId() 方法做的第一件事是看看表里是否已经有这种 UID。如果有，你已经创建了 UID，返回该数据，继续；否则，为这种映射创建和注册新 UID。

　　我们使用存储在表里的计数器的形式来创建新 UID，使用 Increment 命令递增。新 UID 被创建后，两个映射相应被存储到表里。一个映射一旦被写入，它就永不改变。因此，UID-name 的映射在 name-UID 映射之前写入。这里出现故障会导致出现一个作废的 UID，但不会有进一步的危害。一个没有配对的 name-UID 映射则意味着，系统里有标签名但是永远不能从检测结果记录里分解出来。这会导致无主孤儿数据，所以这是非常糟糕的。最后，写入双向映射后，返回 UID。

　　由于还有错误处理代码和客户端 API 不支持的一个特性的临时处理代码，该方法的 Java 代码包含一些额外的复杂的内容。为简洁起见，去掉额外考虑部分之后的代码如代码清单 7-4 所示。

代码清单 7-4　UniqueId.getOrCreateId() 方法的精简 Java 代码

```java
public byte[] getOrCreateId(String name) throws HBaseException {
  HBaseException hbe = null;

  try {
    return getId(name);                                省略错误处理
    ...
  } catch (NoSuchUniqueName e) {
```

```
  ...
}
RowLock lock = ... getLock();              仅仅用来临时处理没有 RPC 协议的
try {                                      特性的行锁(rowlock)
  try {
    final byte[] id = getId(name);         验证该行不存在,
    return id;                             避免竞争状态
    ...
  } catch (NoSuchUniqueName e) {}          省略错误处理

  long id;
  byte[] row;
  try {                                    与 id 相同,但按字节数组处理
    row = hbaseICV(MAXID_ROW, ID_FAMILY, lock)
    if (row == null) {
      id = 1;
      row = Bytes.fromLong(id);
    } else {
      id = Bytes.getLong(row);
    }                                      省略 UID 宽度验证信息
    ...

    row = Arrays.copyOfRange(row, row.length - idWidth, row.length);
  } catch (...) {
    ...                                    省略错误处理
  }

  try {
    final PutRequest reverse_mapping = new PutRequest(   创建
      table, row, NAME_FAMILY, kind, toBytes(name));      反向
    hbasePutWithRetry(reverse_mapping, MAX_ATTEMPTS_PUT,  映射
                INITIAL_EXP_BACKOFF_DELAY);
  } catch (...) {
    ...                                    省略错误处理
  }

  try {
    final PutRequest forward_mapping = new PutRequest(   创建
      table, toBytes(name), ID_FAMILY, kind, row);        正向
    hbasePutWithRetry(forward_mapping, MAX_ATTEMPTS_PUT,  映射
                INITIAL_EXP_BACKOFF_DELAY);
  } catch (...) {
    ...                                    省略错误处理
  }

  addIdToCache(name, row);
  addNameToCache(row, name);
  return row;
} finally {
  unlock(lock);
}
}
```

注册完标签后,你可以继续在 tsdb 表里为一条记录生成一个行键。

2. 生成部分行键

在 tsdb 表里相同监控指标和标签名的行键看起来是相同的，只是时间戳不同。
OpenTSDB 在 IncomingDataPoints.rowKeyTemplate()方法里实现了这种行键
部分构造的功能。实现该方法的伪代码如代码清单 7-5 所示。

代码清单 7-5　生成行键的伪代码

```
class IncomingDataPoints:
  TIMESTAMP_BYTES = 4

  def static getOrCreateTags(tsdb, tags):
    tag_ids = []
    for(name, value in tags.sort()):
      tag_ids += tsdb.tag_names.getOrCreateId(name)
      tag_ids += tsdb.tag_values.getOrCreateId(value)
    return ByteArray(tag_ids)


  def static rowKeyTemplate(tsdb, metric, tags):
    metric_width = tsdb.metrics.width()
    tag_name_width = tsdb.tag_names.width()
    tag_value_width = tsdb.tag_values.width()
    num_tags = tags.size()

    row_size = (metric_width + TIMESTAMP_BYTES
                  + tag_name_width * num_tags
                  + tag_value_width * num_tags)
    row = ByteArray(row_size)

    row[0 .. metric_width] =
      tsdb.metrics.getOrCreateId(metric)
    row[metric_width + TIMESTAMP_BYTES ..] =
      getOrCreateTags(tsdb, tags)

  return row
```

- tags 是一个从标签名到标签值映射的集合
- tsdb.tag_names 是一个 UID 实例
- tsdb.tag_values 也是一个 UID 实例
- 需要 tsdb 实例获取相关信息
- 行键的宽度根据标签的数量而变化
- tsdb.metrics 是一个 UID 实例
- 最后加上标签 UID

这个方法的主要考虑是正确摆放行键的各个部分。如在前面图 7-5 里看到的，这个
次序是监控指标的 UID（metric UID）、部分时间戳（partial timestamp）和标签名值对的
UID（tag pair UID）。请注意，在插入前标签是有序的。这保证了相同的监控指标和标
签每次映射到相同的行键。

代码清单 7-6 所示的 Java 实现几乎等同于代码清单 7-5 所示的伪代码。最大的不同
在于辅助方法的结构。

代码清单 7-6　IncomingDataPoints.rowKeyTemplate()方法的 Java 代码

```
static byte[] rowKeyTemplate(final TSDB tsdb,
                             final String metric,
                             final Map<String, String> tags) {
  final short metric_width = tsdb.metrics.width();
  final short tag_name_width = tsdb.tag_names.width();
  final short tag_value_width = tsdb.tag_values.width();
  final short num_tags = (short) tags.size();
```

```
int row_size = (metric_width + Const.TIMESTAMP_BYTES
                + tag_name_width * num_tags
                + tag_value_width * num_tags);
final byte[] row = new byte[row_size];

short pos = 0;

copyInRowKey(row, pos, (AUTO_METRIC ? tsdb.metrics.getOrCreateId(metric)
                : tsdb.metrics.getId(metric)));
pos += metric_width;

pos += Const.TIMESTAMP_BYTES;

for(final byte[] tag : Tags.resolveOrCreateAll(tsdb, tags)) {
  copyInRowKey(row, pos, tag);
  pos += tag.length;
}
return row;
}
```

这就是全部内容！现在你已经知道了所有的东西。

3．写入检测结果

所有必需的辅助方法已经就绪，是写入一条记录到 tsdb 表的时候了。这个过程如下。

（1）构建行键。

（2）确定列族和列限定符。

（3）确认存入单元的内容。

（4）写入记录。

这个逻辑封装在 TSDB.addPoint() 方法里。代码清单 7-6 里的那些 tsdb 实例是这个类的实例。让我们在深入研究 Java 实现之前再次使用伪代码，如代码清单 7-7 所示。

代码清单 7-7　插入一条 **tsdb** 记录的伪代码

```
class TSDB:                            每行的时间间隔 60
  FAMILY = toBytes("t")                秒 × 60 分钟=1 小时
  MAX_TIMESPAN = 3600                                      2 字节的列限定符为
  FLAG_BITS     = 4                                        掩码保留 4 个位
  FLOAT_FLAGS   = 1011b                 二进制标志掩码
  LONG_FLAGS    = 0111b

  def addPoint(this, metric, timestamp, value, tags):
    row =
      IncomingDataPoints.rowKeyTemplate(this, metric, tags)    组装
    base_time = (timestamp - (timestamp % MAX_TIMESPAN))       行键
    row[metrics.width()..] = base_time

    flags = value.isFloat? ? FLOAT_FLAGS : LONG_FLAGS          组装
    qualifier = (timestamp - basetime) << FLAG_BITS | flags    列限
    qualifier = toBytes(qualifier)                             定符

    HBase.put(this.table, row, FAMILY, qualifier, toBytes(value))
```

　　写入值就是这么简单！现在我们看看用 Java 实现同样的事情。写入数据类型 Longs 和 Floats 的代码基本相同。我们看看写入数据类型 Longs 的代码，如代码清单 7-8 所示。

代码清单 7-8　实现 TSDB.addPoint() 的 Java 代码

```
public Deferred<Object> addPoint(final String metric,
                                 final long timestamp,
                                 final long value,
                                 final Map<String, String> tags) {
  final short flags = 0x7;
  return addPointInternal(metric, timestamp, Bytes.fromLong(value),
                          tags, flags);
}
private Deferred<Object> addPointInternal(final String metric,
                                          final long timestamp,
                                          final byte[] value,
                                          final Map<String, String> tags,
                                          final short flags) {
  if ((timestamp & 0xFFFFFFFF00000000L) != 0) {
    throw ...                             ←──┐ 检验 timestamp<0 或者
  }                                          │ timestamp
  IncomingDataPoints.checkMetricAndTags(metric, tags);  >Integer.MAX_VALUE
  final byte[] row = IncomingDataPoints.rowKeyTemplate(this, metric, tags);
  final long base_time = (timestamp - (timestamp % Const.MAX_TIMESPAN));
  Bytes.setInt(row, (int) base_time, metrics.width());
  final short qualifier = (short) ((timestamp - base_time) <<
    Const.FLAG_BITS | flags);
  final PutRequest point = new PutRequest(table, row, FAMILY,
                              Bytes.fromShort(qualifier), value);
  return client.put(point);
}
```

　　回顾一下前面的代码清单，无论伪代码还是 Java 代码，都没有太多与 HBase 的交互内容。写入一行最复杂的部分是组装需要写入的值。写入记录反倒是容易的部分！OpenTSDB 需要精心组装行键。这些努力在读取时将会得到回报。下一节告诉你如何得到回报。

7.3.2　查询数据

　　数据存入 HBase 后，能把它按照需要读取出来才是有用的。OpenTSDB 在两种不同的使用情况下需要这样做：UID 名字自动补全，查询时间序列数据。这两种情况下，读取数据的步骤顺序相同。

　　（1）确定行键范围。

　　（2）定义适当的过滤器标准。

　　（3）执行扫描。

让我们看看在实现时间序列元数据自动补全时需要什么。

1. UID 名字自动补全

还记得 `tsdb-uid` 表里的双向映射吗？其中的反向映射用来支持图 7-10 所示的自动补全 UI 特性。

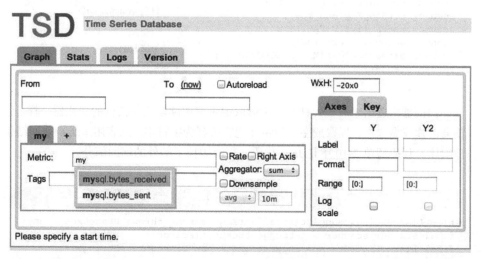

图 7-10　存储在 `tsdb-uid` 表里的 name-UID 映射支持 OpenTSDB 监控指标自动补全功能

　　HBase 使用访问数据的行键扫描模式来支持这种应用特性。HBase 在每张表的行键上维护索引，所以定位起始点非常快。然后，HBase 的 BlockCache 发挥作用，从内存里快速读取连续的数据块，必要时从 HDFS 里读取。本例中，那些连续的数据块保存着 `tsdb-uid` 表里的行。在图 7-10 里，用户在监控指标字段输入 `my`。这些字符被认为是扫描的起始键。你只想显示匹配这个前缀的条目，所以扫描的停止行计算到 `mz`。你也只想得到在列族 `id` 上有值的记录（也就是 name-UID 映射的记录，在列族 `id` 上有值）；否则你会把 UID 当做文本解释出来（不应该是 UID-name 映射的记录）。代码清单 7-9 所示的这段 Java 代码很容易读懂，所以我们跳过伪代码。

代码清单7-9　用`UniqueId.getSuggestScanner()`方法在`tsdb-uid`表上创建一个扫描器

```java
private Scanner getSuggestScanner(final String search) {
  final byte[] start_row;
  final byte[] end_row;
  if (search.isEmpty()) {
    start_row = START_ROW;        空值搜索从！到～
    end_row = END_ROW;            扫描 ASCII 码
```

```
    } else {
      start_row = toBytes(search);
      end_row = Arrays.copyOf(start_row, start_row.length);
      end_row[start_row.length - 1]++;
    }
    final Scanner scanner = client.newScanner(table);
    scanner.setStartKey(start_row);
    scanner.setStopKey(end_row);
    scanner.setFamily(ID_FAMILY);
    scanner.setQualifier(kind);
    scanner.setMaxNumRows(MAX_SUGGESTIONS);
    return scanner;
}
```

'my' 的起始键为 byte[] ['m' 'y']

'my' 的停止键为 byte[] ['m' 'z']

只包括 name-UID 的行

只包括 UID: metrics 类型

　　扫描器构造出来后，从 HBase 中读取记录就像读取任何其他的迭代器一样。读取扫描器的建议做法是，提取成字节数组并把它解释为字符串。列表用来维护返回结果的排序次序。代码清单 7-10 中是 Java 代码，再次去掉了额外的辅助部分。

代码清单 7-10　UniqueId.suggest()方法的精简 Java 代码

```
public List<String> suggest(final String search) throws HBaseException {
  final Scanner scanner = getSuggestScanner(search);
  final LinkedList<String> suggestions = new LinkedList<String>();
  try {
    ArrayList<ArrayList<KeyValue>> rows;
    while ((rows = scanner.nextRows().joinUninterruptibly()) != null) {
      for (final ArrayList<KeyValue> row : rows) {
        ...
        final byte[] key = row.get(0).key();
        final String name = fromBytes(key);
        ...
        suggestions.add(name);

        if ((short) suggestions.size() > MAX_SUGGESTIONS) {
          break;
        }
      }
    }
  } catch (...) {
    ...
  }
  return suggestions;
}
```

行里的每个单元都是键值（KeyValue）

验证行的大小，每行应该只有一个单元

省略缓存逻辑部分

2. 读取时间序列数据

　　同样的技术被用来从 tsdb 表里读取时间序列数据段。因为该表的行键比 tsdb-uid 表复杂，所以这种查询要复杂一些。这种复杂性体现在多字段过滤器。对于这张表，监控指标、日期范围和标签都要在过滤器里考虑到。这种过滤器应用在 HBase 服务器端，而不是客户端。因为这样可以大大减少传送给 tsd 客户端的数据量，这个细节是极其重要的。请记住，这里过滤器使用了一种建立在行键里不可读字节上的正则表达式。

这种扫描和前面例子的另一个主要区别是时间序列聚合。OpenTSDB 的 UI 支持把同一标签的多个时间序列数据聚合到一个时间序列来显示。这些标签组也必须在构建过滤器时考虑到。为此 TsdbQuery 用到私有变量 group_bys 和 group_by_values。

所有这些过滤器都通过 TsdbQuery.run() 方法实现。这个方法与之前的方法工作流程相似，创建带过滤器的扫描器，遍历返回的行和收集数据供显示使用。辅助方法 TsdbQuery.getScanner() 和 TsdbQuery.findSpans() 分别与 UniqueId.getSuggestScanner() 和 UniqueId.suggest() 基本相同，所以它们的代码清单表被省略了。但是，下面看看 Tsdb-Query.createAndSetFilter()，详见代码清单 7-11。这个方法实现在行键上建立正则表达式过滤器这个有趣的部分。

代码清单 7-11 `TsdbQuery.createAndSetFilter()`方法的 Java 代码

```
void createAndSetFilter(final Scanner scanner) {
  ...
  final short name_width = tsdb.tag_names.width();
  final short value_width = tsdb.tag_values.width();
  final short tagsize = (short) (name_width + value_width);

  final StringBuilder buf = new StringBuilder(          ┐ 分配足够长的字符串缓冲
      15 + ((13 + tagsize)                              │ 区（StringBuffer）来
            * (tags.size() + (group_bys.size()))));     ┘ 保存正则表达式

  buf.append("(?s)"
          + "^.{")                                      ┐ 先跳过监控指标 ID
    .append(tsdb.metrics.width() + Const.TIMESTAMP_BYTES)│ 和时间戳
    .append("}");                                       ┘
  final Iterator<byte[]> tags = this.tags.iterator();
  final Iterator<byte[]> group_bys = this.group_bys.iterator();

  byte[] tag = tags.hasNext() ? tags.next() : null;
  byte[] group_by = group_bys.hasNext() ? group_bys.next() : null;

  do {                                                    ┐ 标签和组已经排过
    buf.append("(?:.{").append(tagsize).append("})*\\Q"); │ 序，按 UID 合并在
    if (isTagNext(name_width, tag, group_by)) {          ◄┘ 一起
      addId(buf, tag);                                    ┐ isTagNext() 实际
      tag = tags.hasNext() ? tags.next() : null;          │ 上是一个 UID 比较器
    } else {                                              ┘
      addId(buf, group_by);
      final byte[][] value_ids = (group_by_values == null
                                  ? null
```

```
                          : group_by_values.get(group_by));
      if (value_ids == null) {                          ←───── 如果分组时没有考
        buf.append(".{").append(value_width).append('}');        虑标签值
      } else {                                          ←─────
        buf.append("(?:");
        for (final byte[] value_id : value_ids) {
          buf.append("\\Q");                            ←───── 用|联结标签值
          addId(buf, value_id);
          buf.append('|');
        }
        buf.setCharAt(buf.length() - 1, ')');           ←───── 不要忘了结
      }                                                        尾的|
      group_by = group_bys.hasNext() ? group_bys.next() : null;
    }
  } while (tag != group_by);
  buf.append("(?:.{").append(tagsize).append("})*$");
  scanner.setKeyRegexp(buf.toString(), CHARSET);        ←───── 运用过滤器
}
```

　　　　构建字节级别的正则表达式并不像听起来那么可怕。使用这种过滤器，OpenTSDB
提交查询给 HBase。集群中托管起始键和停止键之间数据的每个节点将并行处理与自己
有关的扫描部分，并过滤相关记录。结果行被送回到 tsd 供图形渲染。最后，你在另一
端看到了曲线图。

7.4　小结

　　　　前面我们说 HBase 是一种灵活的、可扩展的、易于访问的数据库。你刚刚在实战中
看到了它的一些特点。灵活的数据模型支持 HBase 存储各种数据，时间序列数据只是一
种例子。HBase 是为可扩展能力而设计的，现在你看到了如何设计一个应用系统和它一
样具有扩展能力，也深入理解了如何使用 API。我们希望基于 HBase 搭建应用系统的想
法不再令人畏惧。我们将在下一章继续研究在 HBase 上搭建另一个真实的应用系统。

第 8 章　在 HBase 上查询地理信息系统

本章涵盖的内容
- 让 HBase 适应为多维度数据建立索引的挑战
- 在模式设计里应用领域知识
- 在真实世界里使用定制过滤器

　　本章我们将进入一个使用 HBase 的新领域，即地理信息系统（Geographic Information Systems）。GIS 是一个有趣的研究领域，因为它提出了两个重要的挑战：大规模数据处理的延迟和空间位置建模。我们将以 GIS 作为透镜来演示如何让 HBase 适应这些挑战。为了做到这些，你需要充分运用一些特有的领域知识。

8.1　运用地理数据

　　地理系统经常作为在线交互用户体验的基础来使用。想想那些基于位置的服务，如 Foursquare、Yelp 或者 Urban Spoon。这些服务致力于提供全球数百万地理位置相关信息。例如，用户依靠这些应用服务在一个不熟悉的地区寻找最近的咖啡店。他们肯定不希望在他们和拿铁咖啡之间还需要等待一个 MapReduce 作业。我们已经讨论过 HBase 可以作为一个平台提供在线数据访问，所以 HBase 可以合理应对第一个挑战。如同在上一章中看到的，当 HBase 的模式被设计用来物理存储数据时，HBase 可以提供低请求延迟。这顺便把你带到第二个挑战，即空间位置。

GIS 数据里的空间位置是很微妙的。本章我们将用很大的篇幅介绍一个叫做 geohash 的算法，这是该问题的解决办法。其思路是把地球上一个地方的所有信息紧密地存储在一起。这样的话，当你想调查那个位置时，只需要发出尽可能少的数据请求。你也会希望地球上相邻位置的信息在硬盘上也是相邻存储的。如果你正在访问市中心曼哈顿的信息，很可能你也想得到切尔西和格林尼治村的信息。你希望把这些数据和市中心的数据存得更近一些，比如说比布鲁克林或者皇后区（离曼哈顿较远的区域）的数据更近一些，你可能会获得更快的用户体验。

> **空间位置不是 Hadoop 的数据位置**
>
> 空间位置（spatial locality）的想法和 Hadoop 的数据位置（data locality）概念相似但不相同。两个例子中，我们都在考虑移动数据的行为。GIS 中空间位置是指把数据按照类似的空间关系存储在类似的地方。Hadoop 中数据位置是指在集群里尽可能在物理存放数据的机器上执行数据访问和计算。这两种情况都是关于如何把使用数据的开销降到最低的，但是相似之处也就到此为止。

地理数据最简单的形式，也就是地球上的一个点，由两个同等相关维度决定，即经度（X 轴）和纬度（Y 轴）。这只是一种简化。许多专业 GIS 系统可能在 X 轴和 Y 轴之外考虑 Z 轴，如高度或海拔。许多 GIS 应用也基于时间跟踪位置，这意味着上一章讨论的时间序列数据所面临的所有挑战。当设计系统提供低延迟数据访问时，上述两种维度的数据位置都很关键。HBase 通过模式设计和行键的运用确定这两种维度的数据位置。有序的行键能够直接控制数据存储的位置。

当两个维度（也许 4 个维度）同等相关时，如何保证空间数据的数据位置呢？例如，专门在经度上建立的索引表示，纽约市离芝加哥比离西雅图更近。但是如图 8-1 所示，它也会告诉你，纽约市哥伦比亚的波哥大比离华盛顿哥伦比亚特区更近。仅仅考虑一个维度不足以满足 GIS 的需要。

注意 本章研究空间概念，这只能通过插图进行有效沟通。为此，我们采用了基于浏览器的叫做 Leaflet 的制图库来建立这些可重复精度的插图。GitHub 宣称本章项目使用了 95% 的 JavaScript。图中的地图切片来自于 Stamen Design 的漂亮的 Watercolor 切片集，它们建立在完全开放的数据上。底层数据来自于 OpenStreetMap，这是一个类似于 Wikipedia 的项目，但更专注于地理数据。

如何组织数据以正确理解纽约市离华盛顿比离波哥大更近呢？在本章将使用专门的空间索引（spatial index）来应对这个挑战。你将使用这种索引作为以下两种空间查询的基础。第一种查询，"k 个最近的邻居"，直接建立在这种索引上。第二种查询，"多边形区域内查询"，通过两次索引实现。第一种，单单基于空间索引就可以建立。第二种实现使用定制过滤器（custom filter）的形式把工作尽可能转移到服务器端。这样会最大限度利用 HBase 集群来执行运算工作，并且把返回客户端的多余数据降到最低。同时，你将学习丰富的新行业知识，把 HBase 打造成一个完全胜任的 GIS 机器。人们常说，细节里面有魔鬼，所以让我们放大地图的比例，从国际城市间的距离问题转换为一个更加本地性的问题来加以解决。

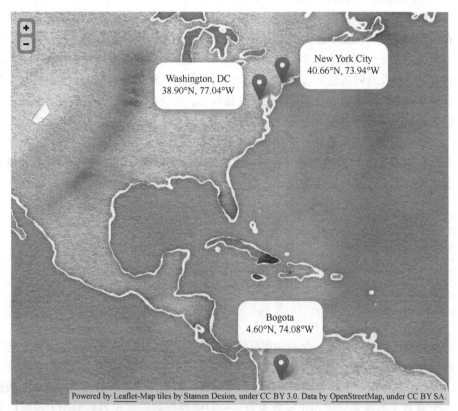

Powered by Leaflet-Map tiles by Stamen Design, under CC BY 3.0. Data by OpenStreetMap, under CC BY SA.

图 8-1　在 GIS 里，所有维度重要性相同。仅仅在经度，X 轴上，建立世界城市的索引，针对某些查询会把数据进行错误的排序

本章中使用的代码和数据可以在我们的 GitHub 账号里获取。项目位于 https://github.com/hbaseinaction/gis。

8.2　设计一个空间索引

假设你正在访问纽约市，需要互联网接入。"哪里有最近的 wifi 热点呢？"一个 HBase

应用系统如何帮你回答这个问题呢？什么样的模式设计可以解决这个问题呢？如何用一种可扩展的方式解决这个问题呢？

你需要快速访问到数据的相关子集。为了做到这一点，让我们从两个简单的、有联系的目标开始。

1. 你希望在空间里彼此接近的点在硬盘上的存储位置点也是彼此接近的。
2. 你希望响应查询时返回尽可能少的点。

如果可以实现这两个目标，你就成功建立了一个基于空间数据集的反应高度灵敏的在线应用系统。HBase 提供给你完成这两个目标的主要工具是行键。在前几章你看到了如何在一个复合行键里为多个属性建立索引。根据华盛顿对比波哥大的例子，我们有一种直觉，前几章的做法不会适合第一个设计目标。先试试没有坏处，尤其是如果你同时还能学点东西。因为前几章的做法实现很容易，所以在尝试更复杂的复合行键之前让我们先评估一下基本的复合行键。

让我们先来看看数据。纽约市有个开放数据项目，公布了许多数据集[①]。其中之一是所有城市 wifi 热点的列表。我们不要求你熟悉 GIS 或 GIS 数据，所以我们做了一点预处理。下面是那些数据的例子：

```
     X            Y          ID   NAME
1  -73.96974759  40.75890919  441  Fedex Kinko's
2  -73.96993203  40.75815170  442  Fedex Kinko's
3  -73.96873588  40.76107453  463  Smilers 707
4  -73.96880474  40.76048717  472  Juan Valdez NYC
5  -73.96974993  40.76170883  219  Startegy Atrium and Cafe
6  -73.96978387  40.75850573  388  Barnes & Noble
7  -73.96746533  40.76089302  525  McDonalds
8  -73.96910155  40.75873061  564  Public Telephone
9  -73.97000655  40.76098703  593  Starbucks
```

数据已经被处理成一个由制表符分隔的文本文件。第一行是列名。X 和 Y 列分别是经度和纬度值。每条记录有 ID、NAME 和许多其他列。

GIS 数据的一个好处是非常适合图片处理！不像其他种类的数据，从 GIS 数据建立一个有意义的视觉化展示不需要聚合——只需要把数据点投射到地图上就可以看到你有什么了。示例数据如图 8-2 所示。

根据前面概括的目标，现在你为模式设计进行一次相当有趣的 wifi 热点检查。按照目标 1，在地图上 338 点接近 441 点，所以它们的记录在数据库里应该是彼此接近的。按照目标 2，如果你想获取这样两个点，你也不应该取 219 点。

现在你有了目标，也有了数据，是到考虑模式的时候了。如同你在第 4 章所学的，行键的设计是 HBase 模式中你需要做的唯一最重要的事情，所以让我们从这里开始。

---

① 那些数据集中有一些相当酷，尤其是行道树木调查数据。读者可自行查阅。

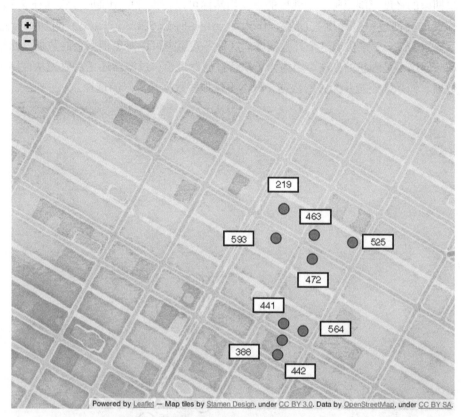

图 8-2　寻找 wifi。我们希望看到地理数据，所以把它们投射到一个地图上。这里是全部数据集的一个采样——在市中心曼哈顿提供 wifi 连接的几个地方

8.2.1　从复合行键开始

前面我们讲过把 X 轴和 Y 轴值串联起来做行键不是一个有效的模式。我们引用了华盛顿对比波哥大的例子作为证据。让我们看看为什么。先按经度再按维度把示例数据排序，然后把点连接起来。结果如图 8-3 所示。当我们按这种方式存储数据，把扫描返回结果从 1 到 10 排序。请特别注意第 6 步和第 7 步之间的距离以及第 8 步和第 9 步之间的距离。因为先按经度后按纬度，这种排序导致了很多南北位置簇之间的跳跃。

这种模式设计貌似满足目标 1，但可能只是因为示例数据少。关于目标 2 则表现很糟糕。每次从北方位置簇跳到南方位置簇就意味着你读取了不需要的数据。还记得图 8-1 所示的波哥大对比华盛顿的例子吗？那正是在这种模式设计里遇到的问题。空间里彼此接近的点在 HBase 里不一定彼此接近。当你把这些转换成一次行键扫描时，你不得不取

出期望的经度范围里每一个纬度的点。当然你可以在设计里用临时办法弥补这个缺陷。你大概会创建一个纬度过滤器，作为 `RegexStringComparator` 附加到行过滤器（`RowFilter`）来实现这个补救措施。这种方式至少可以避免把多余的数据返回给客户端。但这不是理想的办法，因为为了执行过滤器逻辑，过滤器还是需要先从存储里读出数据。如果你能避开无关的数据，根本不碰那些数据是更好的选择。

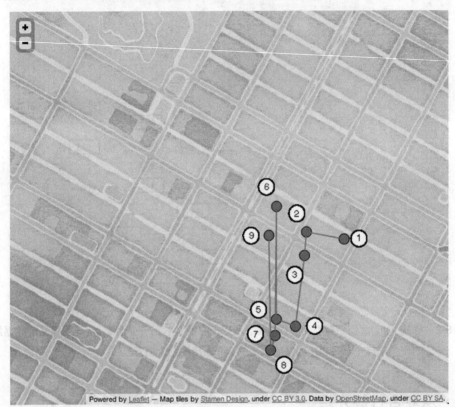

图 8-3　一种自然的空间模式设计的方法：串联两个坐标轴的值。这种模式不适合把空间位置映射到数据记录位置的第一个目标

这种模式设计在行键里把一个维度放在另一个维度前面，这暗示了一种在不同维度间有次序的关系，这是不应该存在的。你可以有更好的选择。为此，你需要学习一种 GIS 社区想出来的解决这种问题的技巧——geohash（地理散列）。

8.2.2　介绍 geohash

如前面例子所示，经度和纬度在定义一个点的位置时是同等重要的。为了使用它们作为空间索引的基础，你需要一种结合它们的算法。这种算法会基于这两个维度生成一个值。这样，这种算法生成的不同值将会用一种平等考虑两个维度的方式来建立彼此关系。geohash 正是这样做的。

geohash 是一种把几个值转换成单个值的函数。为了让它工作，那些值中的每一个必须来自于一个有固定范围的维度。本例中，你打算把经度和纬度转换成单个值。经度维度限定在[-180.0, 180.0]范围，而纬度维度限定在[-90.0, 90.0]范围。还有很多办法可以把多维度减少到单个维度，但因为它的输出需要保持空间位置，所以我们这里使用 geohash。

geohash 并不是一种完美无缺的输入数据编码方式。对于发烧友来说，这个道理有点儿像把原始声音记录压缩后的 MP3。输入数据大部分都在，但也只是大部分。和 MP3 一样，计算 geohash 时必须指定精度。最多能够使用 12 个 geohash 字符来定义精度，因为这是能在一个 8 字节的 Long 数据类型里容纳的并且仍然能够表示一个有意义的字符串的最高精度（注：1 个 geohash 字符占用 5 个位）。通过截取散列值尾部的字符，你可以得到一个低精度的 geohash 和相应低精度的地图。在全精度代表一个点的地方，部分精度时在地图上代表一个区域，实际上是空间里一个方框界定的区域。图 8-4 解释了截取 geohash 尾部字符降低精度的表现。

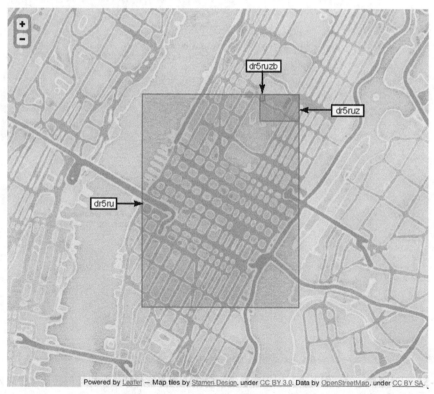

图 8-4 截取 geohash 尾部字符。通过从 geohash 尾部减少字符，可以降低 hash 代表的空间精度。一个字符可产生很大变化

对于一个指定的 geohash 前缀，在对应的那个空间里的所有点都使用相同的前缀。如果你能让查询落在一个 geohash 前缀的带边界方框里，所有匹配的点将共享一个相同的前缀。这意味着你可以在行键上使用 HBase 前缀扫描来得到一组与那个查询相关的点。这样就实现了目标 1。但是如图 8-4 所示，如果你选择过低的精度，会得到比需要的多得多的数据。这违背了目标 2。你应该在边界附近工作，我们稍后介绍这些。现在，让我们看一些真实的位置点。

思考这 3 个位置，即拉瓜迪亚机场（40.77° N, 73.87° W）、肯尼迪国际机场（40.64° N, 73.78° W）和中央公园（40.78° N, 73.97° W）。它们的坐标分别 geohash 处理为值 dr5rzjcw2nze、dr5x1n711mhd 和 dr5ruzb8wnfr。你可以在图 8-5 看到地图上的这些点，并且看到中央公园离拉瓜迪亚机场比离肯尼迪国际机场近。按绝对距离看，中央公园离拉瓜迪亚机场约 5 英里，而中央公园离肯尼迪机场约 14 英里。

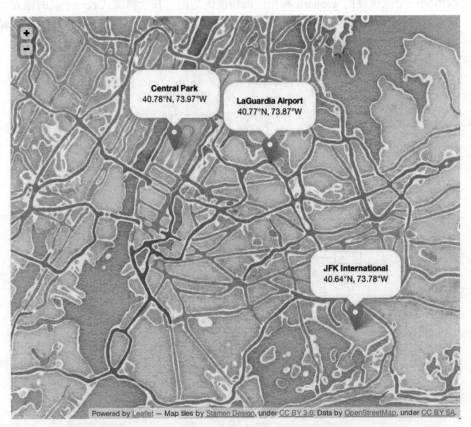

图 8-5   相对距离。看地图时，可以很容易看到中央公园与肯尼迪国际机场的距离比中央公园与拉瓜迪亚机场的距离要远得多。这正是你想使用散列算法重现的关系

因为中央公园离拉瓜迪亚彼此空间距离更近，你可以预期它们比中央公园和肯尼迪机场共享更多的相同前缀字符。事实果然如此：

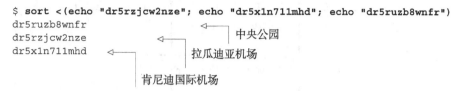

```
$ sort <(echo "dr5rzjcw2nze"; echo "dr5x1n711mhd"; echo "dr5ruzb8wnfr")
dr5ruzb8wnfr
dr5rzjcw2nze                          中央公园
dr5x1n711mhd
                                      拉瓜迪亚机场

                肯尼迪国际机场
```

现在你理解了 geohash 的工作原理，我们将演示给你如何计算生成一个值。别担心，你不必散列处理手上所有的点。为了高效运用 HBase，理解其工作原理是有帮助的。使用 geohash 也类似，理解其构造原理将有助于你理解边界问题。

8.2.3　理解 geohash

你已经看到的 geohash 值都被显示为 Base32 编码字母表[1]的字符串。事实上，geohash 的位序列按照经度和纬度精度递增的顺序依次排列。

例如，40.78° N 是纬度。它落在[-90.0, 90.0]范围的上半区[2]，所以它的第一个 geohash 位是 1。因为 40.78 落在[0.0, 90.0]范围的下半区，它的第二位是 0。第三个范围是[0.0, 45.0]，落在上半区，所以第三位是 1。

通过对半切分值的区间和确定落在哪半区，计算出每个维度对应的数据位。如果数据点大于或等于中点，用 1 表示；否则，用 0 表示。这个过程重复进行，一次一次对半切分范围，然后根据目标点的位置选择 1 或 0。在经度和纬度值上都执行这种二进制分区方式。最后通过编码把这些位编排在一起生成散列值，而不是单独使用每个维度的位序列。这种空间分区方式是 geohash 有空间位置属性的原因。正是每个维度的位的编排方式支持了前缀匹配精度查询的技巧。

现在理解了每个维度是如何编码的，让我们计算一个完整值。这种区间二等分过程和位选择一直重复，直到达到预期的精度。经度和纬度两者一起计算出一个位序列，它们的位是相互交织的，先是经度，再是纬度，直到目标精度。图 8-6 解释了这个过程。一旦位序列计算出来，它会被编码生成最后的散列值。

现在你理解了 geohash 对你有用的原因以及它的工作原理，让我们把它用到你的行键里。

---

[1] Base32 是把二进制值表示为 ASCII 码字符序列的一种编码方式。注意，尽管 geohash 使用了一种类似于 Base32 的字符字母表，但是 geohash spec 没有遵守 Base32 RFC。更多关于 Base32 的细节参见 http://en.wikipedia.org/wiki/Base32。

[2] 当包含方向时，纬度的测量是从 0.0 到 90.0，在纬度的绝对值范围上，北半球代表正值，南半球代表负值。类似的，经度测量范围是从 0.0 到 180.0，东半球代表正值，西半球代表负值。

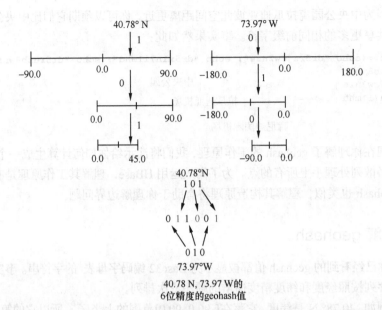

图 8-6　构造一个 geohash。来自于经度和纬度的前 3 个位交织生成一个 6 位精度的 geohash。
我们前面讨论的示例数据执行该算法输出到 7 个 Base32 字符，即 35 位精度

8.2.4　在有空间感知特性的行键里使用 geohash

　　因为 geohash 计算开销不大，对于行键来说 geohash 是个极佳的选择，行键的前缀帮助你寻找最近的邻居。让我们把 geohash 应用到示例数据，按照 geohash 排序，看看在前缀上如何表现。我们使用一个库[①]计算出每个点的 geohash，添加一列到原来的数据里。示例里的所有数据相对比较接近，所以你可以预期在这些点上好多前缀是重叠的：

```
  GEOHASH         X             Y          ID   NAME
1 dr5rugb9rwjj  -73.96993203  40.75815170  442  Fedex Kinko's
2 dr5rugbge05m  -73.96978387  40.75850573  388  Barnes & Noble
3 dr5rugbvggqe  -73.96974759  40.75890919  441  Fedex Kinko's
4 dr5rugckg406  -73.96910155  40.75873061  564  Public Telephone
5 dr5ruu1x1ct8  -73.96880474  40.76048717  472  Juan Valdez NYC
6 dr5ruu29vytq  -73.97000655  40.76098703  593  Starbucks
7 dr5ruu2y5vkb  -73.96974993  40.76170883  219  Startegy Atrium and Cafe
8 dr5ruu3d7x0b  -73.96873588  40.76107453  463  Smilers 707
9 dr5ruu693jhm  -73.96746533  40.76089302  525  McDonalds
```

　　的确如此，前缀共有 5 个相同字符。还不错！这意味着你使用一个简单的范围扫描

---

① 我们使用了 Silvio Heuberger 的 Java 实现，参见 https://github.com/kungfoo/geohash-java。为了易于分发，我们已经让它可以在 Maven 上获取。

就可以进行距离查询和满足目标 1。为满足上下文需要，图 8-7 把这些数据放到了地图上。

图 8-7 观察实战中前缀的匹配情况。如果目标搜索在这个区域，一个简单的行键扫描就可以
　　　　得到你需要的数据。不仅如此，返回结果的顺序比图 8-3 所示的顺序更合理

　　这比复合行键方式好得多，但也决不是完美的。所有这些点密集放在一起，彼此相差几个街区而已。但为什么只匹配了 12 个字符中的 5 个？我们希望空间接近的数据能够存储得更近一些。回想图 8-4，通过 5 个、6 个、7 个字符的前缀扫描覆盖的空间区域在大小上的区别是显著的——远超过几个街区。如果你能做两次 6 个字符前缀的扫描而不是一次 5 个字符前缀的扫描，那么你就朝着目标 2 前进了一大步。或者，做 5 次或 6 次 7 个字符前缀的扫描会怎么样呢？这次带着更多的视角，让我们看看图 8-8。6 个字符前缀和 7 个字符前缀的 geohash 方框是重叠的。

　　和目标查询区域相比，6 个字符前缀的匹配区域太大了。更糟糕的是，这次查询需要执行两次那些区域太大的 6 个字符前缀的扫描。从上下文可以看出，5 个字符相同前缀包含的数据更是远超过你的需要。依赖前缀匹配的做法导致扫描了大量多余的数据。当然，这是一种取舍。如果你的数据在这个精度水平不算稠密，扫描执行得少，那么这种耗时长点儿的扫描也不是多大的问题。如果扫描不返回多余数据，你就可以把远程过程调用（RPC）压力降到最低。如果你的数据是稠密的，扫描运行次数多，那么耗时较短的扫描可以减少网络上传输的多余位置点的数量。此外，现在还有一件事情正在变得更为有利，那就是并行计算。虽然每个短扫描可以在自己的 CPU 核上并行执行，但是整个查询的速度仍然由最慢的那个扫描决定。

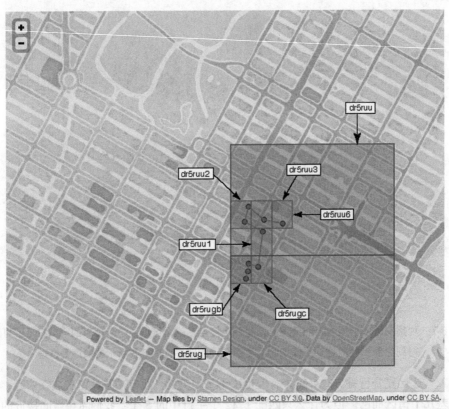

图 8-8　重叠的 geohash 方框的前缀匹配情况。使用 6 个字符前缀，查询结果里有很多多余的、不需要的区域。一种理想的做法是只使用 7 个字符前缀，从而把网络上传送的多余数据量降到最低

让我们卷动地图到曼哈顿的另一个部分，离我们已经研究的地方并不远。请看图 8-9。注意中心方框的 geohash 有 6 个前缀字符（dr5ruz），与东向、东南向和南向的方框相同。但是只有 5 个字符（dr5ru）和西向和西南向方框相同。如果 5 个相同字符前缀是糟糕的，那么北边整行匹配的前缀更是糟糕，只有 2 个字符（dr）相同！这不会每次都发生，但是的确以惊人的高频率发生。作为一个反面例子，东南向方框（dr5ruz9）的全部 8 个邻居都有 6 个相同字符前缀。

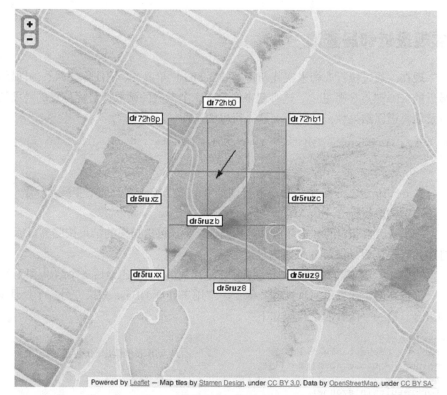

图 8-9 可视化 geohash 边界情况。这种编码不是完美无缺的。这里有一个例子。想象一下，
如果最近邻居搜索落在了插图中箭头指向的地方，很可能你会发现这个方框的邻居只
有两个相同字符前缀

    geohash 是有效的，但是你不能只是使用一次简单的自然前缀匹配。根据这些插图，
看起来这种数据的优化处理方式是扫描中心方框和它的 8 个邻居。在把不必要的网络 IO
数据量降到最低的同时，这种方式将确保正确的结果。幸运的是，针对那些邻居的计算
操作只是简单的位操作。解释那种操作的细节超出了我们的兴趣范围，所以我们相信
geohash 库能够提供那种特性。

不是所有线性化技术都可以用来创建各维度平等的 geohash

    geohash 是在近似模拟数据空间。也就是说，它是一个基于多维度输入值计算单维度输出值的
函数。本例中，输入的维度只有 2，但是你可以想象有更多维度时如何工作。这是一种线性化的方
式，geohash 不是唯一的一个。其他技术，诸如 Z 轴次序曲线和希尔伯特曲线等，也是常见的。它
们都属于空间填充曲线类别：这种曲线定义为单一的、不中断的、接触空间所有分区的线条。这些
技术无法在一维线条上完美地建模二维平面并且在那些空间维持对象的相关特征。因为 geohash
的错误情况比其他技术少，所以我们选择了 geohash。

8.3 实现最近邻居查询

现在该通过执行查询来实践新得到的 geohash 知识了。记住你要回答的问题："5 个最近的 wifi 热点在哪里？"这听起来像是有 3 个参数的函数：目标位置的经度和纬度，以及最大返回结果数，如同下面这一行里的东西：

```
public Collection<QueryMatch> queryKNN(double lat, double lon, int n) {
    ...
}
```

QueryMatch 是一个用来获取查询结果的数据类。涉及如下步骤。

（1）构造目标 GeoHash。

（2）遍历它和它的 8 个邻居来寻找候选结果。每次扫描的结果按照离目标点的距离排序并且限定为只保留 n 个距离最近的结果。

（3）对 9 次扫描的结果进行排序并限定返回数量，计算出最后 n 个结果返回给调用者。

你将在两个函数里实现这些步骤：一个用来处理 HBase 扫描，另一个处理 geohash 和聚合。第一个函数的伪代码如下：

```
takeN(origin, prefix, n):
  table = HBase.table('wifi')
  scanner = table.scan(prefix)          ←  从 wifi 表里读出前缀匹配的记录
  results = []
  for result in scanner:
    results.add(result)
  comp = distance_from(origin)          按照离 origin 的距离对 results 进行排序
  results = sort(comp, results)
  return limit(n, results)   ←          返回距离最近的 n 个结果
```

这里没有什么特殊的东西，你像前面使用的那样访问 HBase。你不需要保留每次扫描的全部查询结果，只保留距离最近的 n 个。这样减少了查询过程的内存使用，尤其是在你被迫使用比预期更短的前缀时。

主要查询功能建立在 takeN 辅助函数上。下面是它的伪代码：

```
queryKNN(lat, lon, n):
  origin = [lat, lon]
  target = geohash(lat, lon)      ←  geohash 生成 target 散列对象
  results = []
  results.addAll(takeN(origin, target, n))          使用 target 散列对象调用 takeN 函数……
  for neighbor in target.neighbors:
    results.addAll(takeN(origin, neighbor, n))      所有邻居同样处理
  comp = distance_from(origin)
  results = sort(comp, results)                     调用和前面一样的 distance 函数
  return limit(n, results)   ←  返回最近的 n 个结果
```

queryKNN 函数先从查询目标生成 geohash，然后计算出需要扫描的 9 个前缀，最后合并结果。如你在图 8-9 中所看到的，全部 9 个前缀都应该被扫描以保证正确的结果。在 takeN 中用来限制内存占用的技术，在这里再次被用来减少最终返回的结果。如果你愿意，这也是可以使用并行代码的地方。

现在让我们把伪代码转换成 Java 实现。Google 的 Guava 库[①]提供了一个方便的类，我们可以通过 MinMaxPriorityQueue 来管理有序的、大小有限的结果数据桶（bucket）。它需要接收一个定制的 Comparator 来维持次序和实施回收策略，你将需要为 QueryMatch 类构建一个 Comparator。这个 Comparator 的基础是离查询目标原点的距离。java.awt.geom.Point2D 类提供给你一个简单的距离函数，这个函数足以满足你的需要[②]。让我们从辅助类 QueryMatch 和 DistanceComparator 开始。

```java
public class QueryMatch {
  public String id;
  public String hash;                          只有数据
  public double lon, lat;
  public double distance = Double.NaN;

  public QueryMatch(String id, String hash, double lon, double lat) {
    this.id = id;
    this.hash = hash;
    this.lon = lon;
    this.lat = lat;
  }
}
public class DistanceComparator implements Comparator<QueryMatch> {
  Point2D origin;

  public DistanceComparator(double lon, double lat) {
    this.origin = new Point2D.Double(lon, lat);
  }

  public int compare(QueryMatch o1, QueryMatch o2) {
    if(Double.isNaN(o1.distance)) {
      o1.distance = origin.distance(o1.lon, o1.lat);
    }
    if (Double.isNaN(o2.distance)) {
      o2.distance = origin.distance(o2.lon, o2.lat);    调用 Point2D
    }                                                   的距离方法
    return Double.compare(o1.distance, o2.distance);  ←
  }
}
```

① Guava 是 Java 里漏掉的 utils 库。如果你是一个专业的 Java 开发员但从没有研究过它，你就错过好东西了。

② 这里我们对领域特殊之处表现得相当草率。实际上，你使用的不是一个简单的距离函数，尤其是你在计算跨越巨大区域的距离时。请记住，地球是圆的，不是平的。像欧几里得几何这样的简单东西是不适用的。一般来说，当计算距离值时需要格外小心，尤其是当你考虑像圆形和正方形等均匀的几何形状时或者返回像英里或公里等可读单位时。

修改 Comparator 里的对象不是常规做法

通常你不会用代码例子里的方式写 Comparator。正常代码里不要这么做！这里我们这样做是为了更容易检查文本里的结果。这只是解释这里发生了什么。真的，请不要这样做！

为了得到排好序的结果，现在需要一个 Java 版本的 takeN，这个方法执行 HBase 扫描。每个前缀需要排序和限制返回的空间结果集合，所以在 prefix 和 n 之外还需要 Comparator。这种做法不用像伪代码那样接收原点作为输入。

```java
Collection<QueryMatch> takeN(Comparator<QueryMatch> comp,
                             String prefix,
                             int n) throws IOException {
  Collection<QueryMatch> candidates
    = MinMaxPriorityQueue.orderedBy(comp)           限制只返回 n 个距离最近
                         .maximumSize(n)            的结果，并按距离排序
                         .create();

  Scan scan = new Scan(prefix.getBytes());
  scan.setFilter(new PrefixFilter(prefix.getBytes()));

  scan.addFamily(FAMILY);                           把扫描缓存设置为大于 1 的值，
  scan.setMaxVersions(1);                           可以极大减少 RPC 调用
  scan.setCaching(50);

  HTableInterface table = pool.getTable("wifi");

  ResultScanner scanner = table.getScanner(scan);   从 wifi 表读取前缀
  for (Result r : scanner) {                        匹配的记录
    String hash = new String(r.getRow());
    String id = new String(r.getValue(FAMILY, ID));
    double lon = Bytes.toDouble(r.getValue(FAMILY, X_COL));
    double lat = Bytes.toDouble(r.getValue(FAMILY, Y_COL));
    candidates.add(new QueryMatch(id, hash, lon, lat));
  }                                                 收集候选位置
  table.close();
  return candidates;
}
```

这里使用第 2 章中学过的相同的表扫描。需要指出的新东西是，这里调用了 Scan.setCaching() 方法。该方法调用把扫描器每次 RPC 调用时返回的记录数设置为 50——可以是任意数，取决于需要扫描的记录数和每条记录大小。对于示例数据集，它的记录数很少，其思路是限制通过 geohash 扫描的记录数。在这个精度上，50 应该远超过你期望的一次扫描拉出的数据的数量。你需要调试这个数字来为自己的使用场景决定一个最优的设置。HBase 用户邮件列表[1]上有一个有用的帖子[2]，那里详细描述了围绕这个设置你

---

① 你是说还没有订阅 hbase-user 邮件列表？赶快行动！在 http://mail-archives.apache.org/mod_mbox/hbase-user/可以订阅和浏览归档文件。

② http://mng.bz/5UY5

需要平衡的东西。因为什么数都可能比它的默认值 1 要好，一定要调试这个设置。

最后，把前面定义的代码组合起来。从目标查询点计算 GeoHash，并且基于这个前缀调用 takeN，周围的 8 个邻居也都如此操作。然后使用 MinMaxPriorityQueue 类限制 takeN 返回的结果数，全部 9 组结果聚合在一起，同样使用 MinMaxPriority Queue 类限制最后的结果数。

```
public Collection<QueryMatch> query(double lat, double lon, int n)
  throws IOException {
  DistanceComparator comp = new DistanceComparator(lon, lat);
  Collection<QueryMatch> ret
    = MinMaxPriorityQueue.orderedBy(comp)
                         .maximumSize(n)              geohash 生成
                         .create();                   target 散列对象
  GeoHash target = GeoHash.withCharacterPrecision(lat, lon, 7);  ←
  ret.addAll(takeN(comp, target.toBase32(), n));               使用 target
  for (GeoHash h : target.getAdjacent()) {                     散列对象调
    ret.addAll(takeN(comp, h.toBase32(), n));     …… 所有邻    用 takeN 函
  }                                                居同样处理    数……

  return ret;
}
```

创建 Comparator 的实例很简单，创建队列的实例很简单，8 个 geohash 邻居的 for 循环也很简单。这里唯一特殊的事情是 GeoHash 的构造。这个库允许你指定字符精度。本章前面，你想对空间里的一个点做散列处理，所以你使用了能达到的最大精度——12 个字符长。这里的情况有些不同。你不是算一个点的散列值，而是一个有边界的方框。如果选择的精度太高，你不能查询足够大的区域来找到 n 个匹配值，特别是当 n 比较大时。如果选择的精度太低，你的扫描将扫过在数量级上超过需要的数据。对于这个数据集和这个查询，使用 7 个字符的精度是合理的。不同的数据和不同的 n 值会需要不同的精度。找到这种平衡可能是很微妙的，所以最好的建议是建立查询模型并进行试验。如果所有查询大体上相同，你也许能确定一个值；否则，你将需要根据查询参数反复试探来确定一个精度。无论哪种情况，你都需要了解你的数据和应用系统！

> **根据查询而不是数据设计你的扫描**
>
> 请注意，我们建议根据应用层次的查询选择 geohash 的前缀精度。你始终要根据查询设计你的 HBase 扫描，而不是根据数据设计它们。在应用系统"建成"很久以后，数据会随着时间变化。如果把查询扫描建立在数据上，查询性能会随着数据一起改变。这意味着一个今天快速的查询明天就会变成慢速的查询。根据应用层次的查询建立扫描则意味着"快速查询"相对于"慢速查询"始终快一些。如果你把扫描和应用层次查询连在一起，你的应用系统的用户会享受更一致的体验。

你可以组装一个简单的 main()，然后看看一切是否工作正常。好的，差不多啦。你还需要加载数据。对于一个制表符分隔值（tab-separated value）的文件，你不会对解析

它的细节感兴趣，你关心的是如何使用 GeoHash 库构造行键使用的散列值。这部分代码非常简单。这些需要加载的都是数据点，所以使用 12 个字符精度。再说一遍，这是你能构造的最长的可打印的 geohash，并仍然可以容纳在一个 Java long 数据类型里：

```
double lat = Double.parseDouble(row.get("lat"));
double lon = Double.parseDouble(row.get("lon"));
String rowkey = GeoHash.withCharacterPrecision(lat, lon, 12).toBase32();
```

　　现在你有了所有需要的东西。我们先从打开 Shell 并创建一张表开始。这里列族不是特别重要，所以我们选择一个短的名字：

```
$ echo "create 'wifi', 'a'" | hbase shell
HBase Shell; enter 'help<RETURN>' for list of supported commands.
Type "exit<RETURN>" to leave the HBase Shell
Version 0.92.1, r1298924, Fri Mar  9 16:58:34 UTC 2012

create 'wifi', 'a'
0 row(s) in 6.5610 seconds
```

　　测试数据已经在项目里打好包，所以一切都准备就绪。让我们编译应用系统，然后在完整数据集上运行 Ingest 工具：

```
$ mvn clean package
...
[INFO] --------------------------------------------------------
[INFO] BUILD SUCCESS
[INFO] --------------------------------------------------------
$ java -cp target/hbaseia-gis-1.0.0.jar \
  HBaseIA.GIS.Ingest \
  wifi data/wifi_4326.txt
Geohashed 1250 records in 354ms.
```

　　看起来不错！该运行一次查询了。至于目标点的选择，让我们耍个花招，我们选择一个已有的数据点坐标。如果距离算法完全没有问题，那个点应该是第一个返回结果。我们把 ID 593 作为查询的中心：

```
$ java -cp target/hbaseia-gis-1.0.0.jar \
  HBaseIA.GIS.KNNQuery -73.97000655 40.76098703 5
Scan over 'dr5ruu2' returned 2 candidates.
Scan over 'dr5ruu8' returned 0 candidates.
Scan over 'dr5ruu9' returned 1 candidates.
Scan over 'dr5ruu3' returned 2 candidates.
Scan over 'dr5ruu1' returned 2 candidates.
Scan over 'dr5ruu0' returned 1 candidates.
Scan over 'dr5rusp' returned 0 candidates.
Scan over 'dr5rusr' returned 1 candidates.
Scan over 'dr5rusx' returned 0 candidates.
<QueryMatch:  593, dr5ruu29vytq, -73.9700, 40.7610, 0.00000 >
<QueryMatch:  219, dr5ruu2y5vkb, -73.9697, 40.7617, 0.00077 >
<QueryMatch: 1132, dr5ruu3d9tn9, -73.9688, 40.7611, 0.00120 >
<QueryMatch:  463, dr5ruu3d7x0b, -73.9687, 40.7611, 0.00127 >
<QueryMatch:  472, dr5ruu1x1ct8, -73.9688, 40.7605, 0.00130 >
```

太棒了！匹配查询目标的那个点 ID 593，第一个出现了！我们已经添加了一点儿调试信息来帮助理解这些结果。第一组输出表示每一个前缀扫描贡献了多少个中间结果。第二组输出是最终的匹配结果。打印出来的字段分别是 ID、geohash、经度、纬度和离查询目标的距离等。这个查询结果在空间上的布局如图 8-10 所示。

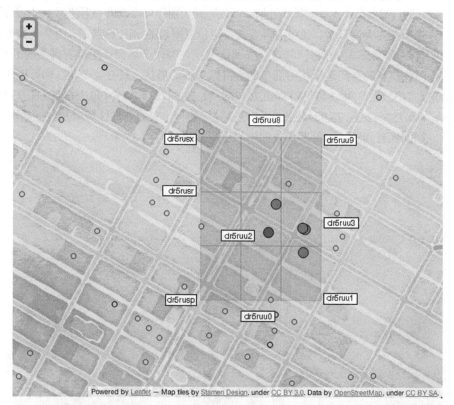

图 8-10　可视化显示查询结果。在寻找匹配项的查询坐标周边进行这种简单的螺旋式搜索。一种更智能的实现会考虑中心空间区域里的查询坐标位置。一旦找到最少匹配数量，搜索就会跳过所有远一点的邻居

很酷，对吧？你可能注意到了，所有比较的工作发生在操作的客户端。这些扫描查出了所有数据，后期处理都在客户端进行。但是你部署的是一个 HBase 集群，所以让我们看看能否让集群来执行计算工作。或许你可以使用一些其他特性把 HBase 扩展成一个成熟的分布式地理信息查询引擎。

8.4　把计算工作推往服务器端

我们的示例数据集相当小，只有 1200 个点，并且每个点也没有太多属性。但是，

数据会增长，用户总是需要更快的体验。尽可能把工作推往服务器端一般来说是个好主意。如你所知，HBase 提供了两种机制来把计算工作推往 RegionServer，这两种机制是过滤器（filter）和协处理器（coprocessor）。本节中，你将在已经开始的 wifi 例子上进行扩展。你将实现一种新的地理信息查询，并且使用一个定制的过滤器来完成查询。实现一个定制的过滤器会产生一些操作开销，所以在开始前你可以改进一下使用 geohash 的方式。

先从改变查询开始。现在不再查找特定位置附近的 wifi 热点了，而是查找申请空间的所有热点。尤其是，你将回答这个查询请求："在时代广场街区里都有哪些 wifi 热点？"包含时代广场的空间是个相对简单的、可以手绘的形状：只有 4 个角。你可以用这些点 (40.758703° N, 73.980844° W)、(40.761369° N, 73.987214° W)、(40.756400° N, 73.990839° W)、(40.753642° N, 73.984422° W) 来定义这个空间。它的查询区域以及数据如图 8-11 所示。如同你看到的，你预期在查询结果里应该得到大约 25 个点。

图 8-11　时代广场街区内的查询。我们使用 Google Earth 来打量一下时代广场的 4 个角。那些华丽的标志牌好像吸收了 wifi 信号，和城市其他部分相比这里的 wifi 不算密集。你可以预期大约有 25 个点匹配你的查询

这是一个相当简单的形状，可以铺在地图上手绘出来。这是一个简单多边形。你在查询里可能有很多原因需要用到多边形。例如，像 Yelp 的一个服务需要给用户提供预定义的描画当地地区边界的多边形。甚至你可能允许用户手绘他们的查询多边形。这里你将要采用的方式可以处理这种简单长方形，对于更复杂的形状也同样奏效。

查询区域形状确定以后，该设计一个实现查询的计划了。就像 k 个最近邻居的查询实现一样，你希望该实现可以把从 HBase 中读出的候选位置点的数量降到最低。你可以使用 geohash 索引，它带着你走得相当远。第一步是把查询多边形转换成一组 geohash 扫描。如同你在上一个查询里掌握的，这会提交给你所有的候选位置点，并且没有太多多余数据。第二步是把包含在查询多边形里的点拉出来。这两步需要一个几何函数库的帮助。很幸运，在 JTS 拓扑套件（JTS）[①]里有这样一个库。你可以使用这个函数库在 geohash 和查询多边形之间架起桥梁。

8.4.1 基于查询多边形创建一次 geohash 扫描

为了创建这一步查询，你需要准确了解要扫描哪些前缀。和以前一样，你希望把扫描的次数和扫描覆盖的空间区域降到最小。GeoHash.getAdjacent()方法给了你一个简便的办法，可以在使用低精度 geohash 之前扩大查询区域。让我们使用该方法来找到一组合适的扫描——一组最小包围的前缀。在讨论算法之前，先掌握几个几何学技巧是有帮助的。

你要使用的第一个技巧是形心（centroid）[②]，多边形的几何中心点。这个查询的参数是一个多边形，每个多边形有一个形心。你将使用形心开始计算最小包围前缀的集合。如果你有一个 Geometry 实例，JTS 可以使用 Geometry.getCentroid()方法来计算这个形心。因此你需要一种方法，能够基于查询参数实例化生成一个 Geometry 对象。有一个叫做 WKT[③]（well-known text）的简单文本格式，可以用来描述几何形状。把这个时代广场的查询转换成 WKT 形式，如下所示：

```
POLYGON ((-73.980844 40.758703,
         -73.987214 40.761369,
         -73.990839 40.756400,
         -73.984422 40.753642,
         -73.980844 40.758703))
```

这是数据空间里的时代广场。从技术上说，多边形是一个封闭的形状，所以第一个

---

① JTS 是一个全功能的、用 Java 计算几何形状的库。

② 形心是在形式几何里有严格含义的数学术语。需要注意的一点是：多边形的形心并不总是在多边形里面。这个查询例子不是这样，但是现实生活中数据是很复杂的，这有可能发生。维基百科上的文章提供了许多有用的图示：http://en.wikipedia.org/wiki/Centroid。

③ WKT 的更多例子可以参见 http://en.wikipedia.org/wiki/Well-known_text。

和最后一个点必须相同。应用系统接收 WKT 作为查询输入。JTS 提供了一个 WKT 的解析器，你可以使用它基于查询输入创建一个 Geometry 实例。一旦你有了这个 Geometry 实例，只需要调用一个方法就可以得到形心：

```
String wkt = ...
WKTReader reader = new WKTReader();
Geometry query = reader.read(wkt);
Point queryCenter = query.getCentroid();
```

带有形心的查询多边形如图 8-12 所示。

图 8-12　带有形心的查询多边形。形心点是你开始计算最小边界的 geohash 集合的地方

现在你知道了查询多边形的形心，这是开始计算 geohash 的地方。但问题是，你不知道需要多大一个 geohash 可以完全包含查询多边形。你需要有办法来计算出一个 geohash，并看看是否可以完全包含用户的查询多边形。JTS 里的 Geometry 类有一个 contains()方法正是做这个的。如果不是必须，你也不愿意降低精度水平。如果当前精度的 geohash 不能包含查询多边形，你应该试试这个 geohash 加上它的所有直接邻居。因此，你需要一种办法来把一个 GeoHash 或一组 GeoHashes 转换成一个 Geometry。

这带来了第二个几何学技巧：凸包（convex hull）。

　　某多边形凸包的正式定义是：所有包含该多边形的几何形状集合的交集。维基百科网页[①]有一个简单的描述，这足以满足你的需要。网页上面说你可以把一组几何形状的凸包想象成用一个橡皮圈把这些几何形状紧紧圈起来时的形状。这些几何学概念在图片上很容易解释，一些随机无规则点的凸包如图 8-13[②]所示。

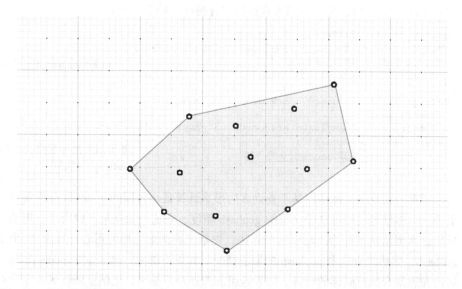

图 8-13　凸包是紧紧围住一组几何形状的形状。本例中，这组几何形状是一些简单的点。你将
　　　　　用它们来测试一个 geohash 的全部邻居的覆盖情况

　　当你想知道查询多边形是否落在全部 geohash 邻居里时，凸包对于这种情况是很有用的。本例中，这意味着是否有一个或一组 geohash，你可以通过在所有 geohash 的拐角点上取凸包来创建一个覆盖测试多边形。每个 GeoHash 是一个有边界的方块（BoundingBox），而 BoundingBox 有 4 个拐角。让我们把这些封装到一个方法里：

```
Set<Coordinate> getCoords(GeoHash hash) {
  BoundingBox bbox = hash.getBoundingBox();
  Set<Coordinate> coords = new HashSet<Coordinate>(4);
  coords.add(new Coordinate(bbox.getMinLon(), bbox.getMinLat()));    ← 西南拐角
  coords.add(new Coordinate(bbox.getMinLon(), bbox.getMaxLat()));    ← 西北拐角
  coords.add(new Coordinate(bbox.getMaxLon(), bbox.getMaxLat()));    ← 东南拐角
  coords.add(new Coordinate(bbox.getMaxLon(), bbox.getMinLat()));    ← 东北拐角
  return coords;
}
```

---

① 你可以找到凸包的正式定义：http://en.wikipedia.org/wiki/Convex_hull。
② JTS 带来一个研究几何形状交集的应用，叫做 JTSTestBuilder。本图部分使用该工具创建。

在 geohash 邻居的完整集合的情况下，你需要循环处理每一个 geohash，在每一个 geohash 上调用 getCoords()，收集它们的拐角坐标。使用 Coordinate，你可以创建一个简单的 Geometry 实例，MultiPoint 扩展了父类 Geometry，MultiPoint 代表一组点。因为 Multipoint 没有额外的几何形状限制，所以你将使用 Multipoint，而不是像 Polygon 这样的东西。创建 MultiPoint 实例，然后获取它的 convexHull()。你可以把所有这些放进另一个辅助方法：

```
Geometry convexHull(GeoHash[] hashes) {
  Set<Coordinate> coords = new HashSet<Coordinate>();
  for (GeoHash hash : hashes) {            收集所有 hash 的所有拐角
    coords.addAll(getCoords(hash));
  }
  GeometryFactory factory = new GeometryFactory();
  Geometry geom
    = factory.createMultiPoint(coords.toArray(new Coordinate[0]));
  return geom.convexHull();                基于拐角坐标创建简单的
}           获取 Geometry 的凸包          Geometry 实例
```

现在一切就绪，你可以基于查询多边形来计算最小包围的 geohash 前缀集合。到目前为止，你已经使用过 7 个字符的 geohash 精度，在这个数据集上取得了合理的成功，所以这次也从这里开始。对于这个算法，先基于查询多边形的形心计算出 7 个字符的 geohash，然后检查这个 geohash 的覆盖情况。如果不够大，基于这个 geohash 和 8 个邻居的完整集合执行同样的计算。如果这组前缀还是不够大，把精度降低到 6 个字符，并且再次尝试整个过程。

代码比言语更有说服力。这个 minimumBoundingPrefixes() 方法如下：

```
GeoHash[] minimumBoundingPrefixes(Geometry query) {
  GeoHash candidate;
  Geometry candidateGeom;
  Point queryCenter = query.getCentroid();          从形心……
  for (int precision = 7; precision > 0; precision--) {
    candidate                                       和 7 个字符精
      = GeoHash.withCharacterPrecision(queryCenter.getY(),   度的 geohash
                                       queryCenter.getX(),   开始
                                       precision);

    candidateGeom = convexHull(new GeoHash[]{ candidate });
    if (candidateGeom.contains(query)) {      检查 hash 的
      return new GeoHash[]{ candidate };      覆盖情况
    }
                                                        如果失败，
    candidateGeom = convexHull(candidate.getAdjacent());  检查全套
    if (candidateGeom.contains(query)) {                  geohash 的
      GeoHash[] ret = Arrays.copyOf(candidate.getAdjacent(), 9);  覆盖情况
      ret[8] = candidate;
      return ret;          不要忘了加上
    }                      中心 hash
```

```
    }
    throw new IllegalArgumentException(
        "Geometry cannot be contained by GeoHashs");
    }
```

如果失败，降低精度级
别，再次尝试

当然，图片比代码更有说服力。分别在 6 个字符和 7 个字符精度水平把查询多边形和 geohash 叠放在一起的尝试如图 8-14 所示。7 个字符是不够覆盖查询多边形的，所以这个精度水平必须降低。

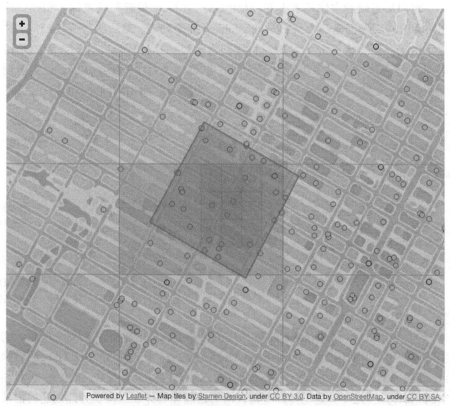

图 8-14 在 6 个字符和 7 个字符精度时的覆盖测试。在 7 个字符时，中心 geohash 和全部邻居加起来还是不能覆盖整个查询区域，降低到 6 个字符就可以完成任务

图 8-14 也凸显了当前方式的缺点。在 6 个字符精度时，你的确覆盖了整个查询区域，但是整个西边的方框没有贡献任何落在查询里的数据。你可以在选择前缀方框时更智能一些，但是这涉及很复杂的计算逻辑。我们暂且认为这样已经足够好了，并且继续改进这个查询。

8.4.2　区域内查询第一幕：客户端

在建立服务器端过滤器之前，让我们先在客户端完成查询逻辑建立和测试工作。即使在客户端本地运行成功，部署、测试和重新部署任何服务器端组件也是很烦人的，所以让我们先在客户端建立和测试核心逻辑。不但如此，而且你创建的逻辑将来还可以被其他查询重复使用。

客户端逻辑的主体基本上和 KNNQuery（K 个最近邻居查询）相同。这两个例子中，你需要先创建一个待扫描的 geohash 前缀列表，然后执行这些扫描，并且收集返回结果。因为大部分内容相同，我们将跳过扫描器代码。你感兴趣的是检查一个返回点是否落在查询多边形里。为此，你需要为每个 QueryMatch 实例创建一个 Geometry 实例。基于 Geometry 实例，使用和前面相同的 contains() 调用就可以成功判断：

```
GeoHash[] prefixes = minimumBoundingPrefixes(query);          ←── 得到待扫描的前缀
Set<QueryMatch> ret = new HashSet<QueryMatch>();
HTableInterface table = pool.getTable("wifi");
for (GeoHash prefix : prefixes) {
  ...                                    ←── 执行扫描,创建 QueryMatch 实例
}
table.close();                                                        遍历所有
for (Iterator<QueryMatch> iter = ret.iterator(); iter.hasNext();) {   候选对象
  QueryMatch candidate = iter.next();
  Coordinate coord = new Coordinate(candidate.lon, candidate.lat);
  Geometry point = factory.createPoint(coord);         为每个候选对象创
  if (!query.contains(point))          ←── 测试是否落  建 Geometry 实例
    iter.remove();        ←── 移除不在查  在查询区域
}                             询区域的
```

QueryMatch 结果包含经度和纬度值，你可以把这些值转换成一个 Coordinate 实例。使用与前面相同的 GeometryFactory 类，把这个 Coordinate 转换成一个 Point，Point 是 Geometry 的子类。contains() 只是对 Geometry 类可用的多个空间判断方法[①]之一。这是件好事情，因为这意味着你在查询里为此创建的框架可以被许多其他空间判断操作重复使用。

让我们把代码打成包，测试一下这个查询。main() 方法里仍然没有什么有趣的东西，只是解析参数和提交查询，所以跳过它的代码。数据已经加载过了，所以你可以直接运行代码。重新编译应用，然后在时代广场周边的目标数据上执行一次查询：

---

① 如果你对所有空间判断方法感到好奇，看看这个资料的第 5 张幻灯片：Martin Davis, "JTS Topology Suite: A Library for Geometry Processing," March 2011。

```
$ mvn clean package
...
[INFO] -----------------------------------------------------
[INFO] BUILD SUCCESS
[INFO] -----------------------------------------------------
$ java -cp target/hbaseia-gis-1.0.0.jar \
  HBaseIA.GIS.WithinQuery local \
  "POLYGON ((-73.980844 40.758703, \
            -73.987214 40.761369, \
            -73.990839 40.756400, \
            -73.984422 40.753642, \
            -73.980844 40.758703))"
Geometry predicate filtered 155 points.
Query matched 26 points.
<QueryMatch:  644, dr5ru7tt72wm, -73.9852, 40.7574, NaN >
<QueryMatch:  634, dr5rukjkhsd0, -73.9855, 40.7600, NaN >
<QueryMatch:  847, dr5ru7q2tn3k, -73.9841, 40.7553, NaN >
<QueryMatch: 1294, dr5ru7hpn094, -73.9872, 40.7550, NaN >
<QueryMatch:  569, dr5ru7rxeqn2, -73.9825, 40.7565, NaN >
<QueryMatch:  732, dr5ru7fvm5jh, -73.9889, 40.7588, NaN >
<QueryMatch:  580, dr5rukn9brrk, -73.9840, 40.7596, NaN >
<QueryMatch:  445, dr5ru7zsemkp, -73.9825, 40.7587, NaN >
<QueryMatch:  517, dr5ru7yhj0n3, -73.9845, 40.7586, NaN >
<QueryMatch:  372, dr5ru7m0bm8m, -73.9860, 40.7553, NaN >
<QueryMatch:  516, dr5rue8nk1y4, -73.9818, 40.7576, NaN >
<QueryMatch:  514, dr5ru77myu3f, -73.9882, 40.7562, NaN >
<QueryMatch:  566, dr5rukk42vj7, -73.9874, 40.7611, NaN >

<QueryMatch:  656, dr5ru7e5hcp5, -73.9886, 40.7571, NaN >
<QueryMatch:  640, dr5rukhnyc3x, -73.9871, 40.7604, NaN >
<QueryMatch:  653, dr5ru7epfg17, -73.9887, 40.7579, NaN >
<QueryMatch:  570, dr5ru7fvdecd, -73.9890, 40.7589, NaN >
<QueryMatch: 1313, dr5ru7k6h9ub, -73.9869, 40.7555, NaN >
<QueryMatch:  403, dr5ru7hv4vyw, -73.9863, 40.7547, NaN >
<QueryMatch:  750, dr5ru7ss0bu1, -73.9867, 40.7572, NaN >
<QueryMatch:  515, dr5ru7g0bgy5, -73.9888, 40.7581, NaN >
<QueryMatch:  669, dr5ru7hzsnz1, -73.9862, 40.7551, NaN >
<QueryMatch:  631, dr5ru7t33776, -73.9857, 40.7568, NaN >
<QueryMatch:  637, dr5ru7xxuccw, -73.9824, 40.7579, NaN >
<QueryMatch: 1337, dr5ru7dsdf6g, -73.9894, 40.7573, NaN >
<QueryMatch:  565, dr5rukp0fp9v, -73.9832, 40.7594, NaN >
```

你得到了 26 个结果。这和我们之前的猜测非常接近。为了体会后面的工作，请注意有多少点被 contains() 判断排除。如果把过滤器逻辑推往集群，你可以把网络上传输的数据量减少大约 500%！但是，首先让我们再次确认结果是否正确。输出的 QueryMatch 行很有意思，但是如果看到这些结果，你很容易注意到有一个 Bug（应该是 25 个结果）。这个查询的结果如图 8-15 所示。

这看起来相当好。你可能还想把查询的边界扩大一点儿，那样，这个查询会获取几个紧挨边界线外面的位置。现在你知道了这个逻辑的工作原理，让我们把这些计算任务转移到那些空闲的 RegionServer 上。

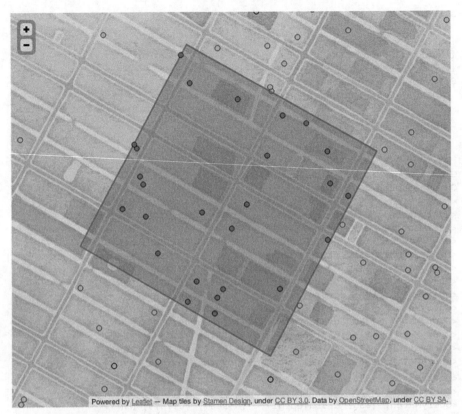

图 8-15　区域内查询结果。包含过滤器看起来可以按预期正常工作。也可以看到几何形状库和
　　　　　地图库是一致的

8.4.3　区域内查询第二幕：WithinFilter

　　现在有了一个可以作为基础的实现，让我们把判断逻辑放进过滤器。那样你就可以把多余的数据留在集群那边。你在客户端版本上验证了这个实现，一切都准备好了。应该看到唯一的不同是，使用了过滤器的版本会大大减少网络压力，因此理论上会运行得更快。除非你是在一台 HBase 单机模式的数据集上运行。

　　WithinFilter（区域内过滤器）与你在第 4 章看到的 PasswordStrength Filter 类似。就像 PasswordStrengthFilter 一样，该过滤器基于行里的单元存储的数据进行过滤，所以你需要维护某个状态。本例中，为了同时访问 X 和 Y 坐标，你需要覆盖 void filterRow(List<KeyValue>)方法。你将把客户端实现的逻辑转移到这里。在你要过滤掉一行的时候，这个方法会更新状态变量。去掉一些错误检查代码，filterRow()方法如下：

```
public void filterRow(List<KeyValue> kvs) {
  double lon = Double.NaN;
  double lat = Double.NaN;

  for (KeyValue kv : kvs) {
    if (Bytes.equals(kv.getQualifier(), X_COL))           ← 找到 X 坐标
      lon = Double.parseDouble(new String(kv.getQualifier()));
    if (Bytes.equals(kv.getQualifier(), Y_COL))
        lat = Double.parseDouble(new String(kv.getQualifier())); ← 找到 Y 坐标
  }

  Coordinate coord = new Coordinate(lon, lat);            创建 Point
  Geometry point = factory.createPoint(coord);
  if (!query.contains(point))                            ← 测试是否包含
    this.exclude = true;
}
```

遍历每行每个列族的每个 KeyValue 的方法可能很慢。如果可以，HBase 会优化对 filterRow()的调用，你必须在 FilterBase 的扩展里显式启用它。通过再一次覆盖告诉过滤器，让 HBase 调用该方法：

```
public boolean hasFilterRow() { return true; }
```

当你因为某行没有落在查询边界里想排除它时，你需要设置 exclude 标志。该标志在 boolean filterRow()里作为排除条件使用：

```
public boolean filterRow() {
  return this.exclude;
}
```

你将基于 main()函数的参数解析来的 query（Geometry 的实例）构造过滤器。在客户端构造过滤器如下：

```
Filter withinFilter = new WithinFilter(query);
```

除了把排除逻辑转移到 Filter 实现的外面之外，新方法看起来没有很大不同。在你自己的过滤器里，不要忘了包括一个不带参数的默认构造函数。这对于序列化 API 是必需的。现在可以安装过滤器并让它运行。

一条很少人走的路

写这部分的时候，还没有太多定制过滤器实现的例子。我们有一个 HBase 随机附带的过滤器列表（一个令人印象深刻的列表），但是再多就没有了。因此，如果你选择实现自己的过滤器，你可能会独自抓耳挠腮。但是不要怕！HBase 是开放的，你有源代码！

如果你认为 HBase 没有正确处理接口和调用环境之间的约定，你总是能追溯到源代码。处理这种事情的一个方便的技巧就是创建和记录异常。不需要抛异常，只是创建和记录它。LOG.info("", new Exception()); 这样应该就可以。栈跟踪会在应用日志里看到细节，

你会精确知道从什么地方翻查上游代码。到处设置异常可以很好地采样信息，什么在（或不在）调用你的定制过滤器。

如果你正在调试一个行为异常的过滤器，每次遍历数据你将必须停止和启动 HBase，以便让 HBase 知道 JAR 包的改变。这正是本例中你要先在客户端测试逻辑的原因。

为了让 RegionServer 能够实例化过滤器，过滤器必须安装在 HBase 集群上。让我们增加 JAR 包到类路径里，然后重启进程。如果你的 JAR 包像这个例子一样包括依赖项，也要确保登记这些依赖项的类。你可以把那些 JAR 包添加到类路径里，或者创建一个大 JAR 包（uber-JAR），把所有 JAR 包的类放进自己创建的大 JAR 包里。为简单起见，这里就是这么做的。实战中，我们推荐你保持 JAR 包的简洁，只是需要时才附带这些依赖项。这会简化版本冲突的调试，以后这全部会不可避免地出现。将来你会感谢自己的。同样的处理也适用于定制的协处理器（Coprocessor）的部署。

要精确找出你的过滤器（Filter）或协处理器（Coprocessor）依赖哪些外部 JAR 包，以及那些 JAR 包又依赖了哪些 JAR 包，Maven 可以帮你。它可以精确确定这些东西。本例中，Maven 显示只有两个依赖项没有被 Hadoop 和 HBase 提供。

```
$ mvn dependency:tree
...
[INFO] --- maven-dependency-plugin:2.1:tree (default-cli) @ hbaseia-gis ---
[INFO] HBaseIA:hbaseia-gis:jar:1.0.0-SNAPSHOT
[INFO] +- org.apache.hadoop:hadoop-core:jar:1.0.3:compile
[INFO] |  +- commons-cli:commons-cli:jar:1.2:compile
...
[INFO] +- org.apache.hbase:hbase:jar:0.92.1:compile
[INFO] |  +- com.google.guava:guava:jar:r09:compile
...
[INFO] +- org.clojars.ndimiduk:geohash-java:jar:1.0.6:compile
[INFO] \- com.vividsolutions:jts:jar:1.12:compile
[INFO] ------------------------------------------------------------------
[INFO] BUILD SUCCESS
[INFO] ------------------------------------------------------------------
```

你很幸运：这些依赖项没有带来它们自己需要的依赖项——至少，JAR 包都提供了。如果有需要的依赖项，它们会显示在树形图里。

你可以通过编辑 $HBASE_HOME/conf 目录里的 hbase-env.sh 文件来安装 JAR 包和任何依赖项。把 export HBASE_CLASSPATH 开头的行去掉注释，添加你的 JAR。你可以添加多个 JAR，用冒号（:）分开。如下所示：

```
# Extra Java CLASSPATH elements. Optional.
export HBASE_CLASSPATH=/path/to/hbaseia-gis-1.0.0.jar
```

现在你可以重新编译应用，重新启动应用，并且测试应用。注意，把查询工具启动命令的第一个参数从 local 改为 remote：

```
$ mvn clean package
...
[INFO] -------------------------------------------------
[INFO] BUILD SUCCESS
[INFO] -------------------------------------------------
$ $HBASE_HOME/bin/stop-hbase.sh
stopping hbase.....
$ $HBASE_HOME/bin/start-hbase.sh
starting master, logging to …
$ java -cp target/hbaseia-gis-1.0.0.jar \          ←——— 使用远程的而不是本地的
  HBaseIA.GIS.WithinQuery remote \
  "POLYGON ((-73.980844 40.758703, \
            -73.987214 40.761369, \
            -73.990839 40.756400, \
            -73.984422 40.753642, \
            -73.980844 40.758703))"
Query matched 26 points.
<QueryMatch:  644, dr5ru7tt72wm, -73.9852, 40.7574, NaN >
<QueryMatch: 1313, dr5ru7k6h9ub, -73.9869, 40.7555, NaN >
<QueryMatch:  403, dr5ru7hv4vyw, -73.9863, 40.7547, NaN >
<QueryMatch:  565, dr5rukp0fp9v, -73.9832, 40.7594, NaN >
<QueryMatch:  516, dr5rue8nk1y4, -73.9818, 40.7576, NaN >
<QueryMatch:  669, dr5ru7hzsnz1, -73.9862, 40.7551, NaN >
<QueryMatch:  445, dr5ru7zsemkp, -73.9825, 40.7587, NaN >
<QueryMatch:  580, dr5rukn9brrk, -73.9840, 40.7596, NaN >
<QueryMatch:  732, dr5ru7fvm5jh, -73.9889, 40.7588, NaN >
<QueryMatch:  637, dr5ru7xxuccw, -73.9824, 40.7579, NaN >
<QueryMatch:  566, dr5rukk42vj7, -73.9874, 40.7611, NaN >
<QueryMatch:  569, dr5ru7rxeqn2, -73.9825, 40.7565, NaN >
<QueryMatch:  515, dr5ru7g0bgy5, -73.9888, 40.7581, NaN >
<QueryMatch:  634, dr5rukjkhsd0, -73.9855, 40.7600, NaN >
<QueryMatch:  640, dr5rukhnyc3x, -73.9871, 40.7604, NaN >
<QueryMatch:  372, dr5ru7m0bm8m, -73.9860, 40.7553, NaN >
<QueryMatch:  517, dr5ru7yhj0n3, -73.9845, 40.7586, NaN >
<QueryMatch:  656, dr5ru7e5hcp5, -73.9886, 40.7571, NaN >
<QueryMatch: 1294, dr5ru7hpn094, -73.9872, 40.7550, NaN >
<QueryMatch:  653, dr5ru7epfg17, -73.9887, 40.7579, NaN >
<QueryMatch:  570, dr5ru7fvdecd, -73.9890, 40.7589, NaN >
<QueryMatch:  847, dr5ru7q2tn3k, -73.9841, 40.7553, NaN >
<QueryMatch: 1337, dr5ru7dsdf6g, -73.9894, 40.7573, NaN >
<QueryMatch:  750, dr5ru7ss0bu1, -73.9867, 40.7572, NaN >
<QueryMatch:  631, dr5ru7t33776, -73.9857, 40.7568, NaN >
```

返回了同样数量的点。如果执行一个快速的 cat、cut、sort、diff 命令，可以证实输出结果是相同的。在图 8-16 上通过肉眼检查确认了这一点。

最后的测试将会是加载很多数据到分布式集群，测定两种实现使用的时间。执行一个巨大区域的查询会显示出显著的性能提升。但是，请小心。如果你的查询区域确实够大，或者你构建了一个复杂的分层过滤器，你可能会遇到 RPC 运行超时之类的事情。请参考我们前面关于扫描器缓存设置的建议（8.3 节），可以帮助你减少这种问题。

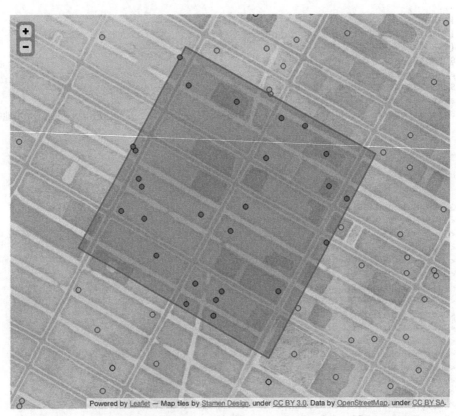

图 8-16　带过滤器的扫描结果。这个结果看起来应该和图 8-15 的结果相同

8.5　小结

　　本章关于 GIS 与关于 HBase 讨论得一样多。请记住，HBase 只是一个工具。为了有效地使用它，你需要了解这个工具并且了解使用它的领域。geohash 技巧印证了这一点。掌握一些领域知识会大有帮助。本章展示了如何结合领域知识和对 HBase 的理解创造一种工具来高效地并行处理成堆的 GIS 数据。本章也展示了如何把应用逻辑计算转移到服务器端，提供了关于这样处理的时机和理由的建议。

　　值得注意的是，这些查询仅仅只是开始。同样的技术可应用于实现许多其他空间判断。这不是打算替换 PostGIS[①]，但它是一个开始。它也是探索如何在 HBase 上实现多维

---

① PostGIS 是一套 PostgreSQL 数据库的扩展模块，在开源世界里是一种权威的开源 GIS 数据库。
如果你认为 geohash 算法很灵巧，请看看这个系统的工作原理：http://postgis.refractions.net/。

度查询的开端。作为一个有趣的跟进，有一篇论文在 2011 年[①]发表，研究把像四叉树和 k-d 树这样的传统数据结构以辅助索引的形式移植到 HBase 上的方法。

　　本章结束了本书关于在 HBase 上构建应用系统的部分。但是，不要认为本书结束了。一旦你编写了代码并发布了 JAR 包，乐趣才刚刚开始。从现在起，你将了解如何规划一个 HBase 部署以及如何在生产环境中运行 HBase。无论你在项目计划里扮演的角色是项目经理还是网络管理员，我们都希望你能找到你所需要的。应用开发人员也会找到有用的资料。应用系统的性能相当大程度上取决于如何配置客户端以匹配你的集群配置。当然，你对集群的工作原理了解得越多，就越有能力解决应用系统的生产环境问题。

---

① Shoji Nishimura, Sudipto Das, Divyakant Agrawal, and Amr El Abbadi, "MD-HBase: A Scalable Multidimensional Data Infrastructure for Location Aware Services," 2011.

第四部分

让 HBase 运转起来

这一部分的两章旨在帮助你把 HBase 应用系统从开发原型升格为成熟的生产系统。

第 9 章将指导你如何为 HBase 集群提供和准备硬件。你可以参照那些建议为应用系统有针对性地部署和配置 HBase。

第 10 章讲述如何在生产环境中成功地建立 HBase 集群。从来之不易的性能配置策略到健康状态监控以及数据备份技术，第 10 章将教你处理在 HBase 生产集群中出现的困难场景。

第 9 章　部署 HBase

本章涵盖的内容
- 为 HBase 部署选择硬件
- 安装、配置和启动 HBase
- 在云端部署 HBase
- 掌握重要的配置参数

到现在为止，你已经学习了很多关于 HBase 系统的知识，以及如何使用它。当你阅读本章时，我们希望你已经安装了 HBase 的单机模式，并且摆弄过客户端代码。一个节点的 HBase 单机模式只能进行基本操作，通常在学习如何使用系统或者开发应用时会采用这种模式。单机模式不能处理真实的工作负载或者数据规模。

当计划安装一个完全分布式 HBase 时，你必须考虑下面所有各个组件：HBase Master、ZooKeeper、RegionServer 和 HDFS DataNode。有时这个列表还要包括 MapReduce 框架。每个组件对硬件资源都有不同的需求。本章将详细介绍所有组件的硬件需求，以及怎样为完全分布式 HBase 安装选择硬件；然后将讨论可选的不同 HBase 发行版，以及在选择一种发行版而不是另一种时应该考虑的因素。我们还将讨论部署策略，以及在规划部署系统的架构时应该考虑什么内容。

还记得云计算吗？在前面的章节中我们避而不谈，但是现在我们会讨论它。在你安装好一切并部署好 HBase 的组件以后，你还需要配置系统。我们将讨论重要的配置参数以及每个参数的含义。

注意：如果你打算构建一个生产系统，你很可能要和系统管理员合作，并且在部署的过程中让
　　　他们参与进来。

9.1　规划集群

　　规划一个 HBase 集群包括规划底层的 Hadoop 集群。本节我们将强调选择硬件时要谨记的
考虑因素，以及在集群中怎样部署各个角色（HBase Master、RegionServer、ZooKeeper 等）。其
中，选择正确的硬件是部署的关键。除了为构建使用 HBase 的应用系统而雇用工程师之外，
硬件可能是你在部署 Hadoop 和 HBase 时最大的一笔投资。Hadoop 和 HBase 可以在商用硬件
上运行。但是商用并不意味着低档的配置。这里商用的含义是指可以很容易从多家厂商那里得
到不算特殊的零件。换句话说，你不需要为了成功部署而去购买顶级的企业级服务器。

　　为任何应用选择硬件的时候，你都必须做一些选择，诸如 CPU 数量、内存大小、
硬盘数量和大小等。对 HBase 部署来说，为了得到最好的性能和投入最低的成本，对所
有这些资源选择正确的比例是很重要的。如果一个集群有许多 CPU，却没有足够的内存
用于保存缓存或者 MemStore，这是不合适的。这种情况下稍微减少 CPU 的数量并且增
加内存可能是一个更好的选择，而成本是一样的。

　　正如你到现在为止所了解的，在 HBase 部署里有许多种角色。每种角色都有特殊的
硬件需求，其中有一些角色的使用范围比其他的更为广泛。

　　硬件的选择以及硬件部署的位置由集群的规模决定。在 25 个节点以内的集群里，在一
个节点上运行 Hadoop JobTracker 和 NameNode 是很常见的。你也可以把 Secondary
NameNode 放在那个节点上，但一般推荐把它分开部署。大于 25 个节点的集群通常有专
用的硬件来分别部署 Hadoop NameNode、JobTracker 和 Secondary NameNode。不要认为
25 是个魔力数字，它只是在规划集群的时候在考虑方向上给你一个大体的指导原则。

　　现在让我们把 HBase 考虑进来。HBase RegionServer 几乎总是和 Hadoop DataNode 并
行部署在一起的。当规划一个集群的时候，我们需要考虑服务水平约定（SLA），仔细地
规划变得至关重要。作为一个总体原则，如果 HBase 被用于低延迟工作负载场合，请不
要把 HBase RegionServer 和 Hadoop TaskTracker 并行部署在一起。如果你的使用场景不会
用到 MapReduce 作业，根本就不安装 MapReduce 框架是一个更好的选择——也就是说，
不要安装 JobTracker 和 TaskTracker。如果既有 MapReduce 作业又有实时工作负载，建议
分开使用两个单独的集群———一个运行 MapReduce 作业，另一个运行 HBase。MapReduce
作业可以从远程的 HBase 集群读取数据。当然，这样做你确实失去了数据的本地性，每
个作业都将跨网络传输数据，但这是确切保证实时工作负载的 SLA 的唯一方法。

　　我们通常不推荐同一个 HBase 集群同时服务于 MapReduce 和实时工作负载。如果
你一定要那样做，请务必调低任务（task）数，以避免压垮 HBase RegionServer。另外建
议使用更多块硬盘，这样可以跨硬盘分散负载，这有助于缓解 I/O 争用问题。因为

Map/Reduce 任务也需要内存资源，建议采用更大内存。

如果主要使用场景是基于 HBase 的数据运行 MapReduce 作业，那么 RegionServers 和 TaskTracker 并行部署在一起也是可以接受的。

现在，让我们研究一些常见的部署情景以及如何规划它们。通常这样有助于从打算部署的集群类型的角度出发进行考虑。接下来我们将列举出一些常见的集群类型。

9.1.1　原型集群

如果你正在构建一个简单的原型集群，你可以把 HBase Master 和 Hadoop NameNode、JobTracker 并行部署在同一个节点上。如果 Hadoop NameNode 和 JobTracker 已经分开运行在不同节点上的话，你可以让 HBase Master 和它们中间任意一个并行部署在一起，这样就可以了。ZooKeeper 也可以安装在这些节点上。

假如你把 Hadoop NameNode、JobTracker、HBase Master、和 ZooKeeper 运行在同一个节点上，则需要一个拥有足够的内存和硬盘的节点来支撑这个负载。一个原型集群很可能少于 10 个节点，这时 HDFS 的容量是有限的。一台配置了 4～6 核 CPU、24～32 GB 内存和 4 块 SATA 硬盘的机器应该就够用了。此时不需要有冗余电源、SAS 硬盘等；对于原型集群，也不需要追求系统的高可用性，所以先省点钱，以便当你的应用系统火起来的时候可以把这些钱投入到生产集群上。

小结[①]

- 原型集群没有严格的 SLA，所以宕机也没关系。
- 通常少于 10 个节点。
- 在原型集群里，多个服务并行部署在一个节点上是可以接受的。
- 每个节点 4～6 核 CPU、24～32 GB 内存、4 块硬盘应该是一个很好的初始配置。

  在这里我们假设你没有把 MapReduce 和 HBase 并行部署在一起，如果你只把该集群用于低延迟访问，那么这是运行 HBase 的推荐方式。MapReduce 和 HBase 并行部署在一起则需要更多的 CPU、内存和硬盘。

9.1.2　小型生产集群（10～20 台服务器）

一般来说，HBase 生产集群不应该少于 10 个节点。当然，10 也不是一个魔力数字。运营一个保证性能和严格的 SLA 的小型集群是很难的（这个说法更多地基于经验而不是逻辑）。

在小型生产集群里，Hadoop NameNode 和 JobTracker 依然可以并行部署在一起。两个服务中的每一个都没有足够的负载来要求额外的硬件资源。但是倘若你需要一个可靠的系统，你需要考虑配置比原型集群更好的硬件。我们在后面会讨论每个角色类型的典型硬件配置。

HBase Master 应该运行在它自己的硬件上，但并不是因为它承担了很多工作。把它从运行

---

① 原文 Tl;dr（too long; didn't read，太长，别读了）。我们知道有些读者喜欢直接跳到关键点！

NameNode 和 JobTracker 的机器上分离出来是为了减少那个节点的负载。HBase Master 节点可以使用比那两个服务更低等级的硬件配置。你可以只部署一台 Master，但是倘若这是一个生产系统，Master 有冗余更好一些。因此，你应该有多个 HBase Master，每个部署在专用的硬件上。

在小型生产集群里一个 ZooKeeper 实例通常就足够了。ZooKeeper 不需要做资源密集型的工作，可以把它部署在档次适中的硬件上。你也可以考虑把 ZooKeeper 和 HBase Master 部署在同一台主机上，只要给 ZooKeeper 一个专用的硬盘来写数据即可。配置多个 ZooKeeper 节点可以提高可用性；不过对于小型集群，你不可能期望很高的业务流量，用一个 ZooKeeper 实例就可以满足系统可用性了。即使你配置了多个 ZooKeeper，NameNode 的单点故障依然是个问题。

单个 ZooKeeper 和 HBase Master 实例部署在同一个节点上的负面影响是限制了集群的可维护性。像内核升级、小规模重启等，这些事情都需要系统停机。但是在小型集群，配置超过一台的 Zookeeper 和 HBase Master 意味着成本上升。你需要作出明智的选择。

小结
- 小于 10 个节点的集群很难运转。
- 在部署生产集群的时候，为管理节点配置相对好一点的硬件。双电源供电和 RAID 是常见选择。
- 没有很多流量和工作负载的小型生产集群可以让不同的服务并行部署在一起。
- 对于小型集群一个 HBase Master 就可以了。
- 对于小型集群一个 ZooKeeper 就可以了，并且可以和 HBase Master 并行部署在一起。如果运行 NameNode 和 JobTracker 的主机足够强大，也可以把 ZooKeeper 和 HBase Master 部署在那里。这样可以节省购买额外机器的费用。
- 单个 HBase Master 和 ZooKeeper 会限制集群的可维护性。

9.1.3　中型生产集群（50 台以下服务器）

当服务器扩展到比小规模集群更大的数量时，情况就变了。此时集群有更多的数据、更多执行运算的服务器和更多需要管理的进程。可以分开 NameNode 和 JobTracker，把它们部署在专用的硬件上。可以继续把 HBase Master 和 ZooKeeper 部署在同一主机上，就像小型集群部署那样。Master 的负载不会随着集群的规模线性增长；实际上，Master 的负载不会增加多少。

在小规模部署中，单个 ZooKeeper 实例就可以满足需要。随着部署规模的扩展，你可能会有更多的客户端线程。可以考虑把 ZooKeeper 实例的数量增加到 3 个。为什么不是 2 个呢？因为 ZooKeeper 需要奇数个实例才能满足做出决策的法定服务器数量。

小结
- 在生产环境中，大概 50 个节点属于中型集群这一类。

■ 由于性能的原因，我们建议不要并行部署 HBase 和 MapReduce。如果你的确需要并行部署在一起，请把 NameNode 和 JobTracker 分开部署到不同的机器上。

■ 建议部署 3 个 ZooKeeper 和 3 个 HBase Master 节点，尤其是对于一个生产系统而言。如果你不需要 3 个 HBase Master 的话，2 个也可以；但是如果你已经有了 3 个 ZooKeeper 节点，并且 ZooKeeper 可以和 HBase Master 共享节点，增加第三个 HBase Master 也没害处。

■ NameNode 和 Secondary NameNode 不能使用廉价的硬件。

9.1.4 大型生产集群（超过 50 台服务器）

大型集群和中型集群的部署方式很相似，只是我们建议把 ZooKeeper 实例增加到 5 个。HBase Master 和 ZooKeeper 仍并行部署在一起。这样 HBase Master 也部署 5 个。请确保给 ZooKeeper 配置专用的硬盘来写数据。

当你研究大型集群部署时，Hadoop NameNode 和 Secondary NameNode 的硬件配置方案也会相应改变。我们稍后会讨论这一点。

小结

■ 保持与中型集群的部署方式相同，只是需要 5 个 ZooKeeper 实例，仍然和 HBase Master 并行部署在一起。

■ 确保 NameNode 和 Secondary NameNode 有足够的内存，这取决于集群的存储容量。

9.1.5 Hadoop Master 节点

Hadoop NameNode、Secondary NameNode 和 JobTracker 通常被称为 Hadoop Master 进程。正如你前面看到的，根据集群的规模大小，这些进程要么部署在一起，要么分开部署到硬件配置相近的节点上。所有这些进程都是单进程，并且没有内置任何故障转移/故障恢复策略。因此，你需要确保部署的硬件尽可能是高可用的。当然，你也不要走极端，去买最贵的硬件系统。只是不要太便宜就可以了！

对于运行这些进程的节点，建议你在硬件层面上为各个组件做些冗余处理，如双电源、质量有保证的网卡和 RAID 硬盘（可能的话）。在 NameNode 和 Secondary NameNode 服务器上使用 RAID 1 硬盘来存储元数据是常见的做法，尽管 JBOD[①]可能更符合需要，因为 NameNode 可以把元数据写到多个位置。如果 NameNode 上保存元数据的硬盘坏了，并且你没有在部署时考虑冗余或者备份，你的集群将丢失数据，在生产环境中这是你不希望经历的事情。其解决方案是，要么使用 RAID 1 并把数据写在这种硬盘上，要么使用多块硬盘并配置 NameNode 把数据写到多块硬盘上。为了把元数据写到 NameNode 服务器之外的存储器，使

① JBOD 表示 Just a Bunch of Disks。你可以阅读更多关于非 RAID 驱动架构的内容，参见 http://mng.bz/Ta1c。

用 NFS 挂载作为 NameNode 元数据的备份目录也是常见的。另外，这些节点的操作系统也需要是高可用的。把存放操作系统的硬盘也配置为 RAID 1。

NameNode 服务器在主内存中为所有元数据提供服务，因此为了能够寻址整个命名空间[①]你需要确保有足够的内存。一台配置 8 核 CPU、至少 16 GB DDR3 RAM、1 Gb 双以太网卡和 SATA 硬盘的服务器应该足够满足小规模集群的需要。中型和大型集群可以扩展额外的 RAM，同时其他硬件配置保持相同。通常中型集群需要增加 16 GB RAM，大型集群在此基础上再增加 16 GB 内存，增加的内存用来容纳由于更高存储容量带来的更多元数据。

Secondary NameNode 应该使用和 NameNode 相同的硬件配置。Secondary NameNode 除了定时检查和备份元数据的工作之外，通常在 NameNode 服务器宕机的时候它也是你临时切换使用的服务器。

9.1.6　HBase Master

HBase Master 不承担很重的负载，并且为了故障切换的目标你可以部署多个 Master。由于这两个因素，为 HBase Master 配置昂贵的、内置冗余的硬件有些过头。你不会因此得到太多好处。

HBase Master 节点服务器的典型硬件配置是 4 核 CPU、8～16 GB DDR3 RAM、2 块 SATA 硬盘（一块用于操作系统，另一块用于 HBase Master 日志）和 1 块 1Gb 以太网卡。通过使用多台 HBase Master 来构建系统冗余，这样应该就可以了。

小结

- HBase Master 是一个轻量级进程，不需要很多资源，但是如果可能的话，把它部署到单独的硬件上是明智之举。
- 可以配置多个 HBase Master 进行冗余处理。
- 4 核 CPU、8～16 GB RAM 和 2 块硬盘对 HBase Master 节点来说足够了。

9.1.7　Hadoop DataNode 和 HBase RegionServer

Hadoop DataNode 和 HBase RegionServer 在系统中通常被称为工作节点（slave node）。因为在系统架构中有内建的冗余处理，它们不像管理节点（Master node）那样需要昂贵的硬件。所有的工作节点是相同的，它们中的任一节点都能替代其他节点的功能。工作节点的职责是存储 HDFS 数据，执行 MapReduce 计算，以及为来自 HBase RegionServer 的请求提供服务。为了能够很好地完成这些工作，它们需要足够的 RAM、硬盘和 CPU 核。记住，商用并不意味着低档配置，而是代之以中等质量的硬件。没有

---

① 这里有篇 Konstantin Shvachko（一个 HDFS 代码提交人）写的关于 NameNode 扩展性和你需要多少内存的好文章：“HDFS scalability: the limits to growth,” April 2010。

一种硬件配置对所有工作负载都是最优的；有的工作负载是内存密集型的，而另外一些工作负载是 CPU 密集型的。例如，归档存储类型工作负载，它们便不需要很多 CPU 资源。

HBase RegionServer 是内存贪婪型的，可以轻松消耗掉你给的所有 RAM。但这并不意味着你要给 RegionServer 进程分配 30 GB 的堆空间。否则你会迅速进入 stop-the-world 垃圾收集器（garbage collector），然后你的系统马上崩溃。记住，HBase 是对延迟敏感的，而 stop-the-world 垃圾回收是它的克星。按照经验判断，为 RegionServer 分配 10～15GB 堆内存时表现良好，不过你应该针对你的工作负载进行测试以找出最优值。如果你正在运行的是 HBase（当然还有 HDFS），工作节点需要为 DataNode、RegionServer、操作系统和其他进程（监控代理等）配置 8～12 核 CPU。再加上 24～32 GB 内存和 12 块 1 TB 硬盘，这样应该就可以了。在服务器上增加额外的内存总是没有坏处的，可以用做文件系统的缓存。

注意，这里并没有运行 MapReduce。如果你选择在同样的集群上[①]运行 MapReduce，需要额外增加 6～8 核 CPU 和 24GB 内存的配置。一般来说，每个 MapReduce 任务需要大约 2～3GB 内存和至少 1 核 CPU。让每个节点使用很高的存储密度（像 12 块 2 TB 硬盘）会导致不太合适的表现，例如在一个节点发生故障时需要复制大量数据。

小结

- DataNode 和 RegionServer 总是并行部署在一起。它们为吞吐量提供服务。请避免在相同的节点上运行 MapReduce。
- 8～12 核 CPU、24～32 GB RAM、12 块 1 TB 硬盘是一个良好的初始化配置。
- 为了得到更高的存储密度，你可以增加硬盘数量，但是不要加得太多，否则在节点或硬盘故障时复制副本会很耗时。

建议：选择大量的配置合理的服务器，而不是少量的性能强大的服务器。

9.1.8 ZooKeeper

和 HBase Master 一样，ZooKeeper 也是个相对轻量级的进程。但是 ZooKeeper 比 HBase Master 对延迟更敏感。因此，我们推荐给 Zookeeper 配置专用的硬盘写数据。ZooKeeper 在内存里提供所有服务，不过它也要把数据持久化存储到硬盘；如果写硬盘很慢（由于 I/O 争用）的话，这将降低 ZooKeeper 的性能。

除此以外，ZooKeeper 不需要很多硬件资源。你可以简单使用与 HBase Master 一样的硬件配置就可以了。

小结

- ZooKeeper 是轻量级进程，但是对延迟很敏感。
- 如果打算单独部署 ZooKeeper，选择与 HBase Master 类似的硬件就可以了。

---

① 除非你的主要负载是基于 HBase 表的 MapReduce 作业，并且你不要求随时从 HBase 获得有保证的低延迟响应，否则我们一般建议把 TaskTracker 和 HBase RegionServer 分开部署。

■   HBase Master 和 ZooKeeper 可以并行部署在一起，只要确保 ZooKeeper 有专用
    的硬盘来持久化存储数据即可。如果并行部署在一起，那么需要在 HBase Master
    的配置基础上增加一块硬盘（给 ZooKeeper 持久化存储数据）。

9.1.9   采用云服务怎么样

我们已经讨论了 HBase 的各个组件，并且讨论了提供什么硬件能够使它们的性
能最优。最近，由于云服务提供给用户的灵活性，云服务（cloud）正在变得流行。在
HBase 的语境中，我们认为云服务只是另外一种具有不同成本模型的硬件选择。这可能
是一个狭义的看法，但是让我们先这么开始。重要的是，了解这种云服务能够提供的各
种特性，以及从部署生产品质的 HBase 实例的角度看有何含义。

目前，在云基础设施领域最大的（最早的）参与者是 Amazon Web Services
（AWS）。其他一些参与者是 Rackspace 和 Microsoft。AWS 最流行，有些人已经将
HBase 部署在 AWS 上。我们还没有看到部署在 Rackspace 和 Microsoft 上的实例。
可能因为那些部署是顶级秘密，还没有公开分享，只是我们不知道！至于这一节，
我们将更多关注 AWS 提供的东西，并且希望我们讨论的大部分内容对于其他提供
商也能适用。

从规划 HBase 部署的背景看，AWS 提供了 3 种相关的服务，即 Elastic Compute Cloud
（EC2）、Simple Storage Service（S3）和 Elastic Block Store（EBS）。正如你可能意识到
的，你需要使用干净的服务器来部署 HBase，而 EC2 就是提供虚拟服务器的服务。AWS 有
很多可用的虚拟机配置选项，并且还在不断增加选项。我们建议使用至少 16 GBRAM、
足够的计算和存储资源的虚拟机实例。这里说的有些含糊，但考虑到这种情况日新月异
的变化趋势，等你读到本书这一节的时候，很可能会有比我们在这里提到的最好的东西
还要好的新东西出来了。

总的来说，请遵循如下建议。

■   至少配置 16 GBRAM。HBase RegionServer 很耗内存，但是又不能给它配置太大
    内存，否则会遇到 Java 垃圾回收问题。本章后面我们将讨论如何优化垃圾回收。
■   配置尽可能多的硬盘。大部分 EC2 实例在写数据时没有提供多块硬盘。
■   网络带宽越大越好。
■   根据个人的使用场景配置充足的计算资源。MapReduce 作业比简单的网站服务
    数据库需要更多的计算能力。

有些 EC2 实例是完整的机器，这种物理服务器不是被多种实例共享的。这种实例大
部分更适合 HBase 甚至 Hadoop。当一个物理服务器被多个实例共享时，访问频繁的邻居
实例可能会严重影响性能。如果邻居实例在执行密集的硬盘 I/O 操作，与一个访问较少的
邻居实例相比，你需要启用更多的实例并且可能在实例上得到很低的 I/O 性能。

当讨论云端的 Hadoop 或 HBase 的时候，你会经常听到人们谈论 S3 和 EBS。我们也将在这里讨论它们。S3 是一种持久可靠的文件存储服务。通过在 HBase 表上运行导出作业并且把导出的数据写到 S3 上，可以用它备份 HBase。另一方面，EBS 可以被附加作为 EC2 实例的远程硬盘卷，为 EC2 实例提供外部持久化存储。如果你发现 HBase 集群启动和停止非常频繁，这种服务就能派上用场。你可能把 HDFS 完全存储在 EBS 上，然后在想停止 HBase 实例，节省一些钱的时候，停止 EC2 实例。当恢复 HBase 实例时，只需要提供新的 EC2 实例，然后挂载相同的 EBS 卷，启动 Hadoop 和 HBase 就可以了。这种做法涉及复杂的自动化脚本。

现在，你知道了云服务的配置选项以及如何选择使用它们，在云端部署 HBase 时，多方听取赞成和反对的论点是很重要的。你会听到人们旗帜鲜明的意见，我们会尽力把争论限制在单纯的事实和它们的含义上。

- 成本——云服务采用随用随付的成本模型。这样有好也有坏。在开始使用 HBase 之前，你不必投资一大笔钱预先购买硬件。你可以准备一些实例，按小时付费，然后把软件安装到上面。如果你在运行 24x7 的集群，请计算一下费用。在云端的实例可能反而比自己的数据中心或者共享的数据中心里配置硬件更贵。

- 易用性——云服务提供的实例只要调用几个 API 就可以完成。为了得到部署 HBase 的前几个实例，你不需要通过公司可能遵循的硬件采购流程。如果节点宕机，多启用一些就可以了。一切就这么简单。

- 运维——如果你必须自己购买硬件，那你还要买机架、电源及网络设备。运行维护这些设备需要一些人力资源，为此你还需要招兵买马。运行维护服务器、机架和数据中心可能不是你的核心能力，可能也不是你想投资的地方。如果你使用 AWS，Amazon 将为你做那些工作，并且该公司在这些方面拥有良好的记录。

- 可靠性——EC2 实例不像你购买的专用硬件那么可靠。我们亲眼看见过一些实例随机挂掉，而没有任何暗示问题的性能下降过程。随着时间变化，可靠性问题会有所改善，但仍然不能同你买的专用机器相比。

- 缺乏定制能力——你必须从 AWS 提供的实例类型中选择，而不能根据你的使用场景定制。如果自己购买硬件，你可以定制它。例如，如果你只是以档案的方式存储大量数据，那么你需要配置高密度存储，而不是很多计算能力。但是，如果你想执行很多计算任务，你必须反过来，需要在每个节点配置更多计算能力，而减少存储密度。

- 性能——虚拟化不是没有代价的。你要在性能上付出代价。一些虚拟化类型比其他的会好些，但是没有性能不受影响的情况。对硬盘 I/O 的影响比其他因素会更多些，而这一点对 HBase 影响最大。

- 安全性——调查云服务提供商给出的安全保证。有时候对于敏感数据这是个问题，你可能想拥有自己管理的硬件，并且保证其安全性。

  记住所有这些建议，做出你的硬件选择决定。归根结底，一切都取决于成本，我们建议根据每存储单位数据的支出或者每个读写操作的支出来评判成本。这些数字很难计算出来，但在你选择购买专用硬件还是公有云服务时，它们将给你所需要的洞察力。一旦你做出决定，要么购买硬件，要么租用云实例，接下来就该部署软件了。

9.2 部署软件

  管理和部署服务器集群，尤其是在生产环境里，是一件不简单的事情，需要谨慎从事。在管理和部署的过程中，会面临各种各样的挑战，我们将在这里列举出一些主要的挑战。这些挑战并不是说不能解决，或者人们还没有解决，而是说它们不能被忽视。

  在部署大批机器的时候，我们建议你尽可能自动化部署过程；这样做有几个原因。第一，你不用在所有需要安装的机器上重复同样的过程；第二，在添加新节点到集群的时候，你不用手工确保新节点被正确安装。理想的做法是让一个自动化系统为你完成所有这些工作，大部分公司都采用了这样形式或那样形式的自动化系统。有些公司使用自主开发的脚本，而其他公司则采用开源解决方案，如 Puppet 或者 Chef。还有一些商业版权工具，如 HP Opsware。如果你是在云端部署，可以使用 Apache Whirr（http://whirr.apache.org）这样的框架来帮忙，轻松启动和配置你的虚拟机实例。使用任何这些框架，你可以创建自定义的清单/方法/配置，这些框架使用它们来配置和部署运行它们的服务器。它们将安装操作系统，并且安装和管理各种软件包，包括 Hadoop 和 HBase。它们也有助于集中管理配置，这正是你希望的。

  像 Cloudera Manager 这样的专业工具是为管理 Hadoop 和 HBase 而专门设计的。这些工具拥有很多专门针对 Hadoop 的管理特性，是通用软件包管理框架所没有的。

  详细讨论所有这些工具超出了本书的范围；我们的目标是把部署时考虑的所有方法介绍给你。我们先投入精力在其中一种框架上，随着时间推移，运营集群的技术将变得越来越简单。

9.2.1 Whirr：在云端部署

  如果打算在云端部署 HBase，你应该使用 Apache Whirr，让事情变得简单一些。Whirr 0.7.1 不支持 HBase 0.92，但是你可以使用下面列出的方法在集群上运行 CDH3。这里给出的方法适用于 AWS EC2 上的集群，并且假设你把公钥（access key）和密钥（secret key）设置为环境变量（AWS_ACCESS_KEY_ID 和 AWS_SECRET_ACCESS_KEY）。你可以把这种方法存为一个文件，如 my_cdh_recipe，然后把它作为一个配置文件传递给 Whirr 脚本，见代码清单 9-1。

代码清单 9-1 通过 Whirr 方法（命名为 my_cdh_recipe 的文件）启动 CDH3 集群

```
$ cat my_cdh_recipe

whirr.cluster-name=ak-cdh-hbase
whirr.instance-templates=1 zookeeper+hadoop-namenode+hadoop-jobtracker+hbase-
    master,
5 hadoop-datanode+hadoop-tasktracker+hbase-regionserver
hbase-site.dfs.replication=3
whirr.zookeeper.install-function=install_cdh_zookeeper
whirr.zookeeper.configure-function=configure_cdh_zookeeper
whirr.hadoop.install-function=install_cdh_hadoop
whirr.hadoop.configure-function=configure_cdh_hadoop
whirr.hbase.install-function=install_cdh_hbase
whirr.hbase.configure-function=configure_cdh_hbase
whirr.provider=aws-ec2
whirr.identity=${env:AWS_ACCESS_KEY_ID}
whirr.credential=${env:AWS_SECRET_ACCESS_KEY}
whirr.hardware-id=m1.xlarge
# Ubuntu 10.04 LTS Lucid. See http://cloud.ubuntu.com/ami/
whirr.image-id=us-east-1/ami-04c9306d
whirr.location-id=us-east-1
```

可以使用这些方法启动集群，如下所示：

```
bin/whirr launch-cluster --config my_cdh_recipe
```

在集群启动起来以后，可以使用 list 命令列出构成集群的节点：

```
bin/whirr list-cluster --config my_cdh_recipe
us-east-1/i-48c4e62c    us-east-1/ami-04c9306d  23.20.55.128    10.188.69.151
RUNNING us-east-1a      zookeeper,hadoop-namenode,
hadoop-jobtracker,hbase-master
us-east-1/i-4ac4e62e    us-east-1/ami-04c9306d  50.17.58.44
    10.188.214.223
RUNNING us-east-1a      hadoop-datanode,
hadoop-tasktracker,hbase-regionserver
us-east-1/i-54c4e630    us-east-1/ami-04c9306d  107.21.147.166 10.4.189.107
RUNNING us-east-1a      hadoop-datanode,
hadoop-tasktracker,hbase-regionserver
us-east-1/i-56c4e632    us-east-1/ami-04c9306d  107.21.77.75
    10.188.108.229
RUNNING us-east-1a      hadoop-datanode,
hadoop-tasktracker,hbase-regionserver
us-east-1/i-50c4e634    us-east-1/ami-04c9306d  184.72.159.27   10.4.229.190
RUNNING us-east-1a      hadoop-datanode,
hadoop-tasktracker,hbase-regionserver
us-east-1/i-52c4e636    us-east-1/ami-04c9306d  50.16.129.84    10.4.198.173
RUNNING us-east-1a      hadoop-datanode,
hadoop-tasktracker,hbase-regionserver
```

用集群完成任务后，如果想关闭它，可以使用 destroy-cluster 命令，如下所示：

```
bin/whirr destroy-cluster --config my_cdh_recipe
```

9.3　发行版本

本节将研究在集群上安装 HBase。这并不是构建成熟产品部署的参考指南，但这是为你的应用进行完全分布式安装的起点。让 HBase 运转起来需要做更多的工作，我们在第 10 章会研究其中各个方面。

市面上有很多种 HBase 发行套件（或是软件包），并且每种有多个版本。目前最有名的发行套件是原生的 Apache 发行套件和 Cloudera 公司的 CDH。

- Apache——Apache HBase 项目是所有 HBase 开发的父项目。所有代码都集中到那里，各个公司的开发者给它贡献代码。和其他开源项目一样，版本发行周期取决于参与者（也就是雇佣开发人员从事项目开发的公司）和他们想把什么特性放进一个特定的版本。一般来说，HBase 社区和它们的版本是保持一致的。其中值得注意的版本包括 0.20.x、0.90.x、0.92.x 和 0.94.x。本书专注于 0.92.x。
- Cloudera 公司的 CDH——Cloudera 是一家在生态系统中有自己发行版本的公司，包括 Hadoop 和其他模块（包含 HBase）。这个套件被称为 CDH（Cloudera's distribution including Apache Hadoop）。CDH 建立在 Apache 的代码基础上，采用了特殊发行版本，并在里面添加了没有包含在任何 Apache 官方发行版本中的许多补丁。Cloudera 也根据客户需求添加额外的特性。在 Apache 代码基础里的补丁不一定出现在 CDH 所基于的同一代码基础分支里。

我们推荐使用 Cloudera 的 CDH 套件。通常它比原生的 Apache 发布版包含更多补丁，用来增加稳定性、改善性能、有时候增加功能特性。CDH 也比 Apache 版本被更好地测试过，并且比原生 Apache 运行在更多的生产集群上。在你为集群选择发行版本前，我们建议考虑这些要点。

对于提供的安装步骤，我们假设你已经安装了 Java、Hadoop 和 ZooKeeper。关于安装 Hadoop 和 ZooKeeper 的操作指南，请参考你选择的发行版本的文档。

9.3.1　使用原生 Apache 发行版本

要安装原生 Apache 版本，需要下载 tar 压缩包，然后把它们安装到你选择的目录里。许多人创建一个专门用户来运行所有的守护进程，并且把文件夹放到那个用户的主目录里。但我们一般建议安装到 /usr/local/lib/hbase 目录，并且把它作为 HBase 主目录，这样所有用户都能访问到里面的文件。

在 HBase 主页上有详细的安装指导，并且有时候不同版本会有所不同。总之，我们列出遵循的安装步骤，如下所示。这些步骤专门针对 0.92.1 版本，不过你可以使用你想用的任何版本。

（1）从一个 Apache 镜像网站下载 tar 压缩包。对于 0.92.1 版本，压缩包的名字是 hbase-0.92.1.tar.gz：

```
cd /tmp
wget http://mirrors.axint.net/apache/hbase/hbase-0.92.1/
hbase-0.92.1.tar.gz
mv /tmp/hbase-0.92.1.tar.gz /usr/local/lib
```

（2）切换到 root 用户，解压压缩包到/usr/local/lib 目录下，并创建一个符号链接从 /usr/local/lib/hbase 指向新创建的目录。这样，你可以把$HBASE_HOME 环境变量定义为 /usr/local/lib/hbase 目录，它将指到当前的安装目录：

```
tar xvfz hbase-0.92.1.tar.gz
cd /usr/local/lib
ln -s hbase-0.92.1 hbase
```

就这些。现在你需要做各种配置，一切准备好了！

9.3.2 使用 Cloudera 的 CDH 发行版本

CDH 的当前发行版本是 CDH4u0，它基于 Apache 0.92.1 版本。它的安装命令和环境有关，基本步骤如下所示。

（1）把 CDH 库添加到你的系统。如果你使用 Red Hat 系列的系统，可以使用 yum 软件包管理工具：

```
cd /etc/yum.repos.d
wget http://archive.cloudera.com/cdh4/redhat/6/x86_64/cdh/
cloudera-cdh4.repo
```

如果你使用 Debian/Ubuntu 系列的系统，则可以使用 apt 软件包管理工具：

```
wget http://archive.cloudera.com/cdh4/one-click-install/precise/amd64/
cdh4-repository_1.0_all.deb
sudo dpkg -i cdh4-repository_1.0_all.deb
```

在 Cloudera 的文档网站上可以找到详细的特定环境的安装指南。

（2）安装 HBase 软件包。在 CDH4 中该软件包的名字分别是 hbase、hbase-master 和 hbase-regionserver。hbase 软件包包含 HBase 的二进制文件。其他两个软件包分别包含用于帮助你启动和停止 Master 和 RegionServer 进程的 init 脚本。

下面命令用于在 Red Hat 系列的系统上安装 HBase：

```
sudo yum install hbase
sudo yum install hbase-master
sudo yum install hbase-regionserver
```

而下面这些命令用于在 Debian/Ubuntu 系列的系统上安装 HBase：

```
sudo apt-get install hbase
sudo apt-get install hbase-master
sudo apt-get install hbase-regionserver
```

安装这些软件包将把库文件放到 /usr/lib/hbase/ 目录下，把配置文件放到 /etc/hbase/conf/ 目录下。用来启动和停止 Master 和 RegionServer 进程的 init 脚本分别是 /etc/init.d/hbase-master 和 /etc/ init.d/hbase-regionserver。

注意，你不必在所有节点上安装 Master 和 RegionServer 的脚本。只需要在所有工作节点（slave node）上安装 hbase-regionserver 软件包，以及在运行 HBase Master 进程的节点上安装 hbasemaster 软件包。因为 hbase 软件包包含了实际的二进制文件，所以它需要被安装在所有节点上。

9.4　配置

部署 HBase 需要配置 Linux、Hadoop，当然还有 HBase。有些配置直截了当，可以基于多个生产部署的经验给出建议。但有些配置更多是反复试验，取决于使用场景和 HBase 部署所服务的 SLA。没有一套通用的配置对所有场景适用，在生产环境中最终确定运行方式来支撑你的应用之前，很可能你会多次改动一些配置。

为了以最优方式配置系统，重要的是了解各个参数以及采用这种或者那种方式优化它们的含义。本节会让你深入了解一些在部署 HBase 实例时很可能会用到的、重要的配置参数。首先研究 HBase 特有的配置参数，然后再研究影响 HBase 安装的 Hadoop 和 Linux 的相关配置参数。

9.4.1　HBase 配置

就像 Hadoop 一样，HBase 需要考虑两方面配置。一方面是针对 Linux 的特定配置（即环境配置），这不同于我们将在后面解释的操作系统层级的配置。另一方面是针对 HBase 守护进程的配置，这些配置在启动时会被守护进程读取。

在 HBase 集群中，配置文件的位置取决于你使用的安装版本。如果你使用 Apache 发行版本，配置文件保存在 $HBASE_HOME/conf/ 目录下；如果你使用 CDH 发行版本，它们则保存在 /etc/hbase/conf/ 目录下。一般来说，我们建议在处理权限许可和文件位置时，与你所在的公司的最佳实践保持一致。CDH 遵守标准的 Linux 目录结构，相应地存放配置文件。这种做法可以被大多数系统管理员和 IT 部门所接受。

1．环境配置

环境配置存放在 hbase-env.sh 文件里。该文件被运行 HBase 进程（Master 和 RegionServer）的脚本引用，因此，像 Java 堆大小、垃圾收集参数和其他环境变量等参数都在这个文件里设置的。一个示例文件如代码清单 9-2 所示。

代码清单 9-2 hbase-env.sh 示例文件

```
export JAVA_HOME=/my/java/installation
```
◁ 设置 Java 安装路径

```
export HBASE_HOME=/my/hbase/installation
```
◁ 设置 HBase 安装路径

```
export HBASE_MASTER_OPTS="-Xmx1000m"
```
◁ 设置 Master 进程的 Java 选项。
在这设置垃圾回收

```
export HBASE_REGIONSERVER_OPTS="-Xmx10000m -XX:+UseConcMarkSweepGC
-XX:+CMSIncrementalMode"
```
◁ 设置 RegionServer 进程的 Java 属性。
在这设置垃圾回收

```
#export HBASE_REGIONSERVERS=${HBASE_HOME}/conf/regionservers
```
◁
设置包含 RegionServer 列表的文件名。只在使用$HBASE_HOME/bin
里的启动和停止脚本时需要

```
export HBASE_LOG_DIR=${HBASE_HOME}/logs
```
◁
HBase 后台进程的日志放置位置。这是可选的，你可以配置把日志文件放到/var/logs/hbase/
目录。在 CDH 中，这是自动配置的；如果你使用 Apache 发行版，则需要手动配置

```
export HBASE_MANAGES_ZK=false
```
◁
HBase 能够为你管理 ZooKeeper，
但是在生产环境里建议你单独管理

这并不是一个完整的文件。你还可以在这里设置其他参数，如 HBase 进程的 niceness 参数。你可以从安装目录里查找默认的 hbase-env.sh 文件，查看其他可用的配置选项。在这里列出来的是在 95%的时间里你会用到的配置选项。大多数情况下，你不需要配置其他参数。

在这里，内存分配和垃圾回收是两个重要的配置参数。如果你希望 HBase 部署发挥良好的性能，注意这两个配置是至关重要的。HBase 是一个数据库，需要很多内存来提供低延迟的读写。实时（real-time）是一个经常用到的词——它的意思是不用花费数分钟就能找到你想读的行的内容。只依赖行键索引，就能快速找到将要读写的行的位置。索引被保存在内存里，而写缓存也是保存在内存里。还记得我们在第 2 章介绍的读写过程吗？为了提供这个功能和保证性能，HBase 需要内存——很多内存！不过你也不要给它太多内存。

注意 任何东西太多了都不好，即使是用于新型大规模数据库的内存也如此。

我们不建议在生产环境 HBase 部署中给 RegionServer 分配超过 15 GB 的堆空间。不要超过限额和不分配超过 15 GB 的堆空间的原因在于，垃圾回收开始变得很耗性能。因为你不会很快达到内存限制，垃圾回收执行的频率会变小，但是垃圾回收每次出现，将持续更长的时间，因为它要扫描更大的内存区域。这并不意味着 15 GB 是个魔力数字，也不是你可以给 RegionServer 配置的最大堆空间，它只是个好的初始建议值。我们建议在你的环境中对堆空间大小做试验，看看什么值最合适，什么值可以让你的应用性能满足 SLA。

分配最优的堆空间并不能解决所有问题。你还需要优化垃圾回收。这比提到的分配给 RegionServer 的堆大小选择要更复杂一些。

> **Java 垃圾回收**
>
> 在 Java 程序里，创建新对象大多数使用 new 操作符。这些对象在 JVM 的堆中被创建。当这些对象被释放时，Java 垃圾回收删除那些没有引用的对象来释放占用的内存。垃圾回收运行的默认配置做了若干特定假设（关于在创建和删除对象时程序在做什么），这些配置对所有使用场景不一定是最优的。

在 Java 垃圾回收默认配置的情况下，HBase RegionServer 的性能不是很好，如果你想支撑更多负载，则需要在多种场合反复细心地做优化。这个配置信息存放在集群中所有节点上的 hbase-env.sh 文件里。可以设置 HBase Java 选项的初始值，如下所示：

```
-Xmx8g -Xms8g -Xmn128m -XX:+UseParNewGC -XX:+UseConcMarkSweepGC
-XX:CMSInitiatingOccupancyFraction=70
```

让我们看看各个选项的含义。

- -Xmx8g——设置进程的最大堆空间。8 GB 是一个合适的初始值。我们不建议设置超出 15 GB。
- -Xms8g——设置初始堆大小为 8 GB。在进程启动的时候，直接分配最大堆空间是个好主意。这避免了在 RegionServer 需要更多空间的时候，需要额外开销增加堆空间。
- -Xmn128m——设置年轻代大小为 128 MB。同样，这并不是总是正确的魔力数字，但它是一个好的初始值。如果默认年轻代空间太小，当增加负载的时候，RegionServer 会频繁激进地启动垃圾回收。这将增加你的 CPU 使用率。如果设置年轻代空间太大的话，会带来不能充分进行垃圾回收的风险，这样会把对象转移到年老代，从而导致在垃圾回收执行时更长的暂停时间。在 MemStore 被刷写后（当你往 HBase 表里插入数据时这种现象会频繁发生），那些对象将不再被引用并且需要被回收。把它们转移到年老代，会导致在清除对象后堆空间变得碎片化。
- -XX:+UseParNewGC——设置垃圾回收器对年轻代使用并行收集器。这种收集器会暂停 Java 进程，然后进行垃圾回收。因为年轻代比较小，并且进程不会停止很长时间（通常几毫秒），这种工作模式对它是可接受的。这种暂停有时也被称为 stop-the-world 垃圾回收暂停，如果暂停时间太长，它们可能是致命的。如果垃圾回收暂停超过了 ZooKeeper 和 RegionServer 会话的超时时间，因为 ZooKeeper 不能从 RegionServer 那里得到心跳信息，ZooKeeper 会认为它下线了，就会把它从集群中移除。
- -XX:+UseConcMarkSweepGC——因为年老代空间比年轻代大，并行垃圾收集器对年轻代是合适的，但对年老代就不是那么合适了。对年老代来说，stop-the-world 垃圾回收要持续几秒，会导致超时。打开并发标记扫描（concurrent-mark-and-sweep）垃圾回收可以缓解这个问题。CMS 垃圾回收和其他任务在 JVM 中并行进行，它不会暂停进程，直到它的垃圾回收任务失败，给出错误提示。那时，进程则需要被暂停并且执行垃圾回收。因为 CMS 执行垃圾回收的时候，其他进程仍在并行运行，CMS 会增加 CPU 的压力。

- -XX:CMSInitiatingOccupancyFraction——CMS 收集器可以被配置为当堆空间被使用到一定比例时启动执行。该参数就是设置那个比例的。如果设置的比例太低，将导致 CMS 经常启动，而设置比例太高，又会导致执行太迟缓，引起更多的错误提示。一个比较好的初始值是 70%；在你对系统进行性能基准测试后，可以根据需要调高或调低这个值。RegionServer 的堆由 BlockCache（默认是堆的 20%）和 MemStore（默认是堆的 40%）组成，设置 70% 的占比只是稍微高于上述两者之和。

在问题发生时，输出垃圾回收活动日志进行故障排错是很有帮助的。你可以在垃圾回收配置中添加下面两行来启用日志输出：

```
-verbose:gc -XX:+PrintGCDetails -XX:+PrintGCTimeStamps
-Xloggc:$HBASE_HOME/logs/gc-$(hostname)-hbase.log
```

HBase 堆空间和垃圾回收优化对于系统的性能是至关重要的，在规划生产系统的时候，我们鼓励你对设置进行大量测试。根据运行 HBase 的硬件种类和希望运行的负载种类，这种优化会有不同。例如，写密集型工作负载比读密集型工作负载需要稍大些的年轻代大小。

2. HBase 配置

HBase 守护进程的配置参数存放在 hbasesite.xml 文件里。这个 XML 配置文件也可以被客户端应用使用。你把它保存在客户端应用的类路径(classpath)下，在实例化 HBaseConfiguration 对象的时候，客户端应用会读取 XML 配置文件，然后提取相关的参数。

既然你知道了配置文件的位置，就让我们看看它的内容和参数是如何定义的。一个 XML 配置文件的示例如代码清单 9-3 所示。这并不是一个完整的文件，只包含了给你展示格式的一个参数。我们稍后将列举出很多参数和它们的含义。

代码清单 9-3　hbase-site.xml 配置文件的格式

```xml
<?xml version="1.0"?>
<?xml-stylesheet type="text/xsl" href="configuration.xsl"?>

<configuration>
  <property>
    <name>hbase.rootdir</name>
    <value>file:///tmp/hbase-${user.name}/hbase</value>
    <description>The directory shared by region servers and into
    which HBase persists.
    </description>
  </property>
</configuration>
```

该配置文件是一个标准的 XML 文件，每组 `<property>` 标签代表一个配置参数。你可能会用到几个参数。最重要的配置参数如下。

- hbase.zookeeper.quorum——HBase 集群中的所有组件都需要知道哪些服务器构成 ZooKeeper quorum。该配置参数就是放置这个信息的地方。其 XML 标签如下所示：

```
<property>
  <name>hbase.zookeeper.quorum</name>
  <value>server1ip,server2ip,server3ip</value>
</property>
```

■ `hbase.rootdir`——HBase 在 HDFS 上持久化存储它的数据，使用该参数明确地配置数据的存储位置。其 XML 标签如下所示：

```
<property>
  <name>hbase.rootdir</name>
  <value>hdfs://namenode.yourcompany.com:5200/hbase</value>
</property>
```

5200 是 NameNode 配置的监听端口。在安装 Hadoop 的时候，它在 hdfs-site.xml 文件里配置。

■ `hbase.cluster.distributed`——HBase 可以运行在单机模式、伪分布式模式或完全分布模式下。单机模式和伪分布式模式只用于测试和研究，不能用于生产环境。完全分布式模式被设计用于生产用途，要运行完全分布模式，需要把 `hbase.cluster.distributed` 属性设置为 true。其 XML 标签如下：

```
<property>
  <name>hbase.cluster.distributed</name>
  <value>true</value>
</property>
```

　　为了让 HBase 运行在分布式模式下，hbase-site.xml 文件中的这 3 个参数必须被设置。其他配置参数一般用来优化集群的性能；根据你的使用场景和 SLA 定义，在优化系统的时候你可能会配置它们。这些参数如表 9-1 所示。这不是一张 hbase-site.xml 文件可以包含的全部配置参数的完整列表，其中列出的只是你可能需要调整的配置参数。如果想查看完整的参数列表，我们建议查看源代码里的 hbase-default.xml 文件。

表 9-1　HBase 配置参数

配 置 参 数	介　　　绍
`hbase.client.scanner.caching`	定义在扫描器中调用 next 方法时取回的行数。数值越大，在扫描时客户端需要对 RegionServer 发出的远程调用次数越少。数值越大，也意味客户端要消耗内存越多。这也可以基于每个客户端在配置对象中进行设置
`hbase.balancer.period`	region 均衡器在 HBase Master 中周期性运行。该属性定义了你让均衡器运行的时间间隔。默认是 5 分钟，以毫秒为单位设置（300 000）
`hbase.client.write.buffer`	客户端 HTable 实例的写缓存，按字节数配置。缓存越大，意味着在写期间 RPC 次数越少，但内存消耗也越高
`hbase.hregion.majorcompaction`	大合并可以配置为周期性发生。该配置参数以毫秒为单位定义时间间隔。默认值是 1 天（86 400 000 ms）

配 置 参 数	介　绍
`hbase.hregion.max.filesize`	底层存储文件（HStoreFile）的最大值。region 大小由这个参数定义。如果列族的存储文件超过这个值，region 会被拆分
`hbase.hregion.memstore.flush.size`	MemStore 的最大值，按字节为单位配置。当 MemStore 超过这个值时，它会被刷写到硬盘。一个周期性运行的线程检查 MemStore 的大小。线程运行的频率由 `hbase.server.thread. wakefrequency` 参数定义
`hbase.hregion.memstore.mslab.enabled`	MemStore-Local Allocation Buffer 是 HBase 的一个特性，用来在出现密集写时防止堆碎片化。有些情况下，打开这个特性有助于缓解由于堆太大引起的垃圾回收暂停太长的问题。它的默认值是 `true`
`hbase.hstore.blockingStoreFiles`	如果 region 里某个列族的存储文件数目超过这个值，写会被阻塞，直到合并完成或者阻塞超时。超时时间用 `hbase.hstore.blockingWaitTime` 参数进行配置，以毫秒为单位
`hbase.hstore.compaction.max`	配置在单个小合并中进行合并的最多文件数。默认值是 7
`hbase.hstore.compactionThreshold`	在某个列族的存储文件数达到这个值时，HBase 在那个 region 上执行合并。给这个参数设置的值越大，会导致执行合并的频率越低，执行时花费的时间越长
`hbase.mapreduce.hfileoutputformat.blocksize`	HFile 的数据块大小在每张表的每个列族层级进行设置。该参数决定了 HFile 建立索引的粒度。数据块越小，导致随机读取性能越好，但同时数据块索引也越大，这意味着消耗内存越多。当你在 MapReduce 作业中使用 `HFileOutputFormat` 直接把数据写到 HFile 时，必须使用这个属性定义数据块的大小，因为 MapReduce 代码没有访问表的定义，不知道列族是怎么配置的
`hbase.master.info.port`	我们稍后将讨论 HBase 用户界面，它通过这个端口访问。其 Web 用户界面的地址是 http://master.yourcompany.com:<hbase.master.info.port>。端口默认值是 60010
`hbase.master.port`	这是 Master 进程的监听端口。默认值是 60000。大部分情况下，你不必改变端口默认值，除非你要关闭某些端口，包括 HBase 的默认端口
`hbase.regionserver.port`	这是 RegionServer 的监听端口

续表

配 置 参 数	介　　绍
hbase.regionserver.global .memstore.lowerLimithbase .regionserver.global.memstore .upperLimit	upperLimit 定义在一个 RegionServer 上 MemStore 总共可以使用的堆的最大百分比。遇到 upperLimit 的时候，MemStore 被刷写到硬盘，直到遇到 lowerLimit 时停止。把这两个参数的值设置为彼此相等意味着发生的刷写数据量最小，那时因为 upperLimit 一直被遇到所以写操作被阻塞。这样做会把写过程中的暂停时间降到最短，但是也会导致更加频繁地刷写动作
hbase.regionserver.handler .count	在 RegionServer 和 Master 进程上可以启动的 RPC 监听器数量
hbase.regionserver .optionallogflushinterval	不管 HLog 文件中有多少 edits，HLog 多久必须刷写一次到文件系统。这个参数以毫秒为单位进行配置。默认值是 1 秒（1000 ms）
hbase.regionserver .regionSplitLimit	一个系统拥有的 region 数量的最大值。默认值是 MAX_INT（2 147 483 647）
hbase.tmp.dir	在本地文件系统上 HBase 使用的临时目录
hfile.block.cache.size	数据块缓存可以使用的堆的最大占比。数据块缓存就是读缓存（LRU）
zookeeper.session.timeout	HBase 守护进程和客户端都是 ZooKeeper 的客户端。这个参数是它们和 ZooKeeper 之间会话的超时时间。该参数以毫秒为单位进行配置
zookeeper.znode.parent	在 ZooKeeper 中 HBase 的 znode 根目录。默认是/hbase。所有 HBase 的 ZooKeeper 文件都被配置为使用该目录作为父目录

9.4.2　与 HBase 有关的 Hadoop 配置参数

正如你知道的，Hadoop 和 HBase 是紧密耦合的。HBase 使用 HDFS 作为基础系统，Hadoop 的配置方式会影响到 HBase。优化好 HDFS 会极大地提高 HBase 的性能。表 9-2 里介绍了一些重要的配置参数。

表 9-2　对于 HBase 来说一些重要的 HDFS 配置参数

配 置 参 数	介　　绍
dfs.support.append	HBase 需要持久同步到 HDFS，这样在 edits 被写入时，预写日志（WAL）将被持久化。如果在 RegionServer 宕机时数据没被持久化到硬盘，没有持久同步则 HBase 会丢失数据。这个参数必须被明确设为 true，使 HDFS 上的同步生效。这个特性在 Hadoop 0.20.205 及更高的版本可用。对于 HBase 0.92，你很可能使用 Hadoop 1.0.x 或更高的版本，它们支持同步

续表

配 置 参 数	介　绍
`dfs.datanode.max.xcievers`[a]	在 DataNode 上 xcievers 的最大值是一个重要的配置参数，并且它经常不能被 Hadoop 的管理员很好地了解。它定义了每个 DataNode 上 HDFS 客户端可以用于读写数据的套接字/线程的最大数量。Lars George 为它写过一个很全面的介绍[b]，我们推荐阅读这篇文章以更好地理解它做了什么。大部分情况下，你可以把它设为 4 096。默认值 256 太低了，如果你有稍微密集的 I/O 负载，你会在 RegionServer 的日志中看到 `IOException`

a. 是的，就是这么拼写的，不是 xceivers。

b. Lars George, "HBase + Hadoop + Xceivers," March 14, 2012。

如果在 HBase 表上运行 MapReduce 作业，那么不但 HDFS 的配置会影响 HBase，而且 MapReduce 框架的配置也会影响 HBase。如果你的使用场景不需要在 HBase 表上执行 MapReduce 作业，你可以安全地关闭 MapReduce 框架；也就是说，停止 JobTracker 和 TaskTracker 进程，这会腾出更多资源给 HBase 使用。如果你计划使用 HBase 表作为运行 MapReduce 作业的数据源或者输出存储，请把每个节点的任务数调整得比标准 MapReduce 集群小一些。其指导思路是把足够的资源分配给 HBase。在运行 Map-Reduce 作业时，减少了分配给 RegionServer 进程的堆空间，这会影响 HBase 的性能。

总的来说，不建议把运行 MapReduce 作业的工作负载和需要相对低延迟随机读写的工作负载混合在一起，这样会让它们中任何一个都不能发挥出好的性能。如果在 HBase 上运行 MapReduce 作业，随机读写的性能将受影响，延迟会上升。你从单个 HBase 实例中得到的总吞吐量是一个常量。你最终会停止在两种负载中共享吞吐量。还有，如果在同一个集群上混合使用大量的 MapReduce 负载，那么稳定地运行 HBase 会变得相对更为困难。此时，稳定运行 HBase 不是不可能，但是需要更谨慎地进行资源分配（如 RegionServer 的堆空间、每个节点的任务数、任务的堆空间等），这比把它们分开部署的情况要困难得多。

9.4.3　操作系统配置

在大多数运行 HBase 和 Hadoop 的生产系统里，都是用 Linux 作底层操作系统。除了打开文件数量的 ulimit 参数外，你不需要做太多优化。HBase 是一个数据库，它需要保持文件打开，以便可以进行读写操作而不用承受每次操作打开和关闭文件的开销。在一个支撑真实负载的系统中，你可能很快触及打开文件数量的限制。我们建议你调高这个限制，尤其是在生产部署的时候。你不需要在系统范围内调高它，只要针对 DataNode 和 RegionServer 进程调高就可以了。为简单起见，你可以针对运行这些进程的用户调高该参数。

为了调高用户打开文件数量的限制，针对将运行 Hadoop 和 HBase 守护进程的用户，请把下面的内容写到/etc/security/limits.conf 文件里。CDH 在软件包安装过程已经为你做好了这些设置。

```
hadoopuser                    nofile        32768
hbaseuser                     nofile        32768
hadoopuser    soft/hard       nproc         32000
hbaseuser     soft/hard       nproc         32000
```

为了使这些配置生效，你需要退出，然后重新登录到你的机器。这些配置参数调高了 hadoopuser 和 hbaseuser 的打开文件数和运行进程数限制。

另外一个需要优化的重要的配置参数是交换（swap）行为。在 HBase RegionServer 上发生交换是致命的，即使没有因为 ZooKeeper 超时完全停掉 RegionServer 进程，也会显著降低性能。最理想的做法是关闭 RegionServer 节点上的交换。如果你没有那么做，可以使用内核可调参数 vm.swappiness（/proc/sys/vm/swappiness）来定义内存页被交换到硬盘的频度。个值越大，交换越频繁。把这个参数调到 0，如下所示：

```
$ sysctl -w vm.swappiness=0
```

9.5　管理守护进程

运营一个 HBase 生产部署会遇到很多问题，下一章将详细讲解。让一个系统运转起来的第一步是成功部署和启动各种服务。到现在为止，我们一直在讨论部署合适的组件、配置操作系统、配置 Hadoop、配置 HBase。现在所有这些都完成了，你可以启动系统，让系统准备接收一些读写请求。你安装的 HBase 发行版本预装了用于启动和停止服务的脚本。Apache 发行版本使用 $HBASE_HOME/bin/ 目录里的 hbase-daemon.sh 脚本，而 CDH 预装的是 init 脚本。

在集群中的每个节点上需要启动相关服务。因为在安装 HBase 之前你已经安装过 Hadoop，你可能已经有了启动服务的体系。如果你还没有，这里有一些选择。

■　使用预装的 start 和 stop 脚本。Hadoop 和 HBase 预装的 start 和 stop 脚本可以远程登录到集群中的所有机器上启动正确的进程。其缺点是它们需要无密码的 SSH 连接，由于安全性的缘故，一些 IT 部门不允许这么做。你可能会辩解说，你可以在每次使用脚本登录节点启动/停止进程时输入密码。当然可以，但是想想在数百个节点上为了启动/停止操作而一遍又一遍输入密码的场景。甚至有时候你没有账户的密码——你只是从自己的账户用 su 切换过去的。这种情况比你设想的更为常见。

■　如果你在对付一个服务器集群，集群 SSH 是个有用的工具。它允许你在登录单独的窗口后，在集群全部机器上同时执行相同的 Shell 命令。通过同时在所有节点上执行相同的命令，你可以在所有工作节点上启动守护进程。这很简单易行，但这在管理大量机器时有点儿危险。

■　自己编写脚本总是一种选择。如果把它们和 Chef/Puppet 或者其他你喜欢的部署系统结合起来，你可以把脚本放到每台主机上来启动合适的服务。

■　使用像 Cloudera Manager 这样的管理软件，它支持你通过一个 Web 用户界面管理集群上的所有服务。

基本的思路是在每个节点上启动合适的守护进程。你可以使用$HBASE_HOME/bin/hbase-daemon.sh 脚本在某一个节点启动一个 HBase 守护进程，如下所示：

```
$HBASE_HOME/bin/hbase-daemon.sh --config $HBASE_HOME/conf/ start master
$HBASE_HOME/bin/hbase-daemon.sh --config $HBASE_HOME/conf/ start regionserver
$HBASE_HOME/bin/hbase-daemon.sh --config $HBASE_HOME/conf/ start master-
    backup

$HBASE_HOME/bin/hbase-daemon.sh --config $HBASE_HOME/conf/ stop master
$HBASE_HOME/bin/hbase-daemon.sh --config $HBASE_HOME/conf/ stop regionserver
$HBASE_HOME/bin/hbase-daemon.sh --config $HBASE_HOME/conf/ stop master-backup
```

并不是所有守护进程在每个地方都需要启动。正如我们在本章前面讨论的，它们需要在各自的服务器上启动。

当你在所有工作节点上启动了 RegionServer 进程以及在管理节点上启动了 Master 进程后，你可以使用 HBase Shell 或者 HBase Master Web UI 查看系统的状态。一个用户界面的示例如图 9-1 所示。

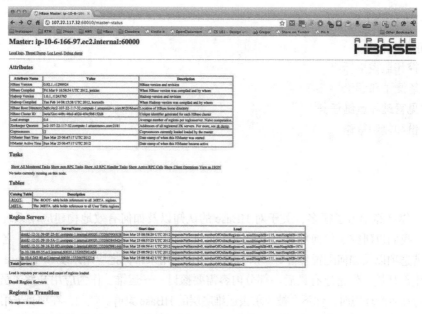

图 9-1　一个使用中的 HBase 实例的 HBase Master UI

9.6　小结

在本章中，我们介绍了为生产应用在完全分布式环境里部署 HBase 的各个方面。我们讨论了在为集群选择硬件时需要考虑的因素，包括是部署在自己的硬件上还是部署在云端。接下来，我们讨论了各种发行版本的安装和配置，最后讨论了集群管理。

本章让你对生产环境中如何部署 HBase 有了准备。在监控 HBase 系统方面还有很多内容，下一章将介绍这部分内容。

第 10 章 运维

本章涵盖的内容
- 监控和监控指标
- 性能测试和调优
- 常见管理和运维任务
- 备份和复制策略

　　你已经学习了很多，关于对 HBase 的认知以及如何有效地构建应用系统等基础知识，我们也研究了如何部署完全分布式的 HBase 集群、选择什么样的硬件、各种分布式部署选项以及如何配置集群等。所有这些知识都用来帮你把应用系统和 HBase 顺利投入到生产环境。但是还有最后一部分内容需要探讨——运维。作为应用开发人员，当机器运行在生产环境时，你不会被要求去运维底层的 HBase 集群。然而，在项目采用 HBase 的初始阶段，很可能你会在运维工作中扮演必不可少的角色，你需要协助运维团队在各个方面尽快成功运转一个 HBase 集群生产环境。

　　运维是一个广泛的话题。本章中，我们的目标是围绕有关 HBase 的基本运维概念进行阐释。这能够让你成功地运营集群，让应用系统为最终目标用户提供服务。为了做到这一点，我们首先要了解监控和监控指标这两个与 HBase 有关的概念。这包括监控 HBase 部署的不同方法和需要监控的监控指标。

　　监控是一个重要的环节，在成功部署 HBase 集群后，你就要开始考虑测试 HBase 集群和应用系统的性能了。如果应用系统不能支撑希望使用它的所有用户的负载，那么所有的努力并且把它投入生产运行是没有意义的。接下来，我们将讨论在运营集群的过程中需要考虑的常见管理和运维任务。这些任务包括启动和停止服务、升级、检测和修复数据不一致情况等。本章的最后一个主题涉及 HBase 集群的备份与复制。在灾难来袭时，这对于保证业务连续性的目标来说是至关重要的。

注意　本章涵盖的主题是关于 0.92 版本的。在未来的版本中一些推荐建议可能会发生变化，如果你在使用更新的版本，我们鼓励你深入检查这些建议。

事不宜迟，让我们开始行动。

10.1　监控你的集群

任何生产系统的一个关键点就是运维人员监控其状态和表现的能力。当问题发生时，运维人员最不希望做的事情就是筛查数 GB 或 TB 的日志来搞清楚系统的状态和问题的根源。没有人愿意为搞清楚发生了什么情况而去阅读跨多台服务器的成千上万行日志记录。这种情况下，你记录的详细监控指标就开始发挥作用。在一个像 HBase 这样达到生产品质的数据库里发生着很多事情，每件事情都可以用不同的方法进行测量。这些测量结果被系统输出出来，可以被用来记录它们的外部框架所捕获，然后提供给运维人员使用。

注意　由于涉及许多组件，无论就构成系统的不同组件还是就运营规模而言，在分布式系统中运维是尤其困难的。

收集监控指标和图形显示的功能并不是 HBase 独有的，在任何一个成功的系统中都可以找到这样的功能，无论其规模大小。但是不同的系统实现的方式有所不同。本节中，我们将讨论 HBase 如何输出这些监控指标，以及用来捕获这些监控指标和透过这些监控指标了解集群性能表现的框架。我们还会讨论 HBase 输出的监控指标及其含义，以及如何使用这些监控指标在问题发生时发出警告。

提示　我们建议，甚至在采用 HBase 的原型阶段就应该建立起完整的监控指标收集、图形显示和监控体系。这可以帮助你熟悉运营 HBase 的各个方面，并且有利于更顺畅地过渡到生产环境。此外，当系统接受访问请求时，能够看到表示这些请求的漂亮的图形也是一件有趣的事情。因为你会更加了解在应用与 HBase 交互时底层系统都发生了什么，所以这在应用系统的开发进程中也会有所帮助。

10.1.1　HBase 如何输出监控指标

这种监控指标框架是 HBase 依赖于 Hadoop 的另一个体现。HBase 与 Hadoop 紧密结合在一起，HBase 使用 Hadoop 的底层监控指标框架来输出自己的监控指标信息。在编写本书的时候，HBase 还在使用监控指标框架 v1（metrics framework v1）[1]。让 HBase 使用更新、更好的监控指标框架版本的工作正在进行中[2]，但还没有完成。

除非你想涉足这些框架的开发，否则没有必要去深究监控指标框架的具体实现方法。如果你的目标是框架开发的话，请你务必深入了解那些代码，但如果你只是对在你的应用系统中使用 HBase 监控指标感兴趣，你只需要知道如何配置框架和输出监控指标的方法即可，这就是我们接下来要讨论的内容。

这种监控指标框架的工作方式是基于对 `MetricsContext` 接口的 `context` 实现来输出监控指标信息。你可以使用的两个预装的实现是：Ganglia context 和 File context。除了这两个 context 实现之外，HBase 还可以使用 Java Management Extensions（JMX）[3]来输出监控指标。

10.1.2　收集监控指标和图形展示

监控指标框架涉及两部分功能——收集（collection）和图形展示（graphing）。通常这两部分功能都被内置在同一个框架下，但这并不是必需的。收集功能用来收集被监控的系统产生的监控指标信息，并将这些监控指标信息高效存储起来，以便将来可以使用。这部分功能也会按照日、月或年为单位执行汇总的工作。大多数情况下，超过一年的细粒度监控指标数据和同一个监控指标的年度汇总数据一样没有什么用处。

图形展示功能使用收集框架捕获和存储的数据，以图形和漂亮图片的形式将其展示出来，方便最终用户查看。运维人员查看这些图形，可以快速洞察系统的状态。通过在图形上设置阈值，你可以轻松了解系统是否运行在预期范围里。根据这些图形，当墨菲定律[4]生效时（可能超过阈值的监控指标一定会超过阈值）你可以采取措施以免最终应用受到影响。

现在有很多种收集和图形展示工具可以使用，但并不是所有的工具都能够紧密集成 Hadoop 和 HBase 输出监控指标的方式。你的选择被限定在 Ganglia（原生支持 Hadoop 的监控指标框架）或者一些通过 JMX 收集监控指标信息的框架。

1. Ganglia

Ganglia[5]是一种被设计用来监控集群的分布式监控框架。它是在加州大学伯克利分校开发的开源项目。Hadoop 和 HBase 社区一直使用它作为监控集群的业界标准方案。

① Hadoop 指标框架 v1，Apache Software Foundation，http://mng.bz/J92f。

② Hadoop 指标框架 v2，Apache Software Foundation，http://mng.bz/aOEI。

③ Qusay H. Mahmoud，"Getting Started with Java Management Extensions (JMX): Developing Management and Monitoring Solutions," Oracle Sun Developer Network, January 6, 2004, http://mng.bz/619L。

④ 你一定听说过墨菲定律：http://en.wikipedia.org/wiki/Murphy's_law。

⑤ Monitoring with Ganglia，Matt Massie 等编写，预计 2012 年 11 月发行，全面介绍了监控和 Ganglia。参见 http://mng.bz/Pzw8。

为了配置 HBase 把监控指标信息输出到 Ganglia，需要设置$HBASE_HOME/conf/目录下的 hadoop-metrics.properties 文件中的参数。需要配置的内容取决于使用的 Ganglia 版本。对于 3.1 以前的版本，应该使用 GangliaContext，而 3.1 及以后的版本，应该使用 GangliaContext31。对于 Ganglia 3.1 及以后的版本，我们配置 hadoop-metrics. properties 文件如下：

```
hbase.class=org.apache.hadoop.metrics.ganglia.GangliaContext31
hbase.period=10
hbase.servers=GMETADHOST_IP:PORT
jvm.class=org.apache.hadoop.metrics.ganglia.GangliaContext31
jvm.period=10
jvm.servers=GMETADHOST_IP:PORT
rpc.class=org.apache.hadoop.metrics.ganglia.GangliaContext31
rpc.period=10
rpc.servers=GMETADHOST_IP:PORT
```

当你完成 Ganglia 的安装和配置，并且使用这些配置属性启动 HBase 守护进程后，Ganglia 的监控指标列表会显示 HBase 输出的监控指标信息，如图 10-1 所示。

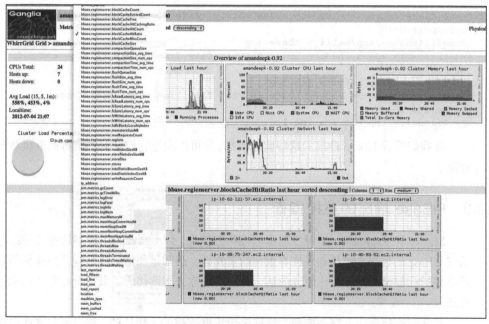

图 10-1　设置用 Ganglia 收集 HBase 的监控指标信息。注意下拉监控
指标列表中的 HBase 和 JVM 监控指标列表

2. JMX

除了使用 Hadoop 监控指标框架输出监控指标信息之外，HBase 也可以通过 JMX 输出监控指标信息。一些开源工具，如 Cacti 和 OpenTSDB，可以通过 JMX 收集监控指标

信息。JMX 监控指标信息也可以透过 Master 和 RegionServer 的 Web 用户界面以 JSON 格式查看。

■ Master 的 JMX 监控指标信息：http://master_ip_address:port/jmx。

■ 某个特定 RegionServer 的 JMX 监控指标信息：http://region_server_ip _address: port/jmx。

Master 的默认端口是 60010，RegionServer 的默认端口是 60030。

3. 基于文件

HBase 还可以被配置为把监控指标信息输出到平面文件里。监控指标信息自动添加到文件末尾。基于 context 实现的不同，添加的监控指标信息可以带或者不带时间戳。因为基于文件的监控指标信息以后难以使用，所以这不是一种令人满意的记录监控指标的方法。虽然我们没有遇到过把监控指标信息记录到文件里进行动态监控的产品，但这仍然是记录监控指标信息供将来分析的一种选择。

要把监控指标信息记录到文件里，hadoop-metrics.properties 文件的配置内容如下：

```
hbase.class=org.apache.hadoop.hbase.metrics.file.TimeStampingFileContext
hbase.period=10
hbase.fileName=/tmp/metrics_hbase.log
jvm.class=org.apache.hadoop.hbase.metrics.file.TimeStampingFileContext
jvm.period=10
jvm.fileName=/tmp/metrics_jvm.log
rpc.class=org.apache.hadoop.hbase.metrics.file.TimeStampingFileContext
rpc.period=10
rpc.fileName=/tmp/metrics_rpc.log
```

让我们看看 HBase 输出的这些监控指标，你可以通过它们来洞察集群的健康状况和性能。

10.1.3　HBase 输出的监控指标

Master 和 RegionServer 可以输出监控指标信息。你不需要为了理解这些监控指标而研究 HBase 的代码，但是如果你有很强的求知欲，想知道如何生成这些监控指标信息以及监控指标框架的内部工作原理的话，我们鼓励你去阅读代码。亲自研究源代码永远没有坏处。

什么监控指标让人感兴趣呢？这取决于集群支撑的工作负载，我们将对这些监控指标进行相应分类。首先我们研究跟集群工作负载类型无关的通用监控指标，然后我们会分别研究与读写操作有关的监控指标。

1. 通用监控指标

无论运行任何类型的工作负载，系统负载、网络统计信息、RPC、活着的 region、JVM 堆和 JVM 线程等相关监控指标都是让人感兴趣的，它们可以用来解释系统的表现。

Master 的用户界面展示了 JVM 堆的使用情况以及 RegionServer 服务的每秒请求数（参见图 10-2）。

Region Servers

ServerName	Start time	Load
ip-10-38-75-247.ec2.internal,60020,1341378826878	Wed Jul 04 05:13:46 UTC 2012	requestsPerSecond=2161, numberOfOnlineRegions=43, usedHeapMB=1529, maxHeapMB=1974
ip-10-40-83-62.ec2.internal,60020,1341378826769	Wed Jul 04 05:13:46 UTC 2012	requestsPerSecond=3887, numberOfOnlineRegions=35, usedHeapMB=1051, maxHeapMB=1974
ip-10-60-29-145.ec2.internal,60020,1341378826834	Wed Jul 04 05:13:46 UTC 2012	requestsPerSecond=2211, numberOfOnlineRegions=41, usedHeapMB=1439, maxHeapMB=1974
ip-10-62-117-182.ec2.internal,60020,1341378826720	Wed Jul 04 05:13:46 UTC 2012	requestsPerSecond=2184, numberOfOnlineRegions=42, usedHeapMB=1318, maxHeapMB=1974
ip-10-62-121-57.ec2.internal,60020,1341378826656	Wed Jul 04 05:13:46 UTC 2012	requestsPerSecond=5635, numberOfOnlineRegions=35, usedHeapMB=1078, maxHeapMB=1974
ip-10-62-94-63.ec2.internal,60020,1341378826755	Wed Jul 04 05:13:46 UTC 2012	requestsPerSecond=2667, numberOfOnlineRegions=36, usedHeapMB=1012, maxHeapMB=1974
Total: servers: 6		requestsPerSecond=18745, numberOfOnlineRegions=232

图 10-2　HBase Master 的 Web 用户界面展示了每个 RegionServer 服务的每秒请求数、
RegionServer 上在线的 region 数量以及使用过的最大的堆。当你要查看系统状态
时，这是一个有用的开始。当一些 RegionServer 停止服务，从它们服务的 region
和服务请求来看 RegionServer 的负载分配不够均衡的时候，或者 RegionServer 被
错误配置以致使用的堆太少的时候，你经常可以在这里发现问题所在

　　不仅 HBase 的监控指标很重要，来自支撑系统（如 HDFS、底层 OS、硬件和网络等的监控指标也很重要）。HBase 系统表现失常的根源经常在于支撑系统的运行表现。支撑系统层面的问题通常会导致整个体系其他部分产生连锁反应，最终以影响到客户端而告终。由于支撑系统不可预期的表现，客户端要么不能正常工作要么失败。HBase 这样的分布式系统拥有更多可能发生故障的部件和依靠更多支撑系统，这个问题更加明显。对于监控指标细节和对于所有支撑系统的监控的研究超出了本书的范围，但是你可以找到充足的资源来研究这些方面[①]。

　　毫无疑问，需要监控的重要内容有如下几项。

- HDFS 吞吐量和延迟。
- HDFS 使用情况。
- 存储硬盘的吞吐量。
- 每个节点的网络吞吐量和延迟。

　　系统和网络层面的信息可以透过 Ganglia（参见图 10-3）和一些 Linux 工具（如 lsof、top、iostat、netstat 等）来查看。如果你在管理 HBase，这些都是需要学会的好用的工具。

　　一个值得关注的有趣的监控指标是 CPU IO wait 百分比。这个监控指标表示 CPU 在等待硬盘 IO 上面所花费的时间，这是一个很好的判断系统是否存在 IO 瓶颈的标志。如果系统存在 IO 瓶颈，几乎所有情况下你都需要增加硬盘。在 Ganglia 里，一个运行写密集型工作负载的集群的 CPU IO wait 百分比的图形如图 10-4 所示。当读 IO 很高时，这

---

① Hadoop Operations，Eric Sammer 编写，全面介绍在 Hadoop 生产环境中有关运维的知识。预期在 2012 年秋季发行。参见 http://mng.bz/iO24。

个监控指标也是有用的。

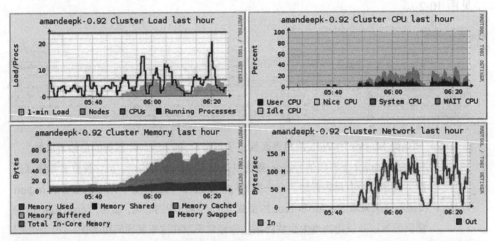

图 10-3　Ganglia 图形显示了整个集群的总体情况，包括负载、CPU、内存和网络等监控指标

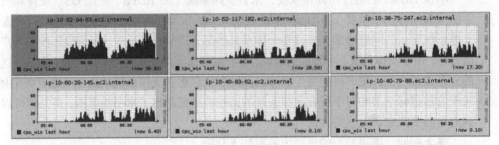

图 10-4　CPU IO wait 百分比是一个有用的监控指标，可以用来观察系统的硬盘 IO 是否是瓶
　　　　颈所在。这些 Ganglia 图形显示在 6 台机器中有 5 台机器有值得注意的 IO 压力。这
　　　　是一个写密集型工作负载的表现。在这些机器上增加更多硬盘可以通过分散 IO 压力
　　　　来提升写性能

　　我们已经讨论了在运行集群中需要关注的一些通用监控指标。现在我们将研究与读
有关的和与写有关的监控指标。

2.　与写有关的监控指标

　　为了了解写过程中的系统状态，需要关注在数据写入系统时收集的监控指标。它们
是与 MemStore、刷写、合并、垃圾回收和 HDFS IO 有关的监控指标。

　　在写过程中，理想的 MemStore 监控指标图形看起来应该是锯齿状。这表明 MemStore
平滑的刷写过程以及预料之中的垃圾回收开销。在 Ganglia 里，一个处理写密集型负载
的 MemStore 大小监控指标如图 10-5 所示。

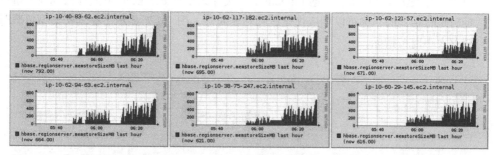

图 10-5 在 Ganglia 里的 MemStore 大小监控指标。这不是一个理想图形：它表明对垃圾回收
和其他 HBase 的配置进行优化可能会改善性能

要了解 HDFS 写延迟，`fsWriteLatency` 和 `fsSyncLatency` 监控指标是有
用的。写延迟监控指标包括写 HFile 延迟和写 WAL 延迟。同步延迟监控指标只针对
WAL。

写延迟上升通常也会导致合并队列变长（参见图 10-6）。

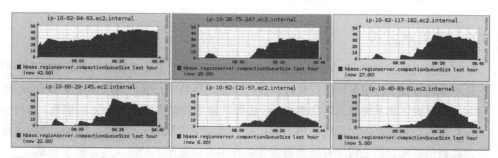

图 10-6 在写密集型负载时合并队列变长。注意，一部分主机上的合并队列比其他主机的长。
这可能表明这些 RegionServer 上的写压力比其他的高

垃圾回收监控指标由 JVM 通过监控指标 context 输出，你可以在 Ganglia 里找到它
们，通常以 `jvm.metrics.gc*` 作为名字。查看垃圾回收时发生什么情况的另一个有用
的方法是，在 RegionServer 的 Java 属性里（在 hbase-env.sh 文件里）放入
`-Xloggc:/my/logs/directory/hbase-regionserver-gc.log` 标记来打开垃
圾回收日志。在写密集型负载情况下处理没有响应的 RegionServer 进程时，这可以得到
有帮助的信息。这种情况的一个常见原因是垃圾回收暂停时间太长了，这通常意味着垃
圾回收没有被正确优化。

3. 与读有关的监控指标

读过程和写过程是不同的，所以应该监控的监控指标也是不同的。在读过程中，除
了我们开始的时候研究过的通用监控指标之外，需要关注的监控指标主要是与 BlockCache

有关。有关缓存命中率、驱逐（eviction）、缓存大小等 BlockCache 监控指标在了解读性
能时是有帮助的，你可以相应优化缓存和表属性。图 10-7 显示了在读密集型负载时的
缓存大小监控指标。

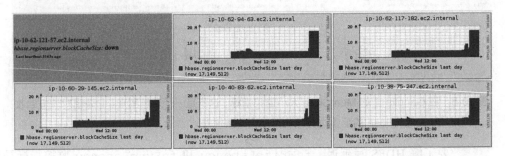

图 10-7　在读密集型负载时捕获的 BlockCache 大小监控指标。该监控指标表明读压力太大了，
　　　　　并且使一个 RegionServer 下线了（就是左上角的机器）。如果发生这种情况，应该设
　　　　　置运维系统来提醒你。如果只是一台机器下线，还没有严重到在半夜呼叫你的程度。
　　　　　但是如果多台机器下线，你就麻烦了

10.1.4　应用端监控

监控 HBase 的工具可能展示给你表现良好的图形，系统层面的一切稳定运行。但是
这不意味着整个应用系统运行良好。在一个生产环境中，我们建议你在使用 Ganglia 和
其他工具提供的系统层面的监控之外，还要从应用的视角监控 HBase 的表现。这种应用
端监控可能是根据应用系统使用 HBase 的方式定制实现的一种东西。HBase 社区还没有
为此提供模板，但是将来可能会有变化。你也可以发挥主动性，为此做出贡献。

从应用视角监控 HBase 时，下面的内容是有帮助的。

- 从客户端（应用）观察的每个 RegionServer 的 Put 性能。
- 从客户端观察的每个 RegionServer 的 Get 性能。
- 从客户端观察的每个 RegionServer 的 Scan 性能。
- 到达所有 RegionServer 的连通性。
- 应用层和 HBase 集群之间的网络延迟。
- 在任何时间点连接到 HBase 的并发客户端数量。
- 到达 ZooKeeper 的连通性。

查看这些监控指标可以让你了解应用端的 HBase 表现，你可以把这些监控指标和
HBase 层面的监控指标联系起来，以便更好地了解应用系统的表现。这是一个需要你和
系统管理员以及运维团队携手工作的解决方案。长期来看，在这个方面投入时间和精力，
在生产环境中运营应用系统时你会受益的。

10.2 HBase 集群的性能

任何数据库的性能都是根据所支持操作的响应时间来衡量的。为了给用户设置合理的期望值，在应用环境里的性能测量是很重要的。例如，由 HBase 集群支撑的应用系统的用户在点击一个按钮时不应该为了响应等待数十秒。理想情况下，它应该在毫秒级完成。当然，这不是一个通用规则，很大程度上取决于用户使用的交互类型。

为了确保 HBase 集群运行在期望的 SLA 里，你必须全面测试其性能，并且优化集群发挥你能得到的最佳性能。本节会研究测试集群性能的各种方法，然后会研究影响性能的因素。随后，我们会研究各种可用的优化系统的技巧。

10.2.1 性能测试

你可以使用一些不同的方法来测试 HBase 集群的性能。最好的方法是模拟运行应用系统在生产环境里可能使用的真实的工作负载。但是，如果不启动一个 beta 版让选择过的用户进行访问，你不一定能模拟真实负载来测试集群的性能。理想情况下，在此之前你需要运行某种性能水平测试，以便对性能建立某种程度的信心。

注意 在测试集群性能之前，如果可以建立好监控框架是大有帮助的。请安装监控框架！有了它你会比没有它更加深入地了解系统的表现。

1. 随 HBase 预装的性能评估工具

HBase 自带一个叫做 `PerformanceEvaluation` 的工具，你可以使用它从各种操作的角度评估 HBase 集群的性能。这个工具源于在 Google 的 Big Table 论文里介绍的性能评估工具。为了了解该工具的使用细节，你可以不带任何参数执行它：

```
$ $HBASE_HOME/bin/hbase org.apache.hadoop.hbase.PerformanceEvaluation

Usage: java org.apache.hadoop.hbase.PerformanceEvaluation \
  [--miniCluster] [--nomapred] [--rows=ROWS] <command> <nclients>

Options:
 miniCluster     Run the test on an HBaseMiniCluster
 nomapred        Run multiple clients using threads
                    (rather than use mapreduce)
 rows            Rows each client runs. Default: One million
 flushCommits    Used to determine if the test should
                    flush the table.  Default: false
 writeToWAL      Set writeToWAL on puts. Default: True

Command:
 filterScan      Run scan test using a filter to find
                    a specific row based on its value
                    (make sure to use --rows=20)
```

```
randomRead        Run random read test
randomSeekScan    Run random seek and scan 100 test
randomWrite       Run random write test
scan              Run scan test (read every row)
scanRange10       Run random seek scan with both start
                     and stop row (max 10 rows)
scanRange100      Run random seek scan with both start
                     and stop row (max 100 rows)
scanRange1000     Run random seek scan with both start
                     and stop row (max 1000 rows)
scanRange10000    Run random seek scan with both start
                     and stop row (max 10000 rows)
sequentialRead    Run sequential read test
sequentialWrite   Run sequential write test

Args:
 nclients          Integer. Required. Total number
                     of clients (and HRegionServers)
                     running: 1 <= value <= 500
Examples:
To run a single evaluation client:
$ bin/hbase org.apache.hadoop.hbase.PerformanceEvaluation sequentialWrite 1
```

如同你从使用细节里看到的，你可以使用该工具执行各种测试。除非你把客户端数量设置为 1（此时它们会以单线程客户端形式运行），否则它们都会以 MapReduce 作业形式运行。你可以设置每个客户端读写行的数量和客户端的数量。先执行 sequentialWrite 或者 randomWrite 命令，以便它们创建一张表并且写入一些数据。随后这张表和数据被用来执行读测试，如 randomRead、scan、和 sequentialRead。该工具不需要你手工创建表，当你运行命令往 HBase 写入数据时，它会自行创建。

如果你只关心随机读写的性能表现，你可以从集群外部任何地方运行这个工具，只要那些地方有 HBase JAR 包和配置信息就可以运行。MapReduce 作业可以从安装 MapReduce 框架的任何地方运行，理想情况下 MapReduce 框架不应该和 HBase 集群并行部署在一起（我们之前讨论过这个问题）。

运行该工具的一个例子如下所示：

```
$ hbase org.apache.hadoop.hbase.PerformanceEvaluation --rows=10
    sequentialWrite 1
12/06/18 15:59:29 WARN conf.Configuration: hadoop.native.lib is deprecated.
    Instead, use io.native.lib.available
12/06/18 15:59:29 INFO zookeeper.ZooKeeper: Client
    environment:zookeeper.version=3.4.3-cdh4.0.0--1, built on 06/04/2012
    23:16 GMT
...
...
...
12/06/18 15:59:29 INFO hbase.PerformanceEvaluation: 0/9/10
12/06/18 15:59:29 INFO hbase.PerformanceEvaluation: Finished class
org.apache.hadoop.hbase.PerformanceEvaluation$SequentialWriteTest
in 14ms at offset 0 for 10 rows
```

　　这次运行使用单个线程顺序写入了 10 行数据，为此花了 14 毫秒。

　　这个测试工具的局限性在于，如果你不能自己编写代码就不能运行混合的工作负载。这种测试必须是预装测试中的一种，并且它们必须分开单独执行。如果你的工作负载包含同时发生的 Scan、Get 和 Put，这个工具不能把这些操作混合在一起让你真实测试集群。这个问题把我们带到下一个测试实用工具。

　　2.　YCSB——Yahoo!云服务性能基准

　　在第 1 章，我们谈到各个公司为了解决它们的数据管理问题而开发的 NoSQL 系统。这导致了关于谁比谁更优秀的激烈的争论和比赛。虽然看起来很有趣，但是当比较不同系统的性能时，这也使事情变得模糊不清。因为这些系统为不同的使用场景而设计并且做了不同的取舍，一般而言这种比较十分困难。但是我们需要一种比较它们的标准方式，现在仍然缺少这种行业比较标准。

　　Yahoo!投资研究了一种用来比较不同数据库的标准性能测试工具。这个组织叫做 Yahoo!云服务性能基准（Yahoo! Cloud Serving Benchmark）。YCSB 是一种最接近行业标准的用来测量和比较不同分布式数据库性能的基准工具。虽然 YCSB 被设立用来比较系统性能，但是你也可以用它来测试它所支持的数据库的性能，包括 HBase。YCSB 包括 YCSB 客户端（这是一种扩展的工作负载生成器）和核心工作负载（一组预先打包的、可以由 YCSB 客户端生成的工作负载）。

　　YCSB 可以从该项目的 GitHub 获得（http://github.com/brianfrankcooper/YCSB/）。你必须使用 Maven 编译它。

　　开始行动，先复制 Git 资源库：

```
$ git clone git://github.com/brianfrankcooper/YCSB.git
Cloning into YCSB...
...
...
Resolving deltas: 100% (906/906), done.
```

　　复制结束后，编译代码：

```
$ cd YCSB
$ mvn -DskipTests package
```

　　YCSB 编译结束后，把集群的配置信息写入 hbase/src/main/conf/hbase-site.xml。你只需要把 hbase.zookeeper.quorum 属性写入配置文件，以便 YCSB 使用它找到集群的入口。现在你已经准备好运行工作负载来测试集群了。YCSB 附带了一些工作负载示例，你可以在 workloads 目录下找到它们。我们在本例中使用其中的一个，但是你可以针对集群的测试内容创建自己的工作负载。在运行工作负载之前，你必须创建 YCSB 写入的 HBase 表。你可以从 Shell 里创建表：

```
hbase(main):002:0> create 'mytable', 'myfamily'
```

创建表以后，准备开始测试集群：

```
$ bin/ycsb load hbase -P workloads/workloada -p columnfamily=myfamily \
-p table=mytable
```

你可以以各种花样使用 YCSB 工作负载，包括设置多客户端、设置多线程和采用不同数据统计分布运行混合的工作负载。

现在你掌握了几种方法来测试 HBase 集群的性能，在集群投入生产环境之前你可能会运行这种测试。在一些地方你可以提升集群的性能。为了了解这一点，重要的是你需要熟悉影响 HBase 性能的各种因素。

10.2.2　什么影响了 HBase 的性能

HBase 是一种分布式数据库，与 Hadoop 紧密结合在一起。当谈到性能的时候，这使得 HBase 很容易受到支撑它的整个体系（参见图 10-8）的影响。

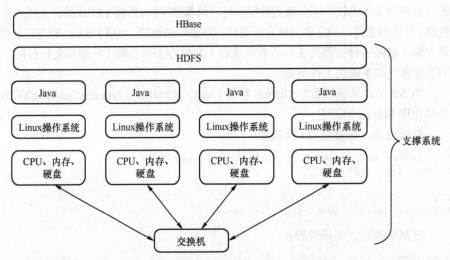

图 10-8　HBase 和它的支撑系统。每种支撑系统都会影响 HBase 的性能

从构成集群机器的底层硬件到把硬件和操作系统（尤其是文件系统）、JVM、HDFS连接起来的网络之间的所有东西都会影响到 HBase 的性能。HBase 系统的状态也会影响到 HBase 的性能。例如，在集群中执行合并的时候或者 MemStore 刷写的时候与什么都没有做的时候相比，性能表现是不同的。应用系统的性能还取决于它和 HBase 的交互方式，所以模式设计和其他环节一样起到了必不可少的作用。

在评判 HBase 性能时，所有这些因素都有影响；在优化集群时，你需要查看所有这些因素。深入优化每个层面超出了本书的范围。我们在第 9 章研究过 JVM 优化（尤其是垃圾回收机制）。接下来我们将讨论优化 HBase 集群的一些关键方面。

10.2.3　优化支撑系统

优化 HBase 集群使其发挥最佳性能涉及优化所有的支撑系统。如果你明智地选择硬件和操作系统，并且正确地安装它们（遵照 HBase 社区概括的以及第 9 章重点强调的最佳实践），优化工作和它们不会有太多关系。我们也会提到它们，但我们建议在这些方面你和系统管理员携手工作以确保达到目的。

1．硬件选择

我们从 HBase 集群最基本的构件开始——硬件。请确保按照我们在第 9 章给出的建议选择硬件。我们这里不重复这些建议。但是总而言之，选择充足的硬盘和内存，但是不要走极端去购买最先进的硬件。可以购买商用硬件，但是数量上的选择高于质量。在 Hadoop 和 HBase 集群的情况下，水平扩展方式收效更好。

2．网络配置

基于当前阶段硬件的典型分布式系统都会受到网络限制。HBase 也不例外。在节点和机架顶置（TOR）交换机之间建议采用 10 Gb 以太网。不要过于满配地使用网络，否则在高负载时你会看到性能影响。

3．操作系统

只要使用 Hadoop 和 HBase，操作系统的选择就是 Linux。Red Hat 系列（Red Hat Enterprise Linux [RHEL]、CentOS）和 Debian 系列版本（Ubuntu 等）的 Linux 上面都有了一些成功的部署。选择支持较好的一种即可。

4．本地文件系统

本地 Linux 文件系统在这个体系里起到了重要的作用，并且严重影响到 HBase 的性能。虽然 Ext4 是推荐的文件系统，但是 Ext3 和 XFS 也已经在生产系统里得到成功使用。按照第 9 章里我们的建议优化本地文件系统即可。

5．HDFS

HDFS 的性能对于性能良好的 HBase 集群来说是至关重要的。如果你已经正确配置了底层网络、硬盘和本地文件系统，这里没有太多需要优化的。

你可能需要考虑的另一个配置是短链路本地客户端读（short-circuiting local client read）。这个特性是在 Hadoop 1.0 版本里新出现的，支持 HDFS 客户端在可能的情况下直接从本地文件系统读数据块。该特性在读密集型和混合型工作负载的情况下特别有用。在 hdfs-site.xml 文件里通过设置 `dfs.client.read.shortcircuit` 为 `true` 可以打开该特性。除此之外，你要做的就是优化数据 xciever，我们在第 9 章重点强调过这一点。

10.2.4　优化 HBase

优化 HBase 集群通常涉及优化多个不同的配置参数来匹配你计划放到集群上的工作负载。当你在集群上执行性能测试，以及使用第 9 章提到的配置信息来获得正确的配置参数组合时，你需要反复尝试优化很多个参数。在为某种工作负载配置 HBase 时，不存在拿来就能用的秘诀，但是你可以尝试把它们归为下面的某种类别。

- 随机读密集型。
- 顺序读密集型。
- 写密集型。
- 混合型。

每一种工作负载都需要一种不同的优化配置组合，我们建议你反复试验来找出最佳组合。当你基于上述分类优化集群时，接下来是一些供你使用的指导原则。

1. 随机读密集型

对于随机读密集型工作负载，高效利用缓存和更好地索引会带给你更高的性能。请注意表 10-1 里列出的配置参数。

表 10-1　对于随机读密集型工作负载的优化提示

配　置　参　数	介　　　绍	建　　　议
`hfile.block` `.cache.size`	块缓存是读缓存（LRU）。该属性定义块缓存可以使用的堆的最大百分比	对于随机读密集型负载，增加缓存使用的堆的百分比

`hbase.regionserver`
`.global.memstore`
`.lowerLimit`
`hbase.regionserver`
`.global.memstore`
`.upperLimit`
	`upperLimit` 定义在一个 RegionServer 上 MemStore 总共可以使用的堆的最大百分比。遇到 `upperLimit` 的时候，MemStore 被刷写到硬盘，直到遇到 `lowerLimit` 时停止。把这两个参数的值设置为彼此相等意味着发生的刷写数据量最小，那时因为 `upperLimit` 一直被遇到所以写操作被阻塞。这样做会把写过程中的暂停时间降到最短，但是也会导致更加频繁的刷写动作	对于随机读密集型负载，在增加了块缓存占用堆的总量的机器上，你需要使用这些参数来减少 MemStore 占用的百分比

HFile 数据块大小	该参数被设置作为指定表的列族配置的一部分，如下所示：
	`hbase(main):002:0> create`
	`'mytable', {NAME => 'colfam1',`
	`BLOCKSIZE => '65536'}`
		数据块越小，则索引的粒度越细。64 KB 是一个不错的起点，但是你应该试试更小的值来看看性能是否有所提升

续表

配 置 参 数	介　　绍	建　　议
布隆过滤器	可以在列族层次打开布隆过滤器，如下所示： hbase(main):007:0> create 'mytable', {NAME => 'colfam1', BLOOMFILTER => 'ROWCOL'}	打开布隆过滤器可以减少为查找指定行的 Key Value 对象而读取的 HFile 的数量
激进缓存	可以在列族层次设置该参数，以便它们可以比其他列族更激进地进行缓存，如下所示： hbase(main):002:0> create 'mytable', {NAME => 'colfam1', IN_MEMORY => 'true'}	该参数可以提升随机读性能。打开它，试试看在你的使用场景下有多大帮助
关闭其他表和列族的缓存	可以在列族层次设置，在读的时候不在 BlockCache 里进行缓存，如下所示： hbase(main):002:0> create 'mytable', {NAME => 'colfam1', BLOCKCACHE => 'false'}	如果一些列族被用于随机读而其他列族没有被用到，没有被用到的列族可能会污染缓存。关闭它们的缓存会提升你的缓存命中率

2. 顺序读密集型

对于顺序读密集型工作负载，读缓存不会带来太多好处；除非顺序读的规模很小并且限定在一个特定的行键范围，否则很可能使用缓存会比不使用缓存需要更频繁地访问硬盘。请注意表 10-2 里的配置参数。

表 10-2　对于顺序读密集型工作负载的优化提示

配 置 参 数	介　　绍	建　　议
HFile 数据块大小	该参数被设置作为指定表的列族配置的一部分，如下所示： hbase(main):002:0> create 'mytable', {NAME => 'colfam1', BLOCKSIZE => '65536'}	数据块越大，则每次硬盘寻道时间可以取出的数据越多。64 KB 是一个好起点，但你应该试试更大的值来看看性能是否有所提升。如果该值太大，为扫描定位起始键的时候性能会降低
hbase.client.scanner.caching	该参数定义了在扫描器上调用 next 方法时取回的行的数量。该数字越高，在扫描过程中客户端需要向 Region Server 发出的远程调用越少。该数字越高也意味着客户端使用的内存越多。该参数可以在配置对象里基于每个客户端分别进行设置	请设置较高的扫描器缓存值，以便在执行大规模顺序读时每次 RPC 请求扫描器可以取回更多行。默认值是 1。请把它调为比每次扫描循环预期读的内容略高一点儿的值。根据你的应用逻辑以及在网络上返回的行的大小，缓存值可能是 50 或 1000

续表

配 置 参 数	介　　绍	建　　议
通过 Scan.setCache Blocks(..) API 关闭数据块的缓存	该参数定义被扫描的数据块是否应该放进块缓存	把一个扫描器读取的所有数据块放进块缓存会导致翻腾缓存次数太多。对于大规模扫描,可以把该参数设置为 false 来关闭数据块的缓存
关闭表的缓存	可以设置列族,在读的时候不被缓存到块缓存,如下所示: hbase(main):002:0> create 'mytable', {NAME => 'colfam1', BLOCKCACHE => 'false'}	如果一张表主要使用大规模扫描的访问方式,那么它的缓存很可能不会提升性能。相反,你会不断地翻腾缓存,影响其他较小的随机读访问方式的表。你可以关闭块缓存以便每次扫描时不再翻腾缓存

3. 写密集型

写密集型工作负载的优化方法需要有别于读密集型负载。缓存不再起到重要作用。写操作总是进入 MemStore,然后被刷写生成新的 HFile,以后再被合并。获得更好写性能的办法是不要太频繁刷写、合并或者拆分,因为在这段时间里 IO 压力上升,系统会变慢。在优化写密集型工作负载时,表 10-3 里的配置参数是很有价值的。

表 10-3　对于写密集型工作负载的优化提示

配 置 参 数	介　　绍	建　　议
hbase.hregion.max .filesize	该参数决定底层存储文件(HStoreFile)的最大大小。该参数定义了 region 的大小。如果列族的存储文件超过这个大小,该 region 将被拆分	region 越大意味着在写的时候拆分越少。请调高该数字,看看什么情况下在你的使用场景里可以得到最优的性能。我们遇到过的 region 大小,范围从 256MB 到 4 GB 不等。1 GB 是个开始测试的好起点
hbase.hregion .memstore.flush .size	该参数定义 MemStore 的大小,以字节为单位进行设置。当 MemStore 超过这个大小时会被刷写到硬盘。一个周期性运行的线程会检查 MemStore 的大小	刷写到 HDFS 的数据越多,生成的 HFile 越大,会在写的时候减少生成文件的数量,从而减少合并的次数

续表

配　置　参　数	介　　绍	建　　议
hbase.regionserver .global.memstore .lowerLimit 和 hbase.regionserver .global .memstore .upperLimit	upperLimit 定义在一个 RegionServer 上 MemStore 总共可以使用的堆的最大百分比。遇到 upperLimit 的时候，MemStore 被刷写到硬盘，直到遇到 lowerLimit 时停止。把这两个参数的值设置为彼此相等意味着发生的刷写数据量最小，那时因为 upperLimit 一直被遇到所以写操作被阻塞。这样做会把写过程中的暂停时间降到最短，但是也会导致更加频繁的刷写动作	你可以在每台 RegionServer 上增加分配给 MemStore 的堆的比例。但也不要走极端，因为这会导致垃圾回收问题。把 upper Limit 设为这样的值：能够容纳每个 region 的 MemStore 乘以每个 Region Server 上预期 region 的数量
垃圾回收优化		在提到 HBase 集群的写性能时，Java 的垃圾回收发挥了重要的作用。参见第 9 章提供的建议，请基于这些建议进行优化
hbase.hregion .memstore.mslab .enabled	MemStore-Local Allocation Buffer 是 HBase 的一个特性，在发生写密集型负载时，它有助于防止堆的碎片化。一些情况下，如果堆太大，打开这个特性有助于减轻垃圾回收暂停时间太长的问题。该参数的默认值是 true	请打开该特性，可以给你更好的写性能和更稳定的操作

4. 混合型

对于完全混合型工作负载，优化方法变得有些复杂。你需要混合调整前面介绍的参数来得到一个最优的组合。可以反复尝试各种组合，然后运行性能测试，来观察什么情况下能够得到最佳结果。

除了前面介绍的配置参数以外，一般来说影响性能的因素还有下面这些。

- 压缩——使用压缩可以减少集群上的 IO 压力。如同第 4 章介绍的，压缩可以在列族层次打开。这可以在创建表时或者更改表模式时进行设置。
- 行键设计——提高集群的性能并不局限在集群是如何运行的，很大程度上与你使用集群的方式有关。前面所有章节的目的在于让你掌握足够的知识来优化地设计应用系统。其中很大篇幅是根据你的访问模式优化行键设计。请注意这一点。如果你认为你已经设计了可能的最好的行键，再检查一遍，你可能会想出更好的东西。如何强调好的行键设计的重要性都不为过。
- 大合并——大合并势必要求所有 RegionServer 合并它们服务的所有 HFile。我们建议手工处理大合并，在预期集群负载最小的时候执行。这一点可以在 hbase-site.xml

配置文件里使用 hbase.hregion.majorcompaction 参数来进行设置。

■ RegionServer 处理程序计数——处理程序是 RegionServer 上接收 RPC 请求的线程。如果让处理程序数太低，就不能够充分发挥 RegionServer 的能力。如果让它太高，又把自己处于过量使用资源的风险里。在 hbase-site.xml 文件里使用 hbase.regionserver.handler.count 参数可以优化这个配置。请优化该配置参数来观察在什么情况下可以得到最优的性能。很可能你会使用比该参数的默认值高一些的值。

10.3 集群管理

在运行一个生产系统期间，在不同阶段都需要执行管理任务。尽管 HBase 是一种拥有各种容错技术和内建高可用性的分布式系统，它仍然需要每天给予适度的关注。比如像启动或停止集群、升级节点上的 OS、替换坏硬件和备份数据等事情都是重要的任务，你需要正确处理它们以保证集群平滑运行。有时候这些任务是对硬件故障事件的反应，其他时候这些任务完全是为了更新到最新、最好的版本。

本节突出强调了一些需要执行的重要任务，并且指导你如何处理它们。HBase 是一种快速发展中的系统，不是所有的问题都已经被解决了。直到最近，HBase 大多由非常熟悉内部工作机制的人们（包括一些代码提交人）来运营。社区还没有把太多注意力放在制作自动化管理工具以简化运营的方面。因此，我们在本节研究的一些内容比其他内容需要有更多的手工干预。这些内容可能就像一本运维手册，供集群管理员在需要时参考使用。准备好动手试试吧。

10.3.1 启动和停止 HBase

启动和停止 HBase 守护进程可能比你预期的情况要更常见一些，尤其是在安装集群和系统运行的早期阶段。对于这种操作，配置改变是最常见的原因。你可以用不同方式完成这种操作，但是底层规则是一样的。支撑系统（HDFS 和 ZooKeeper）必须在 HBase 启动之前启动起来并且应该在 HBase 关闭之后关闭，其他时候 HBase 守护进程停止和启动的次序是无所谓的。

1. 脚本

不同的发行版本提供了不同的启动/停止守护进程的脚本。原生的 Apache 发行版提供了下面的脚本（在$HBASE_HOME/bin 目录里）供你使用。

■ hbase-daemon.sh——启动/停止单个进程。它必须在运行 HBase 守护进程的每台机器上运行，这意味着你必须手工登录进入集群中的所有机器。使用句法如下所示：

```
$HBASE_HOME/bin/hbase-daemon.sh [start/stop/restart] [regionserver/
master]
```

- hbase-daemons.sh——封装了 hbase-daemon.sh 脚本，它通过 SSH 登录进入打算运行某个特定守护进程和执行 hbase-daemon.sh 的主机。它可以用来启动 HBase Master、RegionServer 和 ZooKeeper（如果由 HBase 管理的话）。它需要在运行该脚本的主机和所有登录进去执行远程命令的主机之间支持无密码 SSH 连接。
- start-hbase.sh——封装了 hbase-daemons.sh 和 hbase-daemon.sh，它可以用来从一个节点启动整个 HBase 集群。它和 hbase-daemons.sh 一样需要无密码 SSH 连接。通常该脚本在 HBase Master 节点上运行。它在本机启动 HBase Master，然后在配置目录下的 backup-masters 文件里指定的节点上启动备份 Master。该脚本根据配置目录下的 RegionServers 文件编译 RegionServer 列表。
- stop-hbase.sh——停止 HBase 集群。其执行方式类似于 start-hbase.sh 脚本。

CDH 发行版本提供了 init 脚本，不使用原生的 Apache 发行版本提供的脚本。这些脚本位于/etc/init.d/hbase-<daemon>.sh，可以用来启动、停止或者重启守护进程。

2. 集中式管理

可以使用像 Puppet 和 Chef 这样的集群管理框架，从一个中心位置管理守护进程的启动和停止。也可以为此使用像 Cloudera Manager 这样的专有工具。通常使用无密码 SSH 连接会带来一些安全顾虑，许多系统管理员会设法寻找其他替代方案。

10.3.2 优雅停止和让节点退役

当你由于某种管理原因（升级、更换硬件等）需要在单台机器上停止守护进程时，你需要确保集群的其他部分正常工作，并且确保从客户端应用来看停用时间最短。这势必要把那台 RegionServer 服务的 region 主动转移到其他 RegionServer 上，而不是让 HBase 被动地对那个 RegionServer 的下线进行反应。HBase 可以从一个下线的 RegionServer 状态恢复，但是它需要等待检测出那个 RegionServer 下线了，然后在其他地方重新分配 region。同时，应用系统可能会经历一次可用性的轻微降级。如果能够主动转移 region 到其他 RegionServer，然后杀掉那个 RegionServer 会让该过程更安全一些。

为此，HBase 提供了 graceful-stop.sh 脚本。就像我们讨论过的其他脚本一样，这个脚本也位于$HBASE_HOME/bin 目录下：

```
$ bin/graceful_stop.sh
Usage: graceful_stop.sh [--config <conf-dir>] [--restart] [--reload]
[--thrift] [--rest] <hostname>
 thrift      If we should stop/start thrift before/after the
               hbase stop/start
rest        If we should stop/start rest before/after the hbase stop/start
restart     If we should restart after graceful stop
reload      Move offloaded regions back on to the stopped server
debug       Move offloaded regions back on to the stopped server
hostname    Hostname of server we are to stop
```

该脚本按照下面步骤（按顺序）优雅停止一个 RegionServer。

（1）关闭 region 均衡器。

（2）从那个 RegionServer 上移出 region，随机把它们分配给集群中其他服务器。

（3）如果 REST 和 Thrift 服务处于运行状态的话，停止它们。

（4）停止 RegionServer 进程。

该脚本也需要从运行脚本的节点到需要停止的 RegionServer 节点上的无密码 SSH 连接。如果不支持无密码 SSH 连接，你可以查看该脚本的源代码，修改并实现在你的环境里可以工作的版本。

让节点退役是个重要的管理任务，它的第一步是使用优雅停止机制来让 RegionServer 干净下线。随后，你需要从预期运行 RegionServer 进程的节点上的节点列表里把该节点删掉，以避免你的脚本或者自动管理软件再次启动这个进程。

10.3.3　增加节点

随着应用系统变得更加成功或者出现更多应用场景，很可能你需要扩展你的 HBase 集群。也可能因为某种原因你需要替换一个节点。这两种情况下往 HBase 集群里增加一个节点的过程是一样的。

你大概会在同一台物理节点上运行 HDFS DataNode，所以往 HBase 集群里增加一个 RegionServer 的第一步是往 HDFS 里增加 DataNode。根据你管理集群的方式（是使用提供的启动/停止脚本，还是使用集中式管理软件），你需要启动 DataNode 进程并且等待它加入 HDFS 集群。在 DataNode 加入 HDFS 集群后，启动 HBase RegionServer 进程。这时你会在 Master 用户界面里看到该节点加入了节点列表。此后，如果你需要重新均衡分配每个节点所服务的 region 以及转移某些负载到新加入的 RegionServer 上，可以使用下面的命令运行均衡器：

```
echo "balancer" | hbase shell
```

该命令会从所有 RegionServer 上转移一些 region 到新 RegionServer 上，在整个集群中重新均衡负载。运行均衡器的负面影响是，你可能会失去被转移 region 的数据本地性。但是在下一轮大合并的时候会考虑到这一点。

10.3.4　滚动重启和升级

在运行的集群中对 Hadoop 和 HBase 版本打补丁和升级并不少见——尤其是如果你想使用最新、最好的特性和改善性能的话。在生产系统中，升级可能很复杂。集群升级时经常是不能停机的。但是某些情况下，唯一的选择就是停机。当你进行大版本升级时，新版本的 RPC 协议不能匹配老版本或者其他不能后向兼容的改变时，一般会出现停机的情况。

出现这种情况时，除了好好规划一次预定停机时间和执行升级以外，没有别的选择。

但并不是所有的升级都是大版本升级，并且需要停机。当进行没有后向不兼容的改变升级时，你可以执行滚动式升级（rolling upgrade）。这意味着你一次升级一个节点，不用停止整个集群。这个思路是，干净地停止一个节点，进行升级，然后重启加入集群。这种方式不会影响应用系统的 SLA，前提是在一个节点下线升级时，你有充足的空闲容量可以服务同样的流量。理想情况下，HBase 系统为此提供一些脚本供你运行。HBase 的确随机提供了一些有用的脚本，但它们只是这个概念①的简单实现，我们建议你根据环境的需要实现定制的脚本。为了在集群不停机的情况下进行升级，请执行下面这些步骤。

（1）把 HBase 新版本部署到集群中所有节点上，如果 ZooKeeper 也需要升级，请包含它的新版本。

（2）关闭均衡器进程。一个接一个地优雅停止 RegionServer 然后再重启。因为这种优雅停止不是让节点退役，所以 RegionServer 在下线时服务的 region 在重新上线时还会重新回来。为了做到这一点，让 gracefulstop.sh 脚本带参数--reload 运行。在所有 RegionServer 都重新启动后，再打开均衡器。

（3）一个接一个地重启 HBase Master。

（4）如果 ZooKeeper 需要重启，一个接一个地重启 quorum 里的所有 ZooKeeper 节点。

（5）升级客户端。

完成这些步骤以后，集群就运行在升级后的 HBase 版本上了。这些步骤假设你已经考虑到升级底层的 HDFS 了。

你也可以使用相同的步骤为其他目的执行滚动式升级。

10.3.5　bin/hbase 和 HBase Shell

遍及全书，你都会使用 Shell 来访问 HBase。第 6 章还研究了 Shell 命令的脚本编程和使用 JRuby 扩展 Shell 编程。这些都是有帮助的日常管理集群的工具。Shell 提供了一些命令，可以很方便地在集群上执行简单的操作或者检查集群的健康状态。在我们深入研究 Shell 之前，让我们看看 bin/hbase 脚本提供的选项（该脚本也用来启动 Shell）。基本上该脚本会运行与你选择的命令有关系的 Java 类：

```
$ $HBASE_HOME/bin/hbase
Usage: hbase <command>
where <command> an option from one of these categories:

DBA TOOLS
  shell          run the HBase shell
  hbck           run the hbase 'fsck' tool
  hlog           write-ahead-log analyzer
```

---

① 到 0.92.1 版本为止是这样的。将来的版本可能会有更复杂的实现。

```
  hfile              store file analyzer
  zkcli              run the ZooKeeper shell

PROCESS MANAGEMENT
  master             run an HBase HMaster node
  regionserver       run an HBase HRegionServer node
  zookeeper          run a Zookeeper server
  rest               run an HBase REST server
  thrift             run an HBase Thrift server
  avro               run an HBase Avro server

PACKAGE MANAGEMENT
  classpath          dump hbase CLASSPATH
  version            print the version

 or
  CLASSNAME          run the class named CLASSNAME
Most commands print help when invoked w/o parameters.
```

接下来几节里我们会研究 hbck、hlog 和 hfile 命令。现在让我们启动 shell 命令。为了得到 Shell 提供的命令列表，在 Shell 里输入 help，我们会看到下面的内容：

```
hbase(main):001:0> help
HBase Shell, version 0.92.1,
    r039a26b3c8b023cf2e1e5f57ebcd0fde510d74f2,
    Thu May 31 13:15:39 PDT 2012
Type 'help "COMMAND"', (e.g., 'help "get"' --
    the quotes are necessary) for help on a specific command.
Commands are grouped. Type 'help "COMMAND_GROUP"',
    (e.g., 'help "general"') for help on a command group.

COMMAND GROUPS:
  Group name: general
  Commands: status, version

  Group name: ddl
  Commands: alter, alter_async, alter_status, create,
    describe, disable, disable_all, drop, drop_all, enable,
    enable_all, exists, is_disabled, is_enabled, list, show_filters

  Group name: dml
  Commands: count, delete, deleteall, get, get_counter,
    incr, put, scan, truncate

  Group name: tools
  Commands: assign, balance_switch, balancer, close_region,
    compact, flush, hlog_roll, major_compact, move, split,
    unassign, zk_dump
  Group name: replication
  Commands: add_peer, disable_peer, enable_peer, list_peers,
    remove_peer, start_replication, stop_replication

  Group name: security
  Commands: grant, revoke, user_permission

SHELL USAGE:
Quote all names in HBase Shell such as table and column names.
```

```
    Commas delimit
command parameters.  Type <RETURN> after entering a command to run it.
Dictionaries of configuration used in the creation and
    alteration of tables are
Ruby Hashes. They look like this:

  {'key1' => 'value1', 'key2' => 'value2', ...}

and are opened and closed with curly-braces.
Key/values are delimited by the '=>' character combination.
Usually keys are predefined constants such as
NAME, VERSIONS, COMPRESSION, etc.
Constants do not need to be quoted.  Type
'Object.constants' to see a (messy) list of all constants in the environment.

If you are using binary keys or values and need
to enter them in the shell, use double-quote'd
hexadecimal representation. For example:

  hbase> get 't1', "key\x03\x3f\xcd"
  hbase> get 't1', "key\003\023\011"
  hbase> put 't1', "test\xef\xff", 'f1:', "\x01\x33\x40"

The HBase shell is the (J)Ruby IRB with the
above HBase-specific commands added.
For more on the HBase Shell, see http://hbase.apache.org/docs/current/
    book.html
```

　　我们将聚焦于命令工具组（粗体显示的部分）。要想得到任何命令的介绍，你可以在 Shell 里运行 `help 'command_name'`，如下所示：

```
hbase(main):003:0> help 'status'
Show cluster status. Can be 'summary', 'simple', or 'detailed'. The
default is 'summary'. Examples:

  hbase> status
  hbase> status 'simple'
  hbase> status 'summary'
  hbase> status 'detailed'
```

1. zk_dump

　　你可以运行 `zk_dump` 命令来了解 ZooKeeper 的当前状态：

```
hbase(main):030:0> > zk_dump
HBase is rooted at /hbase
Master address: 01.mydomain.com:60000
Region server holding ROOT: 06.mydomain.com:60020
Region servers:
 06.mydomain.com:60020
 04.mydomain.com:60020
 02.mydomain.com:60020
 05.mydomain.com:60020
 03.mydomain.com:60020
Quorum Server Statistics:
 03.mydomain.com:2181
  Zookeeper version: 3.3.4-cdh3u3--1, built on 01/26/2012 20:09 GMT
```

```
  Clients:
...
02.mydomain.com:2181
  Zookeeper version: 3.3.4-cdh3u3--1, built on 01/26/2012 20:09 GMT
  Clients:
   ...
01.mydomain.com:2181
  Zookeeper version: 3.3.4-cdh3u3--1, built on 01/26/2012 20:09 GMT
  Clients:
   ...
```

　　该命令告诉你当前运行的 HBase Master、构成集群的 RegionServer 列表、-ROOT-表的位置和构成 ZooKeeper quorum 的服务器列表。ZooKeeper 是 HBase 集群的入口和在谈到集群中成员资格时的信息源头。在设法对集群问题进行排错时，例如找出哪一台是当前运行的 Master 服务器，或者哪个 RegionServer 托管了 -ROOT- 表等，由 zk_dump 命令输出的信息是很有帮助的。

　　2. status 命令

　　你可以使用 status 命令来判断集群的状态。该命令有 3 个选项，即 simple、summary 和 detailed。默认选项是 summary。我们在这里展示了所有 3 个选项，让你知道每个选项包含的信息：

```
hbase(main):010:0> status 'summary'
1 servers, 0 dead, 6.0000 average load

hbase(main):007:0> status 'simple'
1 live servers
    localhost:62064 1341201439634
        requestsPerSecond=0, numberOfOnlineRegions=6,
usedHeapMB=40, maxHeapMB=987
0 dead servers
Aggregate load: 0, regions: 6

hbase(main):009:0> status 'detailed'
version 0.92.1
0 regionsInTransition
master coprocessors: []
1 live servers
    localhost:62064 1341201439634
        requestsPerSecond=0, numberOfOnlineRegions=6,
          usedHeapMB=40, maxHeapMB=987
        -ROOT-,,0
            numberOfStores=1, numberOfStorefiles=2,
    storefileUncompressedSizeMB=0,
storefileSizeMB=0, memstoreSizeMB=0,
storefileIndexSizeMB=0, readRequestsCount=48,
writeRequestsCount=1, rootIndexSizeKB=0,
totalStaticIndexSizeKB=0, totalStaticBloomSizeKB=0,
totalCompactingKVs=0, currentCompactedKVs=0,
compactionProgressPct=NaN, coprocessors=[]
        .META.,,1
```

```
        numberOfStores=1, numberOfStorefiles=1,
    storefileUncompressedSizeMB=0, storefileSizeMB=0,
memstoreSizeMB=0, storefileIndexSizeMB=0,
readRequestsCount=36, writeRequestsCount=4,
rootIndexSizeKB=0, totalStaticIndexSizeKB=0,
totalStaticBloomSizeKB=0, totalCompactingKVs=28,
currentCompactedKVs=28, compactionProgressPct=1.0,
coprocessors=[]
        table,,1339354041685.42667e4f00adacec75559f28a5270a56.
        numberOfStores=1, numberOfStorefiles=1,
    storefileUncompressedSizeMB=0, storefileSizeMB=0,
memstoreSizeMB=0, storefileIndexSizeMB=0,
readRequestsCount=0, writeRequestsCount=0,
rootIndexSizeKB=0, totalStaticIndexSizeKB=0,
totalStaticBloomSizeKB=0, totalCompactingKVs=0,
currentCompactedKVs=0, compactionProgressPct=NaN,
coprocessors=[]
        t1,,1339354920986.fba20c93114a81cc72cc447707e6b9ac.
        numberOfStores=1, numberOfStorefiles=1,
    storefileUncompressedSizeMB=0, storefileSizeMB=0,
memstoreSizeMB=0, storefileIndexSizeMB=0,
readRequestsCount=0, writeRequestsCount=0,
rootIndexSizeKB=0, totalStaticIndexSizeKB=0,
totalStaticBloomSizeKB=0, totalCompactingKVs=0,
currentCompactedKVs=0, compactionProgressPct=NaN,
coprocessors=[]
        table1,,1340070923439.f1450e26b69c010ff23e14f83edd36b9.
        numberOfStores=1, numberOfStorefiles=1,
    storefileUncompressedSizeMB=0, storefileSizeMB=0,
memstoreSizeMB=0, storefileIndexSizeMB=0,
readRequestsCount=0, writeRequestsCount=0,
rootIndexSizeKB=0, totalStaticIndexSizeKB=0,
totalStaticBloomSizeKB=0, totalCompactingKVs=0,
currentCompactedKVs=0, compactionProgressPct=NaN,
coprocessors=[]
        ycsb,,1340070872892.2171dad81bfe65e6ac6fe081a66c8dfd.
        numberOfStores=1, numberOfStorefiles=0,
    storefileUncompressedSizeMB=0, storefileSizeMB=0,
memstoreSizeMB=0, storefileIndexSizeMB=0,
readRequestsCount=0, writeRequestsCount=0,
rootIndexSizeKB=0, totalStaticIndexSizeKB=0,
totalStaticBloomSizeKB=0, totalCompactingKVs=0,
currentCompactedKVs=0, compactionProgressPct=NaN,
coprocessors=[]
0 dead servers
```

如同你看到的，detailed status 命令给出了一串 RegionServer 和它们服务的 region 的信息。当你诊断问题需要关于 region 和为它们服务的服务器的深入信息时，这是很有帮助的。

除此以外，summary 选项还提供给你活的服务器数量、死的服务器数量以及当时的平均负载。对于查看节点是否起来和是否超载的健康检查来说，这多半是有帮助的。

3. 合并

从 Shell 里触发合并动作不应该是经常要做的事情，但是如果需要这样做，Shell 的确提供了这种操作命令。你可以分别使用 `compact` 和 `major_compact` 命令在 Shell 里触发合并，包括小合并（minor compaction）和大合并（major compaction）：

```
hbase(main):011:0> help 'compact'
Compact all regions in passed table or pass a region row to
compact an individual region
```

在一张表上触发小合并，如下所示：

```
hbase(main):014:0> compact 't'
0 row(s) in 5.1540 seconds
```

在一个特定的 region 上触发小合并，如下所示：

```
hbase(main):015:0> compact
  't,,1339354041685.42667e4f00adacec75559f28a5270a56.'
0 row(s) in 0.0600 seconds
```

如果你关闭了自动大合并，并且通过手工处理合并，该命令会很有帮助；你可以把大合并写入脚本，在合适的时间以计划作业形式运行（当集群的负载较小时）。

4. 均衡器

均衡器负责确保所有 RegionServer 服务同样数量的 region。现在的均衡器实现考虑每个 RegionServer 的 region 数量，如果分布不均衡，它会尝试重新分配它们。你可以通过 Shell 运行均衡器，如下所示：

```
hbase(main):011:0> balancer
true
0 row(s) in 0.0200 seconds
```

在运行均衡器时，其返回值是 `true` 或者 `false`，这和均衡器是否运行有关。

你可以使用 `balance_switch` 命令关闭均衡器。当你运行该命令时，返回 `true` 或者 `false`。返回值代表该命令运行前的均衡器状态。为了让均衡器自动运行，把 `true` 作为参数传递给 `balance_switch` 命令。为了关闭均衡器，则传递 `false`。例如：

```
hbase(main):014:0> balance_switch false
true
0 row(s) in 0.0200 seconds
```

该命令会关闭自动均衡器。如返回值所示，该命令运行前均衡器是打开的。

5. 拆分表或者 region

Shell 提供了拆分已有表的能力。理想情况下，你不需要手工处理这件事情。但是有些情况下，像 region 热点，你可能需要手工拆分成为热点的 region。但是，热点 region 通常指向另一个问题——糟糕的行键设计导致了不合适的负载分布。

可以给 `split` 命令提供一个表名，该命令会拆分那张表上的所有 region；或者你可以指定需要拆分的特定 region。如果你定义了拆分键，该命令只围绕那个键进行拆分：

```
hbase(main):019:0> help 'split'
```

你可以拆分整张表，也可以传递一个 region 来拆分单个 region。你可以通过第二个参数为 region 明确指定拆分键。如下面例子所示：

```
split 'tableName'
split 'regionName' # format: 'tableName,startKey,id'
split 'tableName', 'splitKey'
split 'regionName', 'splitKey'
```

下面的例子围绕键 G 拆分 mytable 表：

```
hbase(main):019:0> split 'mytable' , 'G'
```

表也可以在创建的时候被预先拆分。你也可以使用 Shell 来这样处理。我们在本章后面研究预先拆分。

6. 更改表模式

使用 Shell 可以更改已有表的属性。例如，假设你想给一些列族增加压缩属性，或者增加时间版本的数量。为此，你必须关闭表，做出更改，重新打开表，如下所示：

```
hbase(main):019:0> disable 't'
0 row(s) in 2.0590 seconds

hbase(main):020:0> alter 't', NAME => 'f', VERSIONS => 1
Updating all regions with the new schema...
1/1 regions updated.
Done.
0 row(s) in 6.3300 seconds

hbase(main):021:0> enable 't'
0 row(s) in 2.0550 seconds
```

你可以在 Shell 里使用 describe 'tablename'命令检查被改变的表属性。

7. 截断表

截断（truncate）表意味着删除所有数据但保留表结构。这张表仍然存在于系统里，但在运行 truncate 命令后该表是空的。在 HBase 中截断一张表涉及关闭表、删除表和重新创建表等动作。truncate 命令为你执行所有这些动作。对于一张巨大的表，截断可能很费时间，因为在删除 region 之前所有的 region 必须下线和关闭。

```
hbase(main):023:0> truncate 't'
Truncating 't' table (it may take a while):
 - Disabling table...
 - Dropping table...
 - Creating table...
0 row(s) in 14.3190 seconds
```

10.3.6 维护一致性——hbck

文件系统会提供文件系统检查工具，就像 fsck 一样检查文件系统的一致性。这些工具通常会周期性地运行来了解文件系统的状态，或者在系统表现不正常时专门检查完整性。HBase 提供了一个类似的叫做 hbck（或者 HBaseFsck）的工具，用来检查 HBase 集群的一致性和完整性。hbck 最近经历了一次彻底修改，这个作为修改结果的工具得到了一个绰号 uberhbck。这个 hbck 的 uber 版本在版本 0.90.7+、0.92.2+和 0.94.0+里可以得到。我们会介绍该工具提供的功能以及在什么地方用得上它[①]。

阅读手册！

根据你使用的 HBase 版本，hbck 提供的功能可能有些区别。我们建议你阅读你使用版本的手册，来了解这个工具在你的环境里提供了什么功能。如果你是个懂行的用户，并且想得到你用的版本不提供而后续版本提供的更多功能，你可以向后移植 JIRA！

　　hbck 是一个帮助你检查 HBase 集群中的不一致的工具。这种不一致可能在两个层面发生。

- region 不一致——每个 region 被分配和部署到一个且只有一个 RegionServer，并且关于 region 状态的所有信息正确反映这一点。基于上述事实，我们定义了 HBase 中的 region 一致性。如果违反这个特性，就认为集群处于不一致的状态。
- 表不一致——每个可能的行键只能属于一个且只有一个表的 region。基于上述事实，我们定义了 HBase 中表的完整性。如果违反这个特性，说明 HBase 集群处于不一致的状态。

hbck 执行两个主要功能：检测不一致性和修复不一致性。

1. 检测不一致

　　你可以使用 hbck 主动检测集群的不一致。你也可以等待应用系统抛出异常，比如找不到 region 或者不知道把某个行键写入哪个 region 等，但是你可以在这些问题影响到应用系统之前把它们检查出来，两者相比，被动等待的做法代价要大得多。

　　你可以运行 hbck 工具来检测不一致，如下所示：

```
$ $HBASE_HOME/bin/hbase hbck
```

　　运行该命令时，它提供给你所发现的不一致情况列表。如果一切正常，它输出 OK。运行 hbck 时，它偶尔会抓到临时的不一致。例如，在 region 拆分期间，看起来好像有不止一个 region 在服务同一个行键范围，这被 hbck 检测为不一致。但是 RegionServer 知道子 region 会接收所有服务请求而父 region 马上就要退出，所以这并不是真的不一致。在数分钟里多运行几次 hbck，看看不一致的地方是否一直存在，是否只是在系统过渡期间捕获的表面上的不一致。为了了解更多输出的不一致的细节，你可以带着-details 标志运行 hbck，如下所示：

[①] 我们希望你不要遇到必须运行这个工具来解决的问题。但是如同我们之前说过的，有时候你最不希望发生的事情就一定会发生，你不得不做故障维修。

```
$ $HBASE_HOME/bin/hbase hbck -details
```

你还可以采用自动化方式周期性地运行 hbck 来监控集群随时间变化的健康情况，如果 hbck 连续报告不一致则给你发出警告。除非你的集群上有很多负载（可能导致过度的拆分、合并和 region 转移等），每 10～15 分钟运行一次 hbck 应该足够了。对于本例，可以考虑更高频度地运行 hbck。

2.　修复不一致

如果你发现了 HBase 集群中的不一致，要尽可能修复它们以避免遭遇进一步的问题和无法预期的表现。直到最近，在这方面还没有自动化工具可以帮上忙。这在较高的 hbck 版本里有所变化：hbck 现在可以修复集群的不一致。

> **警告**
>
> - 有些不一致（如在.META.表里的错误分配，或者 region 被分配给多个 RegionServer）可以在 HBase 在线时进行修复。其他的不一致（例如 region 的键范围重叠）处理起来要复杂一些，我们建议在修复这些不一致时不要在 HBase 上运行任何工作负载。
> - 修复 HBase 表的不一致就像是做外科手术——经常还是高级外科手术。除非你知道自己在做什么并且觉得有把握，否则不要执行修复处理。在一个生产集群上开始处理之前，请先在开发/实验环境测试这个工具并对测试情况心里有数，了解其内部工作机制和它所做的事情，请教邮件列表里的开发人员并听取他们的意见。你不得不修复不一致的事实本身说明，要么在 HBase 里存在潜在的错误，要么可能是因为不合适的应用设计以 HBase 不擅长的方式把 HBase 推向了极限。请当心！

接下来，我们将介绍各种不一致的类型以及如何使用 hbck 来修复它们。

- 不正确的分配——这是由于.META.表保存了 region 的错误信息。这种情况有 3 种可能：region 被分配给了多个 RegionServer，region 被错误地分配给了一个 RegionServer 但却由另一个 RegionServer 提供服务，region 存在于.META.表里但是没有被分配给任何 RegionServer。这些不一致情况可以通过带 -fixAssignments 标志运行 hbck 来修复。在 hbck 的早期版本里，使用-fix 标志完成这个工作。

- 失踪的或者多余的 region——如果 HDFS 保存了在.META.表里没有记录的 region，或者.META.表保存了在 HDFS 里不存在的 region 的多余记录，这被认为是不一致。这些情况可以通过带-fixMeta 标志运行 hbck 来修复。如果 HDFS 没有保存.META.表认为应该存在的 region，在 HDFS 里会创建一个和.META.表里的记录对应的空 region。你可以使用-fixHdfsHoles 标志完成这项工作。

前面提到的修复处理都是低风险的，通常打包在一起运行。为了打包在一起执行，带-repairHoles 标志运行 hbck 即可。这会执行所有 3 种修复处理。

```
$ $HBASE_HOME/bin/hbase hbck -repairHoles
```

不一致的情况可能比我们已经讨论过的这些情况更为复杂，可能需要小心地修复处理。

- 在 HDFS 上失踪的 region 元数据——每个 region 在 HDFS 里保存有一个 .regioninfo 文件，它保存该 region 的元数据。如果该文件丢失并且 .META. 表也没有保存该 region 的记录，-fixAssignments 标志也不会奏效。可以带 -fixHdfsOrphans 标志运行 hbck 来收集一个丢失了 .regioninfo 文件的 region。
- 重叠的 region——这是到目前为止需要修复的最复杂的不一致情况。有时候 region 可能有重叠的键范围。例如，假设 Region 1 为键范围 A～I 提供服务，而 Region 2 为键范围 F～N 提供服务。在这两个 region 里键范围 F～I 是重叠的（参见图 10-9）。你可以通过带 -fixHdfsOverlaps 参数运行 hbck 来修复这种情况。hbck 合并这两个 region 来修复这种不一致。如果重叠的 region 的数量巨大并且合并会导致生成一个大 region，那么这种修复处理可能会导致密集的合并和拆分。为了避免密集的合并和拆分，这种情况下的底层 HFile 可能会被旁路到一个单独的目录里，过后再批量导入到 HBase 表里。为了限制合并的数量，可以使用 -maxMerge <n> 标志。如果参加合并的 region 的数量大于 n，它们会被旁路处理而不是被合并。如果达到最大合并大小，可以使用 -sidelineBigOverlaps 标志来打开 region 的旁路处理。你可以使用 -maxOverlapsToSideline <m> 标志来限定一次旁路处理的 region 的最大数量。

图 10-9　键范围 F~I 由两个 region 提供服务。这两个 region 负责的键范围有重叠。你可以用 hbck 修复这种不一致

　　如果你打算执行所有这些修复处理，经常会使用 -repair 标志而不是逐个使用前面的每个标志。你还可以把表名字传递给修复标志来限定修复特定的表（-repair MyTable）。

警告　修复 HBase 表的不一致是一种高级运维任务。我们鼓励你阅读在线手册，并且在生产集群上运行之前尽量先在开发环境里运行 hbck。还有，阅读该脚本的源代码永远没有害处。

10.3.7　查看 HFile 和 HLog

　　HBase 提供了实用工具来检查在写的时候创建的 HFile 和 HLog（WAL）。HLog 位

于文件系统上 HBase 根目录下的.logs 目录里。你可以使用 bin/hbase 脚本的 hlog 命令来检查它们，如下所示：

```
$ bin/hbase hlog /hbase/.logs/regionserverhostname,60020,1340983114841/
    regionserverhostname%2C60020%2C1340983114841.1340996727020

12/07/03 15:31:59 WARN conf.Configuration: fs.default.name
is deprecated. Instead, use fs.defaultFS
12/07/03 15:32:00 INFO util.NativeCodeLoader: Loaded the
native-hadoop librarySequence 650517 from region
    a89b462b3b0943daa3017866315b729e in table users
 Action:
   row: user8257982797137456856
   column: s:field0
   at time: Fri Jun 29 12:05:27 PDT 2012
 Action:
   row: user8258088969826208944
   column: s:field0
   at time: Fri Jun 29 12:05:27 PDT 2012
 Action:
   row: user8258268146936739228
   column: s:field0
   at time: Fri Jun 29 12:05:27 PDT 2012
 Action:
   row: user825878197280400817
   column: s:field0
   at time: Fri Jun 29 12:05:27 PDT 2012
...
...
...
```

其输出是在那个特定 HLog 文件里记录的 edits 列表。

该脚本有一个类似的工具用于检查 HFile。要输出该命令的帮助信息，不带任何参数运行该命令即可：

```
$ bin/hbase hfile
usage: HFile [-a] [-b] [-e] [-f <arg>] [-k] [-m] [-p] [-r <arg>] [-s] [-v]
 -a,--checkfamily      Enable family check
 -b,--printblocks      Print block index meta data

 -e,--printkey         Print keys
 -f,--file <arg>       File to scan. Pass full-path; e.g.,
                       hdfs://a:9000/hbase/.META./12/34
 -k,--checkrow         Enable row order check; looks for out-of-order keys
 -m,--printmeta        Print meta data of file
 -p,--printkv          Print key/value pairs
 -r,--region <arg>     Region to scan. Pass region name; e.g., '.META.,,1'
 -s,--stats            Print statistics
 -v,--verbose          Verbose output; emits file and meta data delimiters
```

检查一个特定 HFile 的统计信息的例子如下：

```
$ bin/hbase hfile -s -f /hbase/users/0a2485f4febcf7a13913b8b040bcacc7/s/
    633132126d7e40b68ae1c12dead82898
```

```
Stats:
Key length: count: 1504206        min: 35 max: 42 mean: 41.88885963757624
Val length: count: 1504206        min: 90 max: 90 mean: 90.0
Row size (bytes): count: 1312480    min: 133
 max: 280  mean: 160.32370931366574
Row size (columns): count: 1312480 min: 1
 max: 2   mean: 1.1460791783493844
Key of biggest row: user8257556289221384421
```

你可以看到很多关于该 HFile 的信息。你可以使用其他参数来获得不同的信息。如果你在遇到问题时打算了解系统的运转状态，查看 HLog 和 HFile 的功能是很有帮助的。

10.3.8　预先拆分表

在密集的写负载期间，拆分表的动作可能会导致延迟变长。拆分动作之后通常会紧跟着 region 转移动作来重新均衡集群，这会增加压力。另外，把表进行预拆分对于批量加载任务也是值得期待的，这一点本章后面研究。如果键的分布情况是已知的，你可以在创建表的时候把表拆分成期望的 region 数量。

每个 RegionServer 先从几个 region 开始提供服务是明智的做法。一个好的起点是每个 RegionServer 在开始的时候为不超过 10 个 region 提供服务。这暗示了 region 的大小（region 越少，则应该越大），你可以使用 hbase.hregion.max.filesize 配置属性在系统层面进行设置。如果你把该数字设置为期望的 region 大小，在 region 达到这个大小后 HBase 会自动拆分它们。但是把该数字设置为远高于期望的 region 大小，则会让你能够在 HBase 拆分之前手工管理 region 的大小。对于系统管理员来说，这意味着更多的工作，但是可以更精细地控制 region 的大小。手工管理表的拆分是一种高级运维做法，只有当你在开发环境里测试过并且对结果满意的情况下才可以这样做。如果拆分过度，最终你会得到许多小 region。如果不能及时拆分，在你的 region 达到配置的 region 大小时 HBase 会跳进来进行自动拆分，因为此时 region 可能已经很大，这会导致占用更长时间的大合并。

可以在创建表的时候使用 HBase Shell 预先拆分 region。这种处理方法需要有一个保存了拆分键列表的文件，在这个文件里每行列出一个键。例子如下所示：

```
$ cat ~/splitkeylist
A
B
C
D
```

使用列出的键作为拆分分界线，为了创建这样的表在 Shell 里运行下面的命令：

```
hbase(main):019:0> create 'mytable' , 'family',
{SPLITS_FILE => '~/splitkeylist'}
```

该命令创建了一张有预拆分 region 的表。你可以透过 Master Web 用户界面来确认这一点（参见图 10-10）。

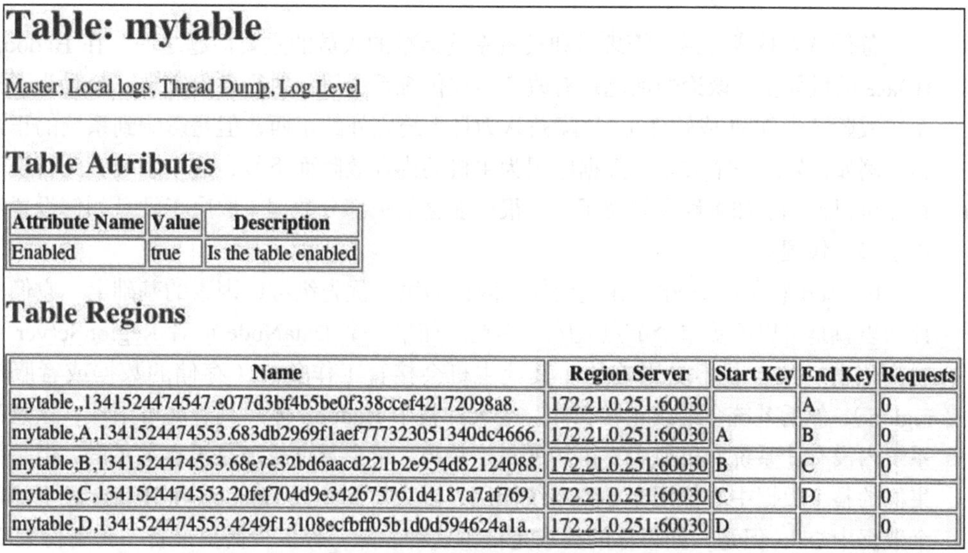

Table: mytable

Master, Local logs, Thread Dump, Log Level

Table Attributes

Attribute Name	Value	Description
Enabled	true	Is the table enabled

Table Regions

Name	Region Server	Start Key	End Key	Requests
mytable,,1341524474547.e077d3bf4b5be0f338ccef42172098a8.	172.21.0.251:60030		A	0
mytable,A,1341524474553.683db2969f1aef777323051340dc4666.	172.21.0.251:60030	A	B	0
mytable,B,1341524474553.68e7e32bd6aacd221b2e954d82124088.	172.21.0.251:60030	B	C	0
mytable,C,1341524474553.20fef704d9e342675761d4187a7af769.	172.21.0.251:60030	C	D	0
mytable,D,1341524474553.4249f13108ecfbff05b1d0d594624a1a.	172.21.0.251:60030	D		0

图 10-10　HBase Master 用户界面显示了在创建时通过提供拆分键创建的预拆分表。注意 region 的起始键和结束键

创建一张有预拆分 region 的表的另一种方法是使用 HBaseAdmin.createTable(...) API，如下所示：

```
String tableName = "mytable";
String startKey = "A";
String endKey = "D";
int numOfSplits = 5;

HBaseAdmin admin = new HBaseAdmin(conf);
HTableDescriptor desc = new HTableDescriptor(tableName);
HColumnDescriptor col = new HColumnDescriptor("family");
desc.addFamily(col);
admin.createTable(desc, startKey, endKey, numOfSplits);
```

我们在 utils 包下提供的代码里为你准备了一个实现，其名字是 TablePreSplitter。

另一个创建预拆分表和此后均衡拆分它们的实现打包在 HBase 的 org.apache.hadoop.hbase.util.RegionSplitter 类里。

本节我们研究了许多运维和管理任务，给你提供了足够多的运行 HBase 集群的知识。成功运维一个系统还包括处理各种故障情况的能力，以及在灾难发生时保持运行和性能损失最小的能力。下一节将探索在 HBase 环境里备份的概念及其重要所在。

10.4　备份和复制

　　备份越来越成为系统管理员和负责系统运维的人员的主要话题之一。在 Hadoop 和 HBase 的世界里，谈论的话题略有改变。在传统系统里，执行备份实现冗余是为了抵御系统故障（硬件和/或软件）。故障被认为是系统之外的东西，但是影响到系统的正常运转。例如，如果一个关系型数据库因为主机的内存故障而下线，这个系统直到替换了内存才可以使用。如果硬盘崩溃了，你很可能会丢失部分数据（取决于硬盘如何设置和使用了多少块硬盘）。

　　Hadoop 和 HBase 建立在把硬件故障作为第一优先级考虑因素的基础上，它们的设计初衷就是可以不受单个节点故障的影响。如果一个 DataNode 或者 RegionServer 主机脱离集群，集群是不受影响的。其他主机会接管工作负载（存储的数据或者服务的 region），然后系统会继续正常工作。今天的整个 Hadoop 体系具有高可用性，这意味着系统内没有让系统宕机或者不可用的单点故障。单个节点故障是没有关系的，但是托管集群的整个数据中心停用会导致系统停用，因为直到今天 Hadoop 和 HBase 还不能跨多个数据中心[①]。但是，如果你的要求是抵御这种故障，你多少需要准备一种备份策略。

　　保持一份独立数据副本可用的另一个原因是执行离线处理任务。如同我们在第 9 章建议的，在同一个 HBase 集群上并行配置实时和批处理工作负载会影响到服务这两种访问模式场景的延迟和性能（和分别独立运行它们相比）。通过在另一个集群上保留第二份数据副本，可以把在线访问模式和批处理访问模式分开，从而让两者以最优化方式运行。

　　有多种方法可以实现备份或者数据的第二份副本，每一种都有不同的特点。

10.4.1　集群间复制

　　复制作为一个特性直到最近还一直处于试验状态，只有内行的用户在生产环境里使用了这个特性。活跃的开发和越来越多的用户需求正在把这个特性推到一个更稳定的状态。你不一定必须了解复制工作原理的细节，但是如果你计划在生产环境里使用它，我们建议你认真掌握它。

　　把数据从一个集群复制到另一个集群的一种方法是在往第一个集群写入数据时复制写操作。这是关系型数据库里常见的操作机制。HBase 中的集群间复制可以通过发送日志记录来实现，可以异步执行。这意味着把写入 HLog 的 edits（Put 和 Delete）记录发送给并写入作为复制目标的第二个集群，从而完成复制。第一个集群的写操作不会

---

① 数据中心之间的高延迟使得跨多个数据中心的做法是不现实的。一种替代方案是在另一个数据中心复制运行一个集群。复制集群在后面的章节会有介绍。

阻塞在被复制的 edits 上。因为复制工作不会影响写操作发生时的延迟，它在完成写操作后异步发生，所以可以跨数据中心实现。

> **现在的情况**
>
> 本节里复制任务的用法说明和介绍内容对于 Apache HBase 0.92.1 或者 CDH4u0 版本来说是正确的。考虑到这是一个相当新的特性，到现在为止还没有看到在很多生产环境里使用它，在短期内仍然会有活跃的研发和新特性的增加。我们鼓励你查看所使用版本的发行说明，不要一成不变地看待我们的介绍。

你可以在创建表或者更改表时把复制范围设置为 1 在列族层次来配置复制特性：

```
hbase(main):002:0> create 'mytable', {NAME => 'colfam1',
REPLICATION_SCOPE => '1'}
```

该命令设置 colfam1 列族在数据写入时复制到第二个集群。在第二个集群上必须有相同的表名和列族名。如果它们不存在，HBase 不会创建它们，复制会失败。

集群间复制有以下 3 种类型。

- 主从（master-slave）——在这种复制方式里，所有的写入只写到主集群，然后被复制到从集群，如图 10-11 所示。没有东西会直接写到第二个集群的被复制列族。HBase 不强制要求直接写到被复制的从集群，你需要在应用层面保证这一点。如果你错误地写到了从集群，数据不会被复制回主集群。从集群可以拥有不是从主集群复制来的其他表和列族。

图 10-11 主从复制配置设计，这里复制只会单向进行

- 主主（master-master）——在主主复制方式里，任何一个集群收到的写入都会被复制到另一个集群，如图 10-12 所示。
- 环形（cyclic）——在环形复制方式里，你可以设置多于两个的集群来互相复制（参见图 10-13）。任何两个集群之间的复制方式可以是主主模式或者主从模式。主主复制方式可以被看做是只涉及两个集群的环形复制。

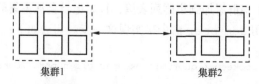

图 10-12 主主复制配置设计，这里复制双向进行。任一个集群上的写入会

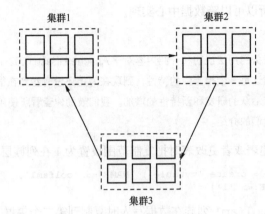

图 10-13　环形复制设计，这里参与复制过程的集群超过两个，其中任何两个集群之间的关系
　　　　　可以是没有复制、主从复制或者主主复制

你可以根据自己的应用系统，选择效果最好的那一种复制模型。如果只是为备份的目的或者为了得到第二份副本来执行批处理，主从模型效果很好。在一些特殊场景里，比如你要么想得到拥有相同数据的第三个集群，要么想把来自不同源的数据保存到不同的表里，可以使用主主复制和环形复制方式，其最终目的是在所有集群上保持完全相同的状态。

1. 配置集群间复制

为了配置集群间复制，采用下面的步骤。

（1）把下面的配置参数放进两个集群的 hbase-site.xml 文件里（主集群和第二集群）

```
<property>
  <name>hbase.replication</name>
  <value>true</value>
</property>
```

把这个配置信息放进两个集群的所有节点上以后，需要重启 HBase 守护进程（RegionServer 和 Master）。请注意，为了让这个配置信息生效，ZooKeeper 必须是自我管理的。在 HBase 0.92.1 或者 CDH4u0 版本里，HBase 管理的 ZooKeeper 还没有在复制体系里被测试过。

该设置使集群能够参与复制体系。

（2）把第二个集群添加到集群列表里，日志记录会从主集群发送到那里。你可以在HBase Shell 里使用 add_peer 命令来实现这一步。句法如下：

```
add_peer '<n>',
        "slave.zookeeper.quorum:zookeeper.clientport:zookeeper.znode.parent"
```

例如：

```
hbase(main):002:0> add_peer '1',
    "secondary_cluster_zookeeper_quorum:2181:/hbase"
```

该命令把第二个集群登记为了为了复制的目的需要把 edits 发送到的目标地址。

（3）为复制任务创建表。如同前面解释过的，你需要在列族层面这样做。为了在已有表上打开复制配置，需要先关闭表，修改列族的属性，再重新打开表。复制操作会马上开始进行。

确保在两个集群里存在同样的表和列族（主集群和目标从集群）。不过，复制范围只在主集群上被设置为 1。两个集群上可以拥有不被复制的其他表和列族。

在建立复制以后，你应该在集群上运行任何负载之前，验证复制是否按照预期工作。

2. 测试复制体系

测试复制是否工作的最简单的方法是在主集群上的表里存入一些行，然后检查它们是否在从集群上出现。如果数据集特别大，这方法可能是不可行的，如果你在生产集群上打开复制配置，可能就会出现这种情况。HBase 随机提供了一个叫做 VerifyReplication 的 MapReduce 作业，你可以运行该作业来比较两张表的内容：

```
$ $HBASE_HOME/bin/hbase
    org.apache.hadoop.hbase.mapreduce.replication.VerifyReplication
Usage: verifyrep [--starttime=X] [--stoptime=Y] [--families=A]
<peerid> <tablename>

Options:
  starttime     beginning of the time range
                without endtime means from starttime to forever
  stoptime      end of the time range
  families      comma-separated list of families to copy

Args:
  peerid        Id of the peer used for verification,
                   must match the one given for replication
  tablename     Name of the table to verify

Examples:
 To verify the data replicated from TestTable for a 1 hour window
    with peer #5
 $ bin/hbase org.apache.hadoop.hbase.mapreduce.replication.VerifyReplication
   --
    starttime=1265875194289 --stoptime=1265878794289 5 TestTable
```

但是如果你没有运行 MapReduce 框架，这个方法就没法使用。你需要在两个集群上手工执行两张表的扫描来确保一切工作正常。

3. 管理复制

复制配置在集群上打开以后，你不需要做什么来管理复制。为了在一个运行的集群上停止复制，你可以在 HBase Shell 里运行 stop_replication 命令。要重新启动它，可以运行 start_replication 命令。

当前实现里的一些特色让一些管理任务变得有点儿复杂。复制是在列族层面处理的，在激活的 HLog 文件里设置的。因此如果你停止复制然后重新启动它，并且 HLog 还没有滚动，在你停止和重新启动复制之间写入的任何东西也会被复制。这是当前复制实现的一个功能，它可能会在将来的版本里发生变化。

要删除一个集群成员，可以使用 remove_peer 命令，后面带上成员 ID：

```
hbase> remove_peer '1'
```

要查看当前配置的成员列表，可以使用 list_peers 命令：

```
hbase> list_peers
```

集群间复制是一个高级特性，可以轻松保存数据的多个副本。维护两份数据的热副本是很棒的功能：你的应用系统在主集群出问题的时候可以切换到第二集群。热故障切换机制则需要内置到应用系统里。这可以纯粹在应用逻辑里建立，或者在主集群停用时修改 DNS 让应用系统访问第二个集群。当主集群恢复和重新运行起来了，你可以同样修改 DNS，跳回到主集群。

> **关于时间同步的提示**
>
> 为了让复制正常工作，主集群和第二集群的时间必须是同步的。如同我们前面介绍的，这可以使用 NTP 来实现。在运行 HBase 的所有节点上保持时间同步对于确保系统可靠运转是至关重要的。

现在的问题是把第二集群新写入的数据送回主集群。这可以使用 CopyTable 或者 Export/Import 作业来实现，这就是接下来我们要讨论的内容。

10.4.2　使用 MapReduce 作业进行备份

如同我们在第 3 章讨论过的，可以设置 MapReduce 作业把 HBase 表用做数据源和输出目标。可以通过扫描 HBase 表并把数据输出到平面文件或其他表的方式来执行某个时间点的备份，这个功能是很有用的。

这和上一节介绍的集群间复制是不同的。集群间复制是一种推（push）机制：当新的 edits 进来时，它们被推到复制的集群上，尽管是异步地。在 HBase 表上运行 MapReduce 作业是一种拉（pull）机制：这种作业从 HBase 表里读出数据（也就是说，数据被拉出来），然后写入你选择的输出目标。

你可以通过几种方法在 HBase 上使用 MapReduce 进行备份。HBase 为此随机附带了一些预先打包的作业。下面我们来介绍如何使用它们进行备份。

1. 导入/导出（Import/Export）

预打包的导出 MapReduce 作业（Export）可以用来把 HBase 表里的数据导出到平

面文件。然后再使用导入作业（Import）把这些数据导入到同一个或者另一个集群上另一个 HBase 表里。

Export 作业以数据源表名字和输出目录名字作为输入参数。你也可以提供时间版本数量、起始时间戳、结束时间戳和过滤器等来精细地控制从源表里读出什么数据。从表里递增读取数据时，使用起始时间戳和结束时间戳是非常有用的。

这些数据以 Hadoop 序列化文件的格式被高效写出到指定的输出目录里，随后使用导入作业把这个目录下的数据导入到另一个 HBase 表里。序列化文件是有键的，每个键值对的格式是从行键到 Result 实例：

```
$ hbase org.apache.hadoop.hbase.mapreduce.Export
Usage: Export [-D<property=value>]* <tablename> <outputdir>
              [<versions> [<starttime> [<endtime>]]
                        [^[regex pattern] or [Prefix] to filter]]

 Note: -D properties will be applied to the conf used.
 For example:
  -Dmapred.output.compress=true
  -Dmapred.output.compression.codec=org.apache.hadoop.io.compress.GzipCodec
  -Dmapred.output.compression.type=BLOCK
Additionally, the following SCAN properties can be specified
to control/limit what is exported..
  -Dhbase.mapreduce.scan.column.family=<familyName>
```

下面是把 mytable 表导出到 export_out 目录的一个命令示例：

```
$ hbase org.apache.hadoop.hbase.mapreduce.Export mytable export_out
12/07/10 04:21:29 INFO mapred.JobClient: Default number of map tasks: null
12/07/10 04:21:29 INFO mapred.JobClient: Setting default number of map tasks
    based on cluster size to : 12
...
...
```

让我们检查 export_out 目录的内容。该目录应该包含一系列来自 map 任务的输出文件：

```
$ hadoop fs -ls export_out
Found 132 items
-rw-r--r--   2 hadoop supergroup          0 2012-07-10 04:39 /user/hadoop/
    export_out/_SUCCESS
-rw-r--r--   2 hadoop supergroup  441328058 2012-07-10 04:21 /user/hadoop/
    export_out/part-m-00000
-rw-r--r--   2 hadoop supergroup  470805179 2012-07-10 04:22 /user/hadoop/
    export_out/part-m-00001
...
...
-rw-r--r--   2 hadoop supergroup  536946759 2012-07-10 04:27 /user/hadoop/
    export_out/part-m-00130
```

Import 作业是 Export 作业的反向处理。Import 作业从源文件里读出记录，根据保存的 Result 实例创建 Put 实例。然后把这些 Put 通过 HTable API 写到目标表。

Import 作业在执行时不提供花样繁多的过滤或者数据控制功能。如果想进行额外的控制，你需要建立 Importer 实现的子类并且覆盖 map 函数。这个工具很简单，它的调用也很简单：

```
$ hbase org.apache.hadoop.hbase.mapreduce.Import
Usage: Import <tablename> <inputdir>
```

把前面例子里导出的表导入另一个叫做 myimporttable 的表的命令如下：

```
$ hbase org.apache.hadoop.hbase.mapreduce.Import myimporttable export_out
```

作业完成后，你的目标表里保存了导出的数据。

2. 使用 ImportTsv 的高级导入方式

Import 与 Export 相辅相成，但有些简单，ImportTsv 的功能则非常丰富。它支持你从有换行符的带分隔符文本文件加载数据。最常见的是以制表符为分隔符，但分隔符是可以设置的（如加载以逗号为分隔符的文件）。你可以指定一个目标表，然后提供从数据文件里的列到 HBase 里的列的对应关系：

```
$ hbase org.apache.hadoop.hbase.mapreduce.ImportTsv
Usage: importtsv -Dimporttsv.columns=a,b,c <tablename> <inputdir>

Imports the given input directory of TSV data into the specified table.

The column names of the TSV data must be specified using the
-Dimporttsv.columns option. This option takes the form of
comma-separated column names, where each column name is either a
simple column family, or a columnfamily:qualifier. The special column
name HBASE_ROW_KEY is used to designate that this column should be
used as the row key for each imported record. You must specify exactly
one column to be the row key, and you must specify a column name for
every column that exists in the input data.

By default importtsv will load data directly into HBase. To instead
generate HFiles of data to prepare for a bulk data load, pass the
option:
  -Dimporttsv.bulk.output=/path/for/output
  Note: if you do not use this option, then the target table must
already exist in HBase

Other options that may be specified with -D include:
  -Dimporttsv.skip.bad.lines=false - fail if encountering an invalid
  line '-Dimporttsv.separator=|' - eg separate on pipes instead of
  tabs
  -Dimporttsv.timestamp=currentTimeAsLong - use the specified
  timestamp for the import
  -Dimporttsv.mapper.class=my.Mapper - A user-defined Mapper to use
instead of org.apache.hadoop.hbase.mapreduce.TsvImporterMapper
```

这个作业的目标是成为一个灵活的工具，它甚至允许你覆盖 Mapper 类（在解析输入文件时会用到这个类）。你还可以用 ImportTsv 创建 HFile 而不是在目标部署上执行 Put。这被称为批量导入（bulk import）。它绕过了 HTable API，比常规的导入快得多。

ImportTsv 确实需要在运行时访问目标表。ImportTsv 会检查表的 region 边界，并且使用这些拆分定界符来决定创建多少个 HFile。

在 HFile 被创建后，需要把它们加载到表里。LoadIncrementalHFiles 实用工具（也叫做 completebulkload）用来处理在 HBase 中安装和激活一张表的新 HFile 的复杂工作。因为这种操作需要认真考虑以确保新的 HFile 可以匹配目标表的配置，所以它是很复杂的工作。LoadIncrementalHFiles 工具为你处理这些工作，它可以拆分任意一个源 HFile 以便每一个 HFile 适合单个 region 的键范围。这些 HFile 被移动（move）到位，而不是复制（copy），所以在你运行该命令后源数据消失了，不要感到惊讶。针对在 HDFS 上阶段性出现的 HFile，运行该工具如下所示：

```
$ hbase org.apache.hadoop.hbase.mapreduce.LoadIncrementalHFiles
usage: completebulkload /path/to/hfileoutputformat-output tablename
```

让我们创建一张预拆分表，然后批量加载一个制表符分隔的文件到表里：

（1）创建一张拆分为 10 个 region 的预拆分表：

```
$ for i in {1..10}; do echo $i >> splits.txt ; done
$ cat splits.txt
1
2
3
4
5
6
7
8
9
10
$ hadoop fs -put splits.txt ./
$ echo "create 'bulk_import', 'a', {SPLITS_FILE => 'splits.txt'}" | \
hbase shell
0 row(s) in 2.3710 seconds
```

（2）往这张表里导入制表符分隔的文件。你可以使用文件里的第三列作为 HBase 表的行键。输入的制表符分隔的文件是 my_input_file，创建的 HFile 将被存储在输出目录 hfile_output：

```
$ hbase org.apache.hadoop.hbase.mapreduce.ImportTsv \
 -
    Dimporttsv.columns=a:lon,a:lat,HBASE_ROW_KEY,a:name,a:address,a:ci
    ty,a:url \
  -Dimporttsv.bulk.output=hfile_output bulk_import ./my_input_file
12/07/10 05:48:53 INFO util.NativeCodeLoader: Loaded the native-hadoop
    library
...
...
```

（3）通过把新创建的 HFile 转移到预拆分表里来完成批量加载：

```
$ hbase org.apache.hadoop.hbase.mapreduce.LoadIncrementalHFiles
 hfile_output my_bulk_import_table
```

3. Copy Table

你可以使用 CopyTable MapReduce 作业来扫描一张 HBase 表并直接写入另一张表。它不会创建中间的平面文件，而是直接执行 Put，复制到输出目标表。CopyTable 作业的输出目标表可能是同一个集群上的另一张表，也可能是完全不同集群上的一张表。该作业也可以像 Export 作业一样被赋予起始时间戳和结束时间戳，这支持更精细地控制数据的读取。它也支持输入源和输出目标 HBase 部署不同的情况，也就是说，可以用不同的 RegionServer 实现。

执行 CopyTable 作业的过程包括在输入源部署上执行一个 MapReduce 作业并把数据复制到输出目标部署上。其调用如下所示：

```
$ hbase org.apache.hadoop.hbase.mapreduce.CopyTable
Usage: CopyTable [--rs.class=CLASS] [--rs.impl=IMPL] [--starttime=X]
                 [--endtime=Y] [--new.name=NEW] [--peer.adr=ADR]
                 <tablename>

Options:
 rs.class      hbase.regionserver.class of the peer cluster
               specify if different from current cluster
 rs.impl       hbase.regionserver.impl of the peer cluster
 starttime     beginning of the time range
               without endtime means from starttime to forever
 endtime       end of the time range
 new.name      new table's name
 peer.adr      Address of the peer cluster given in the format
               zookeeer.quorum:zookeeper.client.port:zookeeper.znode.parent
 families      comma-separated list of families to copy
               To copy from cf1 to cf2, give sourceCfName:destCfName.
               To keep the same name, just give "cfName"

Args:
 tablename     Name of the table to copy
```

从一个集群把 mytable 表复制到另一个远程集群上拥有相同名字的表的命令示例如下：

```
$ hbase org.apache.hadoop.hbase.mapreduce.CopyTable \
--peer.adr=destination-zk:2181:/hbase --families=a mytable
```

10.4.3　备份根目录

HBase 把它的数据存储在由 hbase.rootdir 配置属性指定的目录里。该目录包含所有 region 的信息、所有表的 HFile 信息及所有 RegionServer 的预写日志（WAL）。本质上，这是保存所有东西的地方，但是并不需要采用一个重要的备份方案来复制这个目录（使用 distcp），尤其是在运行的集群里。

当一个 HBase 集群启动并运行时，几件事情一直在进行：MemStore 刷写，region 拆分、合并等。所有这些事情会导致底层存储的数据发生改变，这使得复制 HBase 根目录变得无关紧要。另一个重要因素是，在运行的系统里 MemStore 里保存着还没有刷写的数据。即使没有发生其他事情，HBase 根目录的副本也不一定可以完全代表系统的当前状态。

但是如果你彻底停止了 HBase 守护进程，MemStore 被刷写了，并且根目录不会被任何进程更改了。此时，复制整个根目录可能是一个好的时间点备份方案。但是增量备份仍然是个问题，这使得这个方案缺少可行性。如果需要从备份的根目录里进行恢复则非常简单，让 HBase 指向这个新的根目录，然后启动 HBase 就可以了。

10.5 小结

任何软件系统的生产级别运维都需要随着时间慢慢掌握。本章介绍了在生产环境运营 HBase 的几个方面内容，希望你开始掌握这些概念。HBase 用户可能会基于这些概念开发出新的工具和脚本，你会从中受益。这些基本的 HBase 运维概念会帮助你理解什么时间、什么地方和如何使用它们对你有利。

运维的第一步是选择工具和监控集群系统，这是本章开始的地方。我们研究了各种监控系统和机制，然后研究让人感兴趣的不同监控指标。先是一些通用监控指标，它们是无论系统上运行什么负载都应该监控的监控指标，然后是一些专门针对某种工作负载（读或者写）的监控指标。

监控部分之后，本章转而讨论性能测试、性能评估和针对不同种类的工作负载优化 HBase 的性能。性能测试是了解如何优化 HBase 集群和怎么做让集群性能表现最佳的关键。优化 HBase 的性能涉及如何使用不同的配置参数，具体的配置方案取决于计划使用集群的工作负载的类型。

随后，我们研究了一系列常见管理任务以及如何和什么时候使用它们。其中一些是被执行得更为频繁的常见管理任务，而其他的任务则是更有针对性地处理某些情况。最后，本章研究了备份和复制策略，讨论了灾难恢复时的常见做法以及当前你有什么选择。

精通 HBase 的运维需要了解其内部工作机制，以及使用该系统获得的经验。我们都希望 HBase 是一种自我优化和自我管理的系统，但它还不是。我们希望它尽快成为那样的系统，你的经验无疑可以为这个目标添砖加瓦。

附录 A 探索 HBase 系统

在阅读本书的过程中，你学习了一些关于 HBase 是如何设计的以及 HBase 如何横跨不同的服务器分布负载的理论。让我们深入系统，探索一下这些理论是如何实际工作的。首先，我们会看看 ZooKeeper 是如何管理 HBase 实例的。当 HBase 以单机模式运行时，ZooKeeper 与 HBase Master 运行在同一个 JVM 中。在第 9 章，我们学习了 HBase 的完全分布式部署，在那里 ZooKeeper 作为单独的服务运行。现在，让我们测试各个命令，看看对于你的部署，ZooKeeper 可以给出什么信息。

A.1 探索 ZooKeeper

直接访问 ZooKeeper 的主要接口是 HBase Shell。启动 HBase Shell，运行 `zk_dump` 命令。

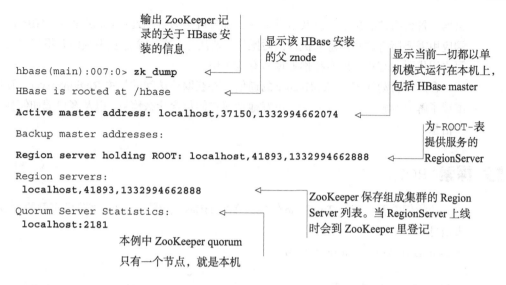

输出 ZooKeeper 记录的关于 HBase 安装的信息

显示该 HBase 安装的父 znode

显示当前一切都以单机模式运行在本机上，包括 HBase master

```
hbase(main):007:0> zk_dump
HBase is rooted at /hbase
Active master address: localhost,37150,1332994662074
Backup master addresses:
Region server holding ROOT: localhost,41893,1332994662888
Region servers:
 localhost,41893,1332994662888

Quorum Server Statistics:
 localhost:2181
```

为 -ROOT- 表提供服务的 RegionServer

ZooKeeper 保存组成集群的 Region Server 列表。当 RegionServer 上线时会到 ZooKeeper 里登记

本例中 ZooKeeper quorum 只有一个节点，就是本机

```
Zookeeper version: 3.4.3-1240972, built on 02/06/2012 10:48 GMT
Clients:
  ...
```

我们再来看一下完全分布式 HBase 系统运行 zk_dump 的例子。我们列出一个运行中集群的输出信息，这里隐藏了主机名。粗体显示的部分与上面提到的类似：

```
hbase(main):030:0> > zk_dump
HBase is rooted at /hbase
Master address: 01.mydomain.com:60000
Region server holding ROOT: 06.mydomain.com:60020
Region servers:
 06.mydomain.com:60020
 04.mydomain.com:60020
 02.mydomain.com:60020
 05.mydomain.com:60020
 03.mydomain.com:60020
Quorum Server Statistics:
 03.mydomain.com:2181
  Zookeeper version: 3.3.4-cdh3u3--1, built on 01/26/2012 20:09 GMT
  Clients:
   ...
 02.mydomain.com:2181
  Zookeeper version: 3.3.4-cdh3u3--1, built on 01/26/2012 20:09 GMT
  Clients:
   ...
 01.mydomain.com:2181
  Zookeeper version: 3.3.4-cdh3u3--1, built on 01/26/2012 20:09 GMT
  Clients:
   ...
```

如果你可以访问某个集群，请在 Shell 里运行命令，看看 ZooKeeper 可以告诉你关于系统的哪些信息。当你要了解系统的状态时，这些信息会非常有用——集群中有哪些机器，每台机器的角色，以及最重要的，哪台机器为-ROOT-表提供服务。HBase 客户端应用需要所有这些信息来执行读写操作。请注意，在这个过程中我们并不需要为此编写应用代码，客户端库会帮你处理所有这一切。

客户端自动处理与 ZooKeeper 的通信，并获取要访问的相关 RegionServer。让我们继续了解-ROOT-和.META.表，更好地理解它们包含什么信息，以及客户端如何使用这些信息。

A.2　探索-ROOT-

让我们看看一直为 TwitBase 使用的单机 HBase 实例，下面是该单机实例的-ROOT-表信息：

```
hbase(main):030:0> scan '-ROOT-'

ROW          COLUMN+CELL

.META.,,     column=info:regioninfo, timestamp=1335465653682,
1            value={NAME => '.META.,,1', STARTKEY => '', ENDKEY
             => '', ENCODED => 1028785192,}

.META.,,     column=info:server, timestamp=1335465662307,
1            value=localhost:58269

.META.,,     column=info:serverstartcode,
1            timestamp=1335465662307, value=1335465653436

.META.,,     column=info:v, timestamp=1335465653682,
1            value=\x00\x00

1 row(s) in 5.4620 seconds
```

让我们检查一下-ROOT-表的内容。-ROOT-表存储了关于.META.表的相关信息。当客户端需要定位 HBase 中存储的数据时，它查找的第一个地方是-ROOT-表。在这个例子中，-ROOT-表中只有一行，该行对应全部.META.表。就像用户定义的表一样，当存储数据量超过单个 region 容量时，.META.表也会进行拆分。但与用户定义的表不同的是，.META.表中存储的是 HBase 中用户表的 region 的信息，这意味着.META.表完全由系统进行管理。在这个例子中，.META.表里使用一个 region 就可以存储所有信息。-ROOT-表中对应的记录包含根据.META.表名定义的行键和那个 region 的起始键。因为只有一个 region，所以记录里那个 region 的起始键和结束键都是空的。这表示那个 region 托管全体键区间。

A.3　探索.META.

前面-ROOT-表中的记录还会告诉我们哪台机器托管.META.表对应的 region。本例中，因为 HBase 以单机模式运行，所有的内容都在本机（localhost）上， 所以可以看到有一列（server 列）的值是 localhost:port。还有一列（regioninfo 列）包含了 region 的名字起始键、结束键以及编码后的名字。（编码后的名字供系统内部使用，对我们而言并不重要。）当你在应用代码中执行操作时，HBase 客户端库使用所有这些信息来准确定位需要联系的 region。如果系统中没有其他表，.META. 表显示如下：

```
hbase(main):030:0> scan '.META.'
ROW                     COLUMN+CELL
0 row(s) in 5.4180 seconds
```

请注意，.META. 表是空的。这是因为 HBase 中还没有用户定义的表。创建 users 表的实例后，.META. 表显示如下：

```
hbase(main):030:0> scan '.META.'
```

```
ROW                              COLUMN+CELL

users,,1335466383956.4a1         column=info:regioninfo,
5eba38d58db711e1c7693581         timestamp=1335466384006, value={NAME =>
af7f1.                           'users,,1335466383956.4a15eba38d58
                                 db711e1c7693581af7f1.', STARTKEY => '',
                                 ENDKEY => '', ENCODED =>
                                 4a15eba38d58db711e1c7693581af7f1,}

users,,1335466383956.4a1         column=info:server, timestamp=1335466384045,
5eba38d58db711e1c7693581         value=localhost:58269
af7f1.

users,,1335466383956.4a1         column=info:serverstartcode,
5eba38d58db711e1c7693581         timestamp=1335466384045, value=1335465653436
af7f1.
```

1 row(s) in 0.4540 seconds

在当前环境中，.META. 中的信息大概就是这个样子，如果你想多些尝试，可以禁用（disable）和删除（delete）users 表，然后查看.META. 的信息，之后再重新创建 users 表。和创建表的操作一样，禁用和删除操作也可以在 HBase Shell 中完成。

与在 -ROOT- 中看到的类似，.META. 包含了 users 表以及系统中其他表的信息。在这里记录了你创建的所有表的信息，.META. 的结构与 -ROOT- 的类似。

在你创建 TwitBase 的 users 表实例并检查 .META. 表的信息后，可以使用示例应用代码中的 LoadUsers 命令添加一些用户信息。当 users 表的数据增长超过单个 region 的容量后，那个 region 会进行拆分。你也可以手动对表进行拆分，我们现在实验一下：

```
hbase(main):030:0> split 'users'
0 row(s) in 6.1650 seconds

hbase(main):030:0> scan '.META.'
```

```
ROW                                          COLUMN+CELL
```

users,,1335466383956.4a15eba 38d58db711e1c7693581af7f1.	column=info:regioninfo, timestamp=1335466889942, value={NAME => 'users,,1335466383956.4a15eba38d58db711e 1c7693581af7f1.', STARTKEY => '', ENDKEY => '', ENCODED => 4a15eba38d58db711e1c7693581af7f1, OFFLINE => true, SPLIT => true,}
users,,1335466383956.4a15eba 38d58db711e1c7693581af7f1.	column=info:server, timestamp=1335466384045, value=localhost:58269
users,,1335466383956.4a15eba 38d58db711e1c7693581af7f1.	column=info:serverstartcode, timestamp=1335466384045, value=1335465653436
users,,1335466383956.4a15eba 38d58db711e1c7693581af7f1.	column=info:splitA, timestamp=1335466889942, value= {NAME => 'users,,1335466889926.9fd558ed44a63f016 c0a99c4cf141eb5.', STARTKEY => '', ENDKEY => '}7\ x8E\xC3\xD1\xE3\x0F\x0D\xE9\xFE'fIK\xB7\ xD6', ENCODED => 9fd558ed44a63f016c0a99c4cf141eb5,}
users,,1335466383956.4a15eba 38d58db711e1c7693581af7f1.	column=info:splitB, timestamp=1335466889942, value={NAME => 'users,}7\x8E\xC3\xD1\xE3\x0F\ x0D\xE9\xFE'fIK\xB7\xD6,1335466889926.a3 c3a9162eeeb8abc0358e9e31b892e6.', STARTKEY => '}7\x8E\ xC3\xD1\xE3\x0F\x0D\xE9\xFE'fIK\xB7\xD6' , ENDKEY => '', ENCODED => a3c3a9162eeeb8abc0358 e9e31b892e6,}
users,,1335466889926.9fd558e d44a63f016c0a99c4cf141eb5.	column=info:regioninfo, timestamp=1335466889968, value={NAME => 'users,,1335466889926.9fd558ed44a63f016c 0a99c4cf141eb5.', STARTKEY => '', ENDKEY => '}7\x8E\xC3\ xD1\xE3\x0F\x0D\xE9\xFE'fIK\xB7\xD6', ENCODED => 9fd558ed44a63f016c0a99c4cf141eb5,}
users,,1335466889926.9fd558e d44a63f016c0a99c4cf141eb5.	column=info:server, timestamp=1335466889968, value=localhost:58269
users,,1335466889926.9fd558e d44a63f016c0a99c4cf141eb5.	column=info:serverstartcode, timestamp=1335466889968, value=1335465653436

```
users,}7\x8E\xC3\xD1\xE3\x0F        column=info:regioninfo,
\x0D\xE9\xFE'fIK\xB7\xD6,133        timestamp=1335466889966, value={NAME =>
5466889926.a3c3a9162eeeb8abc       'users,}7\x8E\xC3\xD1\xE3\x0F\x0D\xE9\xF
0358e9e31b892e6.                   E'fIK\xB7\xD6,1335466889926.a3c3a9162eee
                                   b8abc0358e9e31b892e6.', STARTKEY =>
                                   '}7\x8E\xC3\xD1\xE3\x0F
                                   x0D\xE9\xFE'fIK\xB7\xD6', ENDKEY => '',
                                   ENCODED =>
                                   a3c3a9162eeeb8abc0358e9e31b892e6,}

users,}7\x8E\xC3\xD1\xE3\x0F        column=info:server,
\x0D\xE9\xFE'fIK\xB7\xD6,133        timestamp=1335466889966,
5466889926.a3c3a9162eeeb8abc       value=localhost:58269
0358e9e31b892e6.

users,}7\x8E\xC3\xD1\xE3\x0F        column=info:serverstartcode,
\x0D\xE9\xFE'fIK\xB7\xD6,133        timestamp=1335466889966,
5466889926.a3c3a9162eeeb8abc       value=1335465653436
0358e9e31b892e6.

3 row(s) in 0.5660 seconds
```

当你对 users 表进行拆分后，.META.表里会出现关于子 region 的新记录。这些子 region 会替换被拆分的父 region。父 region 的记录包含拆分的信息，并且不再服务客户端请求。短时间内父 region 的信息会保留在.META.表里。当托管的 RegionServer 完成拆分并清除父 region 后，父 region 的记录会从.META.表里删除。完成拆分后，.META.表如下所示：

```
hbase(main):030:0> scan '.META.'

ROW                                COLUMN+CELL
users,,1335466889926.9fd558e       column=info:regioninfo,
d44a63f016c0a99c4cf141eb5.         timestamp=1335466889968, value={NAME =>
                                   'users,,1335466889926.9fd558ed44a63f016c
                                   0a99c4cf141eb5.', STARTKEY => '', ENDKEY
                                   => '}7\x8E\xC3\
                                   xD1\xE3\x0F\x0D\xE9\xFE'fIK\xB7\xD6',
                                   ENCODED =>
                                   9fd558ed44a63f016c0a99c4cf141eb5,}

users,,1335466889926.9fd558e       column=info:server,
d44a63f016c0a99c4cf141eb5.         timestamp=1335466889968,
                                   value=localhost:58269

users,,1335466889926.9fd558e       column=info:serverstartcode,
d44a63f016c0a99c4cf141eb5.         timestamp=1335466889968,
                                   value=1335465653436

users,}7\x8E\xC3\xD1\xE3\x0F        column=info:regioninfo,
\x0D\xE9\xFE'fIK\xB7\xD6,133        timestamp=1335466889966, value={NAME =>
5466889926.a3c3a9162eeeb8abc       'users,}7\x8E\xC3\xD1\xE3\x0F\x0D\xE9\xF
0358e9e31b892e6.                   E'fIK\xB7\xD6,1335466889926.a3c3a9162eee
```

b8abc0358e9e31b892e6.', STARTKEY =>
'}7\x8E\xC3\xD1\xE3
\x0F\x0D\xE9\xFE'fIK\xB7\xD6', ENDKEY =>
'', ENCODED =>
a3c3a9162eeeb8abc0358e9e31b892e6,}

users,}7\x8E\xC3\xD1\xE3\x0F column=info:server,
\x0D\xE9\xFE'fIK\xB7\xD6,133 timestamp=1335466889966,
5466889926.a3c3a9162eeeb8abc value=localhost:58269
0358e9e31b892e6

users,}7\x8E\xC3\xD1\xE3\x0F column=info:serverstartcode,
\x0D\xE9\xFE'fIK\xB7\xD6,133 timestamp=1335466889966,
5466889926.a3c3a9162eeeb8abc value=1335465653436
0358e9e31b892e6.

2 row(s) in 0.4890 seconds

你可能想知道，为什么起始键和结束键的值非常长并且有些奇怪，不像是应该放入记录里的东西。这是因为你看到的值是对输入的字符串进行字节编码处理后的版本。

让我们回顾一下客户端应用与 HBase 进行交互的过程。客户端应用发起 get()、put() 或 scan() 命令。为了执行这些操作，HBase 客户端库需要准确找到为这些请求提供服务的 region 服务器。这个寻址过程首先联系 Zoo Keeper，从这里找到 -ROOT- 表的位置。然后联系托管 -ROOT- 表的服务器，从 -ROOT- 表里读出指向 .META. region 的相关记录，该 .META. region 包含最终需要访问的那张用户表的特定的 region 信息。一旦客户端库得到托管服务器的位置和 region 的名字，它就用这些 region 信息联系 RegionServer，请求提供服务。

这些就是让 HBase 横跨集群分布数据，并且为任何客户端的服务请求查找相关机器的各个步骤。

附录 B 更多关于 HDFS 的工作原理

Hadoop 分布式文件系统（HDFS）是运行 HBase 最常见的底层分布式文件系统。HBase 的许多特性依赖于 HDFS 来正常工作。因此，理解 HDFS 如何工作是很重要的。要理解 HDFS 的内部工作原理，首先要理解什么是分布式文件系统。

一般来说，讲解分布式文件系统内部工作机制的概念需要整个学期的研究生课程。但是在本附录里，我们只是简略介绍概念，然后讨论你需要知道的那些 HDFS 的细节。

B.1 分布式文件系统

传统上，一台计算机在指定的应用程序里能够应对人们想存储和处理的数据量。这样的计算机可能有多个硬盘，可以满足大部分情况的需要——直到最近爆炸性的数据增长之前。但是数据越来越多，超越了一台计算机的存储和处理能力，我们需要以某种方式组合多台计算机的能力来解决新的存储和计算问题。在这种系统里，多台计算机联网协同工作（有时也称为一个集群）就像单台系统一样解决某种问题，我们称之为分布式系统。正如名字所暗示的，计算工作是分布在多台计算机上进行的。

分布式文件系统是分布式系统的一个子集。它们解决的问题是数据存储。换句话说，它们是横跨在多台计算机上的存储系统。

提示　存储在这种文件系统上的数据自动分布在不同的节点上：你不必担心需要人工决定哪些数据存放在哪个节点。如果你有兴趣了解更多 HDFS 的存储策略，最好的学习方法是深入研究 HDFS 的源代码。

分布式文件系统为存储和处理来自网络和其他地方的超大规模数据提供所需的扩展能力。因为集群里活动零部件数量的增多会导致故障状态增多，提供这样的扩展能力是一个挑战。在大规模分布式系统里，故障是常态，这一点必须在设计系统时考虑进去。

下面几节我们将研究设计分布式文件系统所面临的挑战，以及 HDFS 是如何解决它们的。特别是，你将学习 HDFS 如何通过分离元数据和文件内容来实现扩展能力。然后，我们将通过深入研究 HDFS 的读写过程细节来解释 HDFS 的一致性模型，随后讨论 HDFS 如何处理各种故障情况。最后我们将研究如何把文件切分和存储在构成 HDFS 的多个节点上。

下面让我们开始讨论 HDFS 的主要组件——NameNode 和 DataNode，并学习怎样通过分离元数据和数据来实现扩展能力。

B.2　分离元数据和数据：NameNode 和 DataNode

存储到文件系统里的每个文件都有相关联的元数据。例如，来自 Web 服务器的日志都是独立的文件。它们的元数据包括了文件名、i 节点（inode）数、数据块位置等，数据则是文件的实际内容。

在传统的文件系统里，因为文件系统不会跨越多台机器，元数据和数据存储在同一台机器上。当客户端想对文件执行任何操作和需要元数据时，它会访问那台机器，并且给出指令执行操作。所有事情都发生在单台机器上。打个比方，假设你有一个 Web01.log 文件，存储在*nix 系统挂载在/mydisk 目录的硬盘上。为了访问这个文件，客户端程序只需要访问（当然，需要通过操作系统）特定的硬盘去获取元数据和文件内容。这种模式下，访问多台系统所管理的数据的唯一办法只能是，让客户端记住数据是如何分布在不同硬盘上的，这会使客户端是有状态的，并且难以维护。

因为有状态的客户端必须互相分享状态信息，随着它们数量的增长，管理起来会变得越来越复杂。例如，一个客户端在一台机器上写一个文件，其他客户端为了以后访问这个文件，需要知道文件的保存位置，它们必须从第一个客户端获取信息。正如你看到的，在大型系统中这种处理办法很快会变得非常笨拙，难以扩展。

为了构建一个分布式文件系统，让客户端在这种系统中使用简单，并且不需要知道其他客户端的活动，那么元数据需要在客户端以外维护。最简单的办法是，让文件系统自己去管理元数据。但是正如我们前面讨论的，把元数据和数据存储在同一位置是不可行的。解决这个问题的一个方法是，拿出一台或多台机器保存元数据，让剩下的机器保存文件的内容。HDFS 的设计就是基于这个理念。它有两个组件，即 NameNode 和 DataNode。元数据存储在 NameNode 上，而数据存储在 DataNode 的集群上。NameNode 不仅要管理存储在 HDFS 上内容的元数据，而且要记录一些事情，比如哪些节点是集群的一部分，某个文件有几份副本，等等。它还要决定当集群的节点宕机或者数据副本丢失的时候需要做什么。

这是我们第一次提到副本（replica）。我们将在后面详细讨论它，现在你需要知道的是，存储在 HDFS 上的每份数据片有多份副本保存在不同的服务器上。本质上 NameNode 是 HDFS 的 Master（主服务器），DataNode 是 Slave（从服务器）。

B.3　HDFS 写过程

让我们回到前面 Web01.log 的那个例子，它存储于挂载在/mydisk 硬盘目录下。假设你可以使用一个大型分布式文件系统，你把那个文件存储到上面。要不怎么证明在那些机器上花钱的合理性呢，对吗？为了把数据保存到 HDFS 上，可以使用很多种方式。但是当你写入数据时，无论你用什么接口（Java API、Hadoop 命令行客户端等）写入，底层操作都是一样的。

注意　如果像我们这样，你喜欢在学习概念时摆弄系统，我们鼓励你这么做。但对本节来说不需要，你不必为了理解 HDFS 概念而丢失数据。

比方说，你正在使用 Hadoop 命令行客户端，想复制文件 Web01.log 到 HDFS。你输入命令如下：

```
$ hadoop fs -copyFromLocal /home/me/Web01.log /MyFirstDirectory/
```

当你输入这个命令时，了解发生了什么是很重要的。参考图 B-1 至图 B-4，我们将一步一步理解写的过程。提醒一下，客户端功能是很简单的，它不需要知道 HDFS 的内部机制和数据是如何分布的。

但是，客户端可以从配置文件中知道哪个节点是 NameNode。客户端发送一个请求给 NameNode，说它要写 Web01.log 文件到 HDFS（图 B-1）。正如你了解的，NameNode 负责管理存储在 HDFS 上所有文件的元数据。NameNode 会确认客户端的请求，并记录下文件的名字和存储这个文件的 DataNode 的集合。它把该信息存储在内存中的文件分配表里。

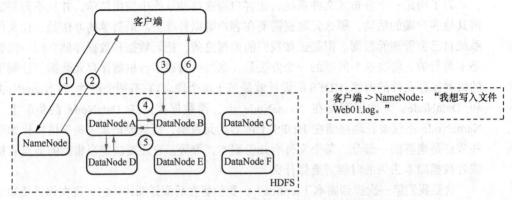

图 B-1　写操作：客户端与 NameNode 通信

客户端 -> NameNode："我想写入文件 Web01.log。"

然后它把该信息发送给客户端（见图 B-2）。现在客户端知道了要发送 Web01.log 的内容给哪些 DataNode。

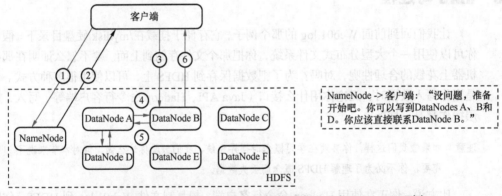

图 B-2　写操作：NameNode 确认写操作并发回一个 DataNode 列表

NameNode -> 客户端："没问题，准备开始吧。你可以写到DataNodes A、B和 D。你应该直接联系DataNode B。"

下一步是发送文件内容给那些 DataNode（见图 B-3）。最早连接的 DataNode 流化处理文件内容，并同步给要保存这个文件副本的其他 DataNode。当保存这个文件副本的所有 DataNode 在内存里得到内容后，它们将发送确认给客户端连接到的那个 DataNode。随后数据将异步持久化到硬盘上。我们将在本附录的后面详细讨论副本这个话题。

最早连接的 DataNode 把文件已写入 HDFS 的确认发送给客户端（见图 B-4）。在这个流程最后，文件被认为已写入 HDFS，写操作完成。

注意，这时文件仍然在 DataNode 的内存里，还没有被持久化到硬盘上。这样做是出于性能方面的考虑：提交所有副本到硬盘会增加完成写操作的时间。一旦数据到了内存，DataNode 就会尽快持久化到硬盘上。写操作不会阻塞在这里。

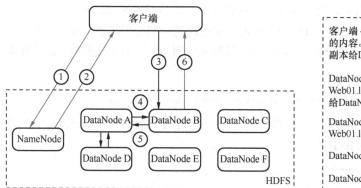

图 B-3 写操作：客户端把文件内容发送给那些 DataNode

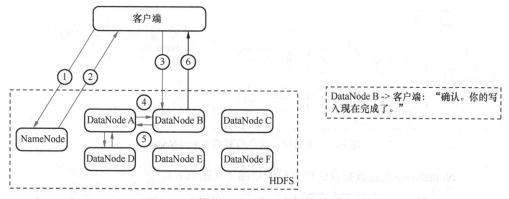

图 B-4 写操作：DataNode 确认写操作完成

在分布式文件系统中，挑战之一是数据一致性（consistency）。换句话说，你如何确保存在系统的数据在所有节点上是一致的？因为所有节点独立保存数据并且一般彼此不进行通信，所以必须找到一种方法来确保所有节点都保存相同的数据。例如，当客户端想读取 Web01.log 文件时，应该能从所有的 DataNode 里读取完全相同的数据。回顾写的过程，我们注意到直到所有要保存数据的 DataNode 确认它们都有文件的副本时，数据才被认为写入完成。这意味着所有应该保存指定数据副本的 DataNode 在写入完成之前，拥有完全相同的内容。换句话说，数据一致性是在写的阶段完成的。一个客户端无论选择从哪个 DataNode 读取，都将得到相同的数据。

B.4 HDFS 读过程

现在你知道文件是怎么被写入 HDFS 了。一个能够写入数据，但不能读回数据的系统是很奇怪的。当然，HDFS 不是这样的系统。从 HDFS 读取一个文件与写入一样容易。

让我们看看，当你想查看之前写入的文件内容时，文件是怎样被读回的。

再说明一下，读取一个文件时所发生的底层处理过程和使用的接口形式无关。如果你使用命令行客户端，可以输入下面的命令复制文件到你的本地文件系统，这样你就能用编辑器打开它了。

```
$ hadoop fs -copyToLocal /MyFirstDirectory/Web01.log /home/me/
```

让我们看看，当你运行该命令时发生了什么。首先客户端询问 NameNode 它应该从哪里读取那个文件（见图 B-5）。

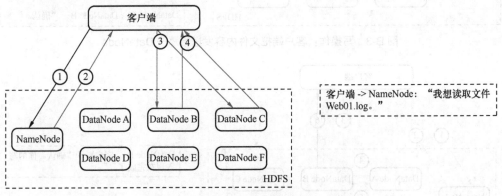

客户端 -> NameNode："我想读取文件 Web01.log。"

图 B-5　读操作：客户端联系 NameNode

NameNode 发送数据块的信息给客户端（见图 B-6）。

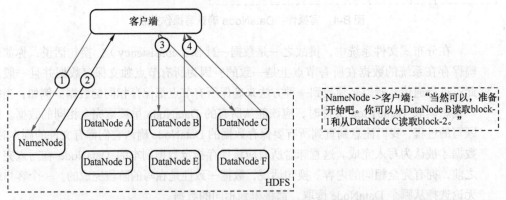

NameNode ->客户端："当然可以，准备开始吧。你可以从 DataNode B 读取 block-1 和从 DataNode C 读取 block-2。"

图 B-6　读操作：NameNode 确认读操作并返回数据块信息给客户端

数据块信息包含了保存着文件副本的 DataNode 的 IP 地址，以及 DataNode 在本地硬盘查找数据块所需要的数据块 ID。对所有的数据块而言，它们的 ID 都是唯一的，这是 DataNode 为了在本地硬盘上识别出数据块所需要的唯一信息。客户端检查这个信息，联系相关的 DataNode，请求数据块（见图 8-7）。

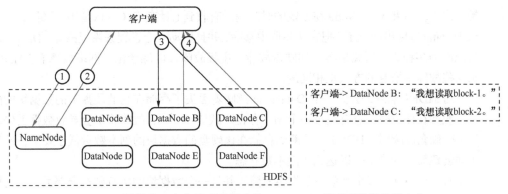

图 B-7 读操作：客户端联系相应的 DataNode 并请求数据块的内容

DataNode 返回文件内容给客户端（见图 B-8），然后关闭连接。完成读的步骤。

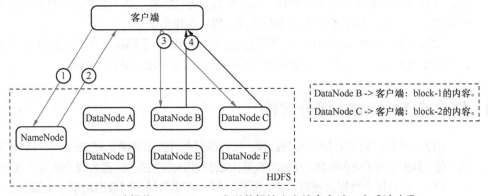

图 B-8 读操作：DataNode 发送数据块内容给客户端。完成读步骤

这是我们在 HDFS 中的文件语境中第一次提到数据块（block）这个名词。为了理解读的过程，可以认为一个文件是由存储在 DataNode 上的数据块组成的。在本附录的后面我们将进一步讲解这个概念。

注意，客户端是并行从不同的 DataNode 中获取一个文件的数据块的，然后联结这些数据块，拼成完整的文件。客户端库支持这种逻辑，写代码的用户不需要为此手动做任何事。

所有的操作都在底层完成。很简单吧。

B.5 通过副本快速恢复硬件故障

在大型分布式系统中，硬盘和网络故障是常见的。如果发生故障，我们期望系统能够正常工作而不丢失数据。让我们看看副本的重要性和 HDFS 如何处理故障情况。（你可能觉得我们应该早点讲这些内容——稍等一会儿，你就明白了。）

当一切运行正常时，DataNode 会周期性发送心跳信息给 NameNode（默认是每 3 秒钟一次）。如果 NameNode 在预定的时间内没有收到心跳信息（默认是 10 分钟），它会认为 DataNode 出问题了，把它从集群中移除，并且启动一个进程去恢复故障。DataNode 可能因为多种原因脱离集群，如硬盘故障、主板故障、电源老化、网络故障等。HDFS 从这些故障中恢复的方法是相同的。

对 HDFS 来说，丢失一个 DataNode 意味着丢失了存储在它的硬盘上的数据块的副本。假如在任意时间总有超过一个副本存在（默认 3 个），故障将不会导致数据丢失。当一个硬盘故障时，HDFS 会检测到存储在该硬盘的数据块的副本数量低于要求，然后主动创建需要的副本，以达到满副本数状态。

有一种情况，多个硬盘一起发生故障，并且一个数据块的所有副本全部丢失，这样 HDFS 将丢失数据。例如，由于网络分区的原因，保存在各节点的某文件副本全部丢失在理论上是可能的。也有可能是因为电源故障导致整个机架宕机。但是这些情况很少发生；并且当系统被设计成保存绝对不能丢失的关键数据时，必然会采取一些防范这些故障的措施—比如，位于不同数据中心的多个集群互相备份。

HBase 使用 HDFS 作为底层支撑系统，这意味着 HBase 不用担心存入数据的副本问题。这是一个重要的因素，因为它影响到 HBase 提供给客户端的数据一致性。

B.6　跨多个 DataNode 切分文件

前面，我们研究了 HDFS 写的过程。我们提到在写操作被确认完成前，文件将被复制成 3 份，其实还做了更多事情。在 HDFS 里，文件被切分成数据块，通常每个数据块 64MB ~ 128 MB，然后每个数据块被写入文件系统。同一个文件的不同数据块不一定保存在相同的 DataNode 上。实际上，不同的数据块保存到不同的 DataNode 是有好处的。为什么呢？

当你有一个能存储海量数据的分布式文件系统时，你可能想往上面存放超大文件—例如，像实验室里完成的亚原子微粒大型仿真实验的输出。有时候，这种文件的大小会超过单个硬盘的容量。你可以把它们存储到一个分布式文件系统上，先把它们切分成数据块，再分散存放到多个节点，这样问题就解决了。

把数据块分散到多个 DataNode 还有其他好处。当你对这些文件执行运算时，你能通过并行方式读取和处理文件的不同部分。

你可能想知道，如何把文件切分成数据块，谁决定各个数据块应该存放到哪个 DataNode。当客户端准备写文件到 HDFS 并询问 NameNode 应该把文件写到哪里时，NameNode 会告诉客户端，那些可以写入数据块的 DataNode。写完一批数据块后，客户端会回到 NameNode 获取新的 DataNode 列表，把下一批数据块写到新列表中的 DataNode 上。

信不信由你，现在你掌握的 HDFS 知识已经足够理解它是如何工作的了。你可能在关于架构的辩论上赢不了分布式系统专家，但你可以理解他们在说什么了。无论如何，学习本附录的目的并不是赢得辩论！

关于封面插图

《HBase 实战》封面插图的标题是 "利布尔尼亚渔妇"（Liburnian Fisherwoman）。利布尔尼亚人是居住在利布尔尼亚地区的一个古老的伊利里亚部落，该地区位于亚得里亚海东北的沿海地区，属于今天的克罗地亚。2008 年，克罗地亚斯普利特市的民族博物馆重新出版了 Balthasar Hacquet 的著作 Images and Descriptions of Southwestern and Eastern Wenda, Illyrians, and Slavs，这幅插图取材于最近这本书中。Hacquet（1739–1815）是奥地利医生和科学家，他费时多年研究奥地利帝国许多地方的植物学、地质学和人种，如威内托、尤利安阿尔卑斯和西巴尔干半岛，过去这些地方居住着许多不同的民族和部落。Hacquet 出版的科学论文和书籍中有一些手绘插图。

这些多姿多彩的插图生动地反映了 200 年前阿尔卑斯山脉和巴尔干半岛地区的独特性和个性。那个时候，间隔几公里远的两个村庄的人就可以通过服饰区别开来，部族成员、社会地位或者行业通过着装可以轻松辨别出来。服饰随着时间逐渐变化，曾经丰富的区域多样性慢慢消失了。今天已经很难区分不同大陆的居民，亚得里亚海滨独特的小镇和村庄里的居民也很难与生活在世界上其他地方的人区分开。

Manning 出版社取材此类插图，用两个世纪前的服装作为书的封面，借此颂扬计算机行业中的创新精神、主动精神和趣味性。